高职高专机电类专业系列教材

机 械 基 础
（第三版）

主编　周家泽

主审　孟　逵

西安电子科技大学出版社

内 容 简 介

本书是为适应我国迅猛发展的高职教育而编写的改革教材，书中以职业教育为特点，注意取材的应用性与实用性，注重培养学生理论知识的应用和解决实际问题的能力。全书共 10 章，主要内容包括工程材料及热处理、构件的外力和平衡计算、构件的内力和强度计算、极限与配合基础、平面机构运动、平面连杆机构、凸轮机构和齿轮机构、螺纹联接和键联接、轴系零件和机电一体化等。

本教材适用学时数为 80～90 学时，采用最新的国家标准，内容宽，便于取舍，其中带 ＊ 号的章节和习题可作为选修内容。

本书可作为高职高专、成教等学校电类、非机类及近机类等专业的教材，也可作为中等职业学校机类相关专业的教材，还可供自学者参考。

图书在版编目(CIP)数据

机械基础/周家泽主编. —3 版. —西安：
西安电子科技大学出版社，2014.3(2021.12 重印)
ISBN 978 - 7 - 5606 - 3331 - 2

Ⅰ. ① 机… Ⅱ. ① 周… Ⅲ. ① 机械学-高等职业教育-教材 Ⅳ. ① TH11

中国版本图书馆 CIP 数据核字(2014)第 018624 号

责任编辑 马武装 秦志峰
出版发行 西安电子科技大学出版社(西安市太白南路 2 号)
电 话 (029)88242885 88201467 邮 编 710071
网 址 www.xduph.com 电子邮箱 xdupfxb001@163.com
经 销 新华书店
印刷单位 陕西天意印务有限责任公司
版 次 2014 年 3 月第 3 版 2021 年 12 月第 16 次印刷
开 本 787 毫米×1092 毫米 1/16 印张 16
字 数 370 千字
印 数 59 001～61 000 册
定 价 38.00 元

ISBN 978 - 7 - 5606 - 3331 - 2/TH

XDUP 3623003 - 16

前　言

我国的装备制造业正从"中国制造"向"中国创造"迈进，急需掌握高新技术应用的、拓宽机械基础的专业技术技能型人才。这对高职教育专业人才培养提出了更高的要求。高职教育的目标是：培养"实际动手"能力很强的高素质技能型人才；培养能够在生产、管理、服务第一线从事技术应用、经营管理、高新技术设备的调试与应用的高级技术应用型人才；培养具有较强理论应用能力与实际动手能力，较宽、较广知识面，全面掌握机与电基础知识的复合型蓝领人才。

随着出版后不断使用和修订，本书体系已日趋完善，10 年来销量稳中有升。根据各高职院校、各层次使用情况，以及国家级示范院校建设经验，校企结合办学模式、工学结合的人才培养模式的改革成果为培养更多更好的学科交叉型高职高专人才，对本书进行了第三版修订。

根据国家职业教材规划，本书在内容的选择修订思路上，基本保持原第二版的基本架构，适当增减各章节的相关内容，力求做到以应用为目的，以必需够用为度，注意经典与系统性，紧密结合工程实际。全书总学时 80～90 左右，内容广泛，深入浅出，通俗易懂，易学宜教，同时又能反映职业发展的新情况，体现人才培养的层次性、知识结构的合理性和教学内容的实践性。

本书适用于近机类、非机类、电类等专业的高职高专人才对机械基础知识的补充与学习，如自动控制、数控加工、外语翻译、工商管理等专业。

本书第三版由武汉职业技术学院周家泽教授主编，郑州工业高等专科学校孟逵副教授主审。第三版的编写与修订由周家泽教授完成。

作为高等教育改革教材的尝试，本书难免存在不足之处，欢迎同行及广大读者提出批评和改进意见。愿与同行推进教材改革。

编　者
2014 年 1 月

第二版前言

为实现高等教育发展的大众化，近十年来，我国高等职业技术教育发展速度迅猛，并随着我国与国际接轨步伐的加快，培养大批具有高级技能的高职人才成为当务之急。高职人才教育是培养综合能力很强的银领型人才，即培养直接在生产、管理、服务第一线从事技术应用、经营管理、高新技术设备调试等的高级技能人才。这类人才要求具备扎实的理论基础与较强的实际动手能力。

为了适应职业教育发展的需要，2004 年我们编写了《机械基础》一书，几年来，使用效果反映很好。考虑到读者在使用过程中反映的问题和提出的建议，为了使教材内容更加完善，作者征求了各方面的意见，对第一版的部分内容做了修订。

本次修订的宗旨是使原版教材系统性更强，逻辑更严密，理论知识的介绍更加准确和科学。为此，我们对原版教材的结构稍做了调整，将原来的"极限与配合基础"一章由第 1 章调到了第 4 章；对一些理论知识的介绍及其相关例题进行了完善，更正了原版教材中存在的一些错误；另外，对部分章节增加了习题量，使读者能够通过更多的应用更好地掌握理论知识。本教材适用于高职高专院校电类、近机械类专业"机械基础"课程的教学，也适用于工商管理、自动控制、外语翻译等专业人才对机械基础知识的补充与学习。

本书由武汉职业技术学院周家泽副教授主编，并对全书重新做了修订和统稿；参加编写的有武汉职业技术学院吴爱群副教授、艾小玲副教授；全书由郑州工业高等专科学校孟逵副教授主审。

由于编者水平有限，不足之处在所难免，欢迎同行及广大读者提出批评和改进意见，以期共同推进高职教材的改革。

编　者
2007 年 4 月

第一版前言

为适应现代科学技术和社会经济发展的需求，我国近几年高等技术教育的发展方兴未艾、速度迅猛。高职人才是培养实际能力很强的应用型人才，培养直接在生产、管理、服务第一线从事技术应用、经营管理、高新技术设备的调试与应用的高级技术应用型人才。这类人才要求有较强的理论应用能力与实际动手能力，有较宽较广的知识面，具有机、电的基础知识，而老教材已经不适应当今高职人才培养的需求。

为适应这种形势发展的需要，培养更多更好的学科交叉型人才成为当务之急。我们的这本《机械基础》教材，正是为适应这种形势发展的需要而编写的，它适用于近机械类、非机械类、电类、自动控制、数控加工等专业的高职高专人才对机械基础知识的补充与学习。

根据国家教材规划对职业教育的少学时、宽内容的要求，全书总学时数定在 80～120 学时。本书内容广泛、通俗易懂、好教好学。基本知识点的选取以机械方面必需的常识为主，一改过去教科书理论过强、内容较深的传统，使学生掌握必需的知识群。

本书有如下特点：

· 重组体系。本书对机械类各学科教材中各章、节进行了分离与综合，把相似相关的内容并在一起，章节既独立又紧密联系，便于教学中取舍。内容包括极限与配合、工程材料、工程力学、机械设计基础等知识。

· 注重应用。本书着重基本知识的应用与实践，尽量减少理论推导与计算部分的内容，列举的工程图例、实例多，便于理解与学习。

· 更新内容。按照国家职教司对高职生宽、专、多、能的要求，对基本知识点进行了扩充，加进机电一体化和工业机器人等内容，使之与平面机构等章节内容紧密配合，便于学习与应用。

· 实用性好。本书收编了较多的与机械基础有关的图表、标准、实用图例，以便查找应用。

本书由武汉职业技术学院周家泽副教授主编，由郑州工业高等专科学校孟逵副教授主审。参加编写的有武汉职业技术学院吴爱群老师（第 5、6、8、9 章，第 7 章部分）、艾小玲老师（第 2 章）、全沅生老师（第 3、4 章）、周家泽副教授（绪论、第 1、10 章，第 7 章部分；全书统稿）。

作为高等教育改革教材的尝试，本书难免存在不足之处，欢迎广大同行及读者提出批评和改进意见。本人愿与同行共同推进教材改革。

编　者
2003 年 11 月

目　　录

绪　　论

一、机械基础课程的研究对象和内容

随着以信息科技为重要标志的高新技术的飞速发展，新技术正在改变着世界的面貌，推动着知识经济时代的到来，也对当今的高等职业教育提出了挑战，即要求人才知识结构的交融性和教学内容的实践性，要求教材以专业为重心，拓宽基础。机械基础正是一门这样的应用型学科。它对教学内容进行了整合，涉及实际工作的各个领域，如机械、运输、电子、航空等等，为这些领域的产品开发、设计、制造、维护及运行提供了必要的基础知识，适应现代经济社会发展的需要。

本课程主要研究的是非机械类专业中所必需的机械常识，即非机械类专业的学生应掌握的常用的机械基本理论知识，包括常用的工程材料、力学基础、极限与配合、机构的组成和工作原理及运动的简单特性、常用机械零件、机电一体化、工业机器人等知识。

二、机械基础课程的性质和作用

本课程要求学生的形象思维、感知感觉、实践、空间想象等能力都较好，所以学习者要注重培养自己的这些能力，才能学好本课程。

本书为非机械类专业的学生学习专业课程提供了必要、实用的机械理论基础知识，使从事设计、工艺、翻译、现场管理的非机械类工程师及工程技术人员获得在创新设计、设备使用和维护、营销等方面必要的机械专业基础知识。

机械基础课程可为当今各类人才如电子工程师、外企翻译、经济管理人员等提供必需、够用的机械基础常识，使其拓宽学科知识，提高就业能力，更好地为社会服务。

三、机械基础课程的学习方法和目的

非机械类学生学习本课程应注意各章节的独立性和发散性，还要注意各章节的内在联系和逻辑性。学习本课程时应加强各方面知识的融会贯通。

本课程由工程材料、力学基础、极限与配合、机械原理、机电一体化等几方面内容组成，其基本学习要求如下。

（1）工程材料方面：了解材料的强度、刚度、塑性、硬度等常用概念；了解钢铁材料热处理工艺在零部件加工过程中的地位和作用；掌握常用工程材料（碳钢、合金钢、不锈钢、铸铁）、非金属及新型材料的分类、牌号、性能和用途，以便认知常用的金属材料。

（2）力学基础方面：建立力的概念，认识力在我们周围的环境中无处不在，无处不有。例如，人天天要坐在板凳上，构成了人与板凳之间的作用力与反作用力。力学的理论性、应用性较强，特别要注重实践。学习时应在观察工程实际的基础上，了解杆件的外力与内

力，了解力的分析方法，掌握力的基本规律及简单的计算方法。

（3）极限与配合方面：建立标准与互换性的理念；了解产品规范化的概念；了解尺寸公差、公差带；了解尺寸配合、表面粗糙度、极限与配合的国家标准等基本理论的应用。

（4）机械原理方面：了解与掌握常用机器和机构（如平面连杆机构、凸轮机构和齿轮机构）的组成形式、运动方式、工作原理、选用原则及在实际中的应用。

（5）机电一体化方面：了解机电一体化的概念；了解现代工业机器人的发生、发展及在现代化工业生产中的应用。

第 1 章　工程材料及热处理

> **提要** 本章的内容主要包括金属材料的力学性能（机械性能）、金属学的基本知识、钢的热处理、金属材料的性能及应用等。要求学生通过学习掌握常用机械工程材料的性能与应用，具备合理选择材料和选定一般零件热处理工艺及方法的能力。

1.1　金属材料的力学性能

为了更好地选用工程材料，应充分了解材料的性能。材料的性能包括使用性能和工艺性能。材料的使用性能是指材料在保证机械零件或工具正常使用状态下应具备的性能，它包括力学性能、物理性能和化学性能等；材料的工艺性能是指材料在机械零件或工具制造中应具备的性能，它包括切削加工性能、铸造性能、压力加工性能、焊接性能以及热处理性能等。

材料的力学性能是指材料抵御载荷（即外力）作用的能力，它包括强度、刚度、硬度、塑性、韧性和疲劳强度等。力学性能是设计和制造零件最重要的指标，也是控制材料质量的主要参数。制造各类构件的原料都要满足规定的性能指标。

1.1.1　强度和塑性

1. 强度

材料在受载荷过程中一般会出现三个过程，即弹性变形、塑性变形和断裂。弹性变形是指材料在载荷卸除后能恢复到原形的变形，而塑性变形是指材料在载荷卸除后不能恢复到原形的变形。对于不同类型的载荷，这三个过程的发生和发展是不同的。使用中一般多用静拉伸试验法来测定金属材料的强度和塑性指标。低碳钢试棒的拉伸过程具有典型意义。将拉伸试棒按 GB 6397—86 的规定，制成如图 1-1 所示的形状，在拉伸试验机上缓慢增加载荷，记录载荷与变形量的数值，直至试样被拉断为止，便可获得如图 1-2 所示的载荷与变形量之间的关系曲线，即拉伸曲线。

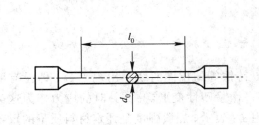

图 1-1　钢的拉伸试棒

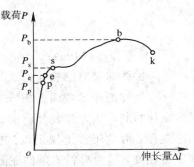

图 1-2　退火低碳钢拉伸曲线

当载荷不超过 P_e 时，若除去载荷，则试棒恢复到原来形状，我们称这一阶段的变形为弹性变形。在此阶段载荷与伸长量成正比关系，载荷 P_e 是使试棒只产生弹性变形的最大载荷。此时若卸除载荷，试样能完全恢复到原来的形状和尺寸，即试样处于弹性变形阶段。

当载荷超过 P_e 时，卸除载荷后，试棒不能恢复到原来的状态，即产生了塑性变形。当载荷增加到 P_s 时，曲线出现一个小平台，此平台表明不增加载荷试棒仍继续变形，好像材料已经失去抵御外力的能力了，这种现象称为屈服。继续增加载荷，材料继续伸长，此时试样已产生很大的塑性变形，直到增至最大载荷 P_b 时为止。在这一阶段，试棒沿整个长度均匀伸长。当载荷达到 P_b 后，试棒就在某个薄弱部分出现"颈缩"。由于试棒局部截面积的逐步减小，试棒所能承受的载荷也逐渐降低，直到最终断裂。

强度是指材料在载荷作用下抵抗变形和断裂的能力。

无论何种材料，其内部原子之间都具有平衡的原子力相互作用，以使其保持固定的形状。材料在外力作用下，其内部会产生相应的作用力以抵抗变形，这种作用力称为内力。材料单位截面上承受的内力称为应力，用 σ 表示。

$$\sigma = \frac{P}{F_0}$$

式中：σ——应力（MPa）；

$\quad$ P——载荷（N）；

$\quad$ F_0——试样的原始截面面积（mm²）。

金属材料的强度是用应力来表示的。常用的强度指标有弹性极限、屈服强度和抗拉强度。

1）弹性极限

弹性极限是试样在弹性变形范围内所能承受的最大拉应力，用符号 σ_e 表示，即

$$\sigma_e = \frac{P_e}{F_0}$$

式中：σ_e——弹性极限（MPa）；

$\quad$ P_e——试样只产生弹性变形的最大载荷（N）；

$\quad$ F_0——试样的原始截面面积（mm²）。

2）屈服强度

试棒屈服时的应力为材料的屈服点，称为屈服强度，用 σ_s 表示。σ_s 表示金属抵抗小量塑性变形的应力，即

$$\sigma_s = \frac{P_s}{F_0}$$

式中：σ_s——屈服强度（MPa）；

$\quad$ P_s——试样屈服时的载荷（N）；

$\quad$ F_0——试样的原始截面面积（mm²）。

很多金属材料，如大多数合金钢、高碳钢、铸铁等的拉伸曲线不出现平台，即没有明显的屈服现象，因此工程上规定以试样发生某一微量塑性变形（0.2%）时的应力作为这类材料的屈服强度，称为材料的条件屈服强度，用 $\sigma_{0.2}$ 表示。屈服强度是评定材料质量的重要力学性能指标。

3）抗拉强度

抗拉强度是指试样在被拉断前所承受的最大拉应力，即

$$\sigma_b = \frac{P_b}{F_0}$$

式中：σ_b——抗拉强度（MPa）；

　　　P_b——试样在断裂前的最大载荷（N）；

　　　F_0——试样的原始截面面积（mm²）。

σ_b 代表金属材料抵抗大量塑性变形的能力，也是零件设计的主要依据之一。

一般情况下，机器构件都是在弹性状态下工作的，不允许发生微小的塑性变形，所以在机械设计时应采用 σ_s 或 $\sigma_{0.2}$ 强度指标，并加上适当的安全系数。

σ_s / σ_b 称为屈强比，是一个很有意义的指标。一般情况下要求屈强比稍高些为好。屈强比值越大，越能发挥材料的潜力，减少结构的自重。但为了安全起见，其值亦不宜过大，适合的比值在 0.65～0.75 之间。

2. 刚度

在外力作用下，材料抵抗弹性变形的能力称为刚度。衡量刚度大小的指标是弹性模量。弹性模量是材料在弹性变形范围内，应力与应变（即试样的相对伸长量 $\Delta l / l_0$）的比值，即

$$E = \frac{\sigma}{\varepsilon_{弹}}$$

式中：E——弹性模量（Pa）；

　　　σ——在弹性范围内的应力（Pa）；

　　　$\varepsilon_{弹}$——在弹性范围内的应变（%）。

弹性模量 E 是表征在拉伸力作用下，金属抵抗弹性伸长的能力。金属的 E 愈大，金属抵抗弹性伸长的能力就愈强。

3. 塑性

金属材料在载荷作用下，在断裂前产生塑性变形的能力称为塑性。常用的塑性指标有伸长率 δ 和断面收缩率 ψ 两种。

1）伸长率

伸长率是试样被拉断时的标距长度的伸长量与原始标距长度的百分比，用符号 δ 表示，即

$$\delta = \frac{L_1 - L_0}{L_0} \times 100\%$$

式中：L_0——试样原始标距长度（mm）；

　　　L_1——试样拉断时的标距长度（mm）。

在材料手册中常常可以看到 δ_5 和 δ_{10} 两种符号，它分别表示用 $L_0 = 5d_0$ 和 $L_0 = 10d_0$（d_0 为试样直径）两种不同长度试样测定的伸长率。对同一种材料所测得的 δ_5 和 δ_{10} 的值是不同的，δ_5 要大于 δ_{10}，如钢材的 δ_5 大约为 δ_{10} 的 1.2 倍，所以相同符号的伸长率才能进行比较。δ_{10} 常用 δ 来表示。

2）断面收缩率

断面收缩率是指试样被拉断时，缩颈处横截面积的最大缩减量与原始横截面积的百分

比，用符号 ψ 表示，即

$$\psi = \frac{F_0 - F_k}{F_0} \times 100\%$$

式中：F_k——试样被拉断时缩颈处最小横截面积（mm²）；

F_0——原始截面面积（mm²）。

断面收缩率不受试样标距长度的影响，因此能更可靠地反映材料的塑性。对必须承受强烈变形的材料，塑性指标具有重要意义。塑性优良的材料冷压成形性好。重要的受力零件都要求具有一定塑性，以防止超载时发生断裂。

伸长率和断面收缩率也表明材料在静态或缓慢增加的拉伸应力下的韧性。

塑性指标不能直接用于零件的设计计算，只能根据经验来选定材料的塑性，一般来说，伸长率达5%或断面收缩率达10%的材料，即可满足绝大多数零件的要求。

1.1.2 硬度

硬度是材料表面抵抗局部塑性变形的能力，是反映材料软硬程度的力学性能指标。硬度是材料的一个重要指标，其测试方法简便、迅速，不需要专门的试样，也不损坏试样，设备也很简单，而且大多数金属材料可以从硬度值估算出其抗拉强度。硬度值是通过试验测得的。目前，应用最广的测试硬度的方法是布氏硬度、洛氏硬度、维氏硬度等试验。

1. 布氏硬度

布氏硬度试验原理如图 1-3 所示。用一规定直径（D 为 10.5 mm 或 2.5 mm）的淬火钢球或硬质合金球以一定的试验力压入所测表面，保持一定时间后卸除试验力，随即在金属表面出现一个压坑（压痕）。以压痕单位面积上所承受的试验力的大小确定被测材料的硬度值，用符号 HBS（淬火钢球压头）或 HBW（硬质合金钢球压头）表示，如 45 钢调质后其硬度为 220～240 HBS。

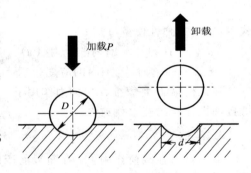

图 1-3 布氏硬度试验原理示意图

$$\text{HBS} = \frac{P}{F} = 0.102 \frac{P}{\pi DH} \text{ N/mm}^2$$

式中：P——试验力（N）；

F——表面积（mm²）；

H——压痕深度（mm）；

D——压头直径（mm）。

由于压痕深度 H 的测量比较困难，而测量压痕直径 d 比较方便，因此上式中 H 可换算成压痕直径 d，即

$$\text{HBS} = 0.102 \frac{2F}{\pi D(D - \sqrt{D^2 - d^2})}$$

式中：d——压痕直径（mm）。

试验时用刻度放大镜测出压痕直径后，就可以通过计算或查布氏硬度表得出相应的硬度值。布氏硬度习惯上不标注单位。

　　由于金属材料有软有硬，工件有薄有厚、有大有小，如果仅采用一种标准的试验力 P 和钢球直径 D，就会出现如下现象：如果对硬的材料适合，对软的材料就会出现钢球陷入金属内部的情况；若对厚的材料适合，对薄的材料就会出现压透现象等等。因此在生产中进行布氏硬度试验时，要求使用不同大小的试验力和不同直径的钢球或硬质合金球。在进行布氏硬度试验时，钢球直径 D、试验力 P 与力保持时间应根据所测试金属的种类和试样厚度，按表 1 - 1 所示的布氏硬度试验规范，进行正确选择。

表 1 - 1　布氏硬度试验规范

材料	硬度 HBS	试样厚度/mm	P/D^2	D/mm	P/N(kgf)	载荷保持时间/s
钢铁材料	140~450	6~3 4~2 <2	30	10 5 2.5	29 400(3000) 7350(750) 1837.5(187.5)	10
	<140	>6 6~3 <3	10	10 5 2.5	9800(1000) 2450(250) 612.5(62.5)	10
铜合金及镁合金	36~130	>6 6~3 <3	10	10 5 2.5	9800(1000) 2450(250) 612.5(62.5)	30
铝合金及轴承合金	8~35	>6 6~3 <3	10	10 5 2.5	2450(250) 12.5(62.5) 152.88(15.6)	60

　　由于硬度和强度都以不同形式反映了材料在外力作用下抵抗塑性变形的能力，因而硬度和强度之间有一定的关系。如低碳钢 HBS$\approx\sigma_b/3.6$，高碳钢 HBS$\approx\sigma_b/3.5$，调质钢 HBS$\approx\sigma_b/3.25$ 等。

　　布氏硬度压痕面积较大，能反映较大范围内金属各组成部分的平均性能，因此试验结果较准确。但由于布氏硬度试验留下的压痕较大，因此不适宜用来检验薄件和成品件，也不宜检测太硬的材料。HBS 适于测量布氏硬度值小于 450 的材料，HBW 适于测量硬度值大于 450 小于 650 的材料。

2. 洛氏硬度

　　洛氏硬度试验法采用金刚石圆锥体或淬火钢球压入金属表面，如图 1 - 4 所示。用一定直径(D)的淬火钢球或硬质合金球在初载荷与初、主载荷的先后作用下，将压头压入试件表面。经规定的保持时间后卸除主载荷，根据压痕深度确定金属硬度值。

　　根据所用压头种类和所加试验力，洛氏硬度分为 HRA、HRB 及 HRC 等。

　　表 1 - 2 所列为有关洛氏硬度指标的规定。

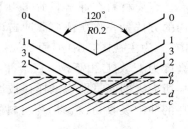

图 1 - 4　洛氏硬度试验原理

表 1 - 2　洛氏硬度及其应用范围

硬度符号	压头类型	总载荷 F_a/kgf(N)	硬度值有效范围	应用举例
HRA	120°金刚石圆锥体	60(588)	70～85	硬质合金、表面淬火、渗碳钢
HRB	$\phi 1.588$ mm 淬火钢球	100(980)	25～100	非金属、退火钢、铜合金等
HRC	120°金刚石圆锥体	150(1471.1)	20～67	淬火钢、调质钢

图 1 - 4 所示为洛氏硬度试验原理示意图,试验时图中 0 - 0 为 120°金刚石压头没有与试件表面接触时的位置;1 - 1 为加上初载荷 10 kgf(98.07 N)后并压入试件深度 b 处的位置,b 处为测量压痕深度的起点;2 - 2 为压头受到初载荷和主载荷共同作用后使压头压入试件深度至 c 处的位置;3 - 3 为卸除主载荷后在初载荷作用下,由于试件弹性变形的恢复,使压头向上回升到 d 处的位置。压头受主载荷作用实际压入试件表面产生塑性变形的压痕深度为 h_{bd}(b、d 间的垂直距离),可用 h_{bd} 的大小来衡量材料的软硬程度:压痕深度愈小,材料愈硬;压痕深度愈大,材料愈软。由于人们习惯上认为数值愈大,硬度愈高,因而采用一常数减去压痕深度后的数值表示洛氏硬度。按 GB 230—91 的规定,以压头每压入 0.002 mm 深度作为一个硬度单位。这样洛氏硬度计算公式为:

$$HR = K - \frac{h_{bd}}{0.002}$$

式中:K——常数(金刚石作压头,K 为 100;淬火钢球作压头,K 为 130)。

洛氏硬度的数值可直接从硬度计上读出,不需要查表和换算,非常方便。洛氏硬度没有单位,测量范围大,试件表面压痕小,可直接测量成品或较薄工件的硬度;但也由于压痕小,因此洛氏硬度对组织硬度不均匀的材料测量结果不准确,故需在试件不同部位测定三点,取其算术平均值。洛氏硬度与布氏硬度之间以及与其他硬度之间没有理论上的相应关系,不能直接比较。

1.1.3　冲击韧性

前面所讲述的力学性能如强度、塑性、硬度都是在静载荷作用下测得的力学性能指标。而实际上有许多工件是在冲击载荷作用下工作的,如冷冲模上的冲头、锻锤的锤杆、飞机的起落架、变速箱的齿轮等。对于这些承受冲击载荷的工件,不仅要有高的强度和一定的塑性,还必须有足够的冲击韧性。

金属材料在冲击载荷作用下抵抗破坏的能力称为冲击韧性。目前,测量冲击韧性最常用的方法是一次摆锤弯曲冲击试验。将材料制成带缺口的标准试样,如图 1 - 5 所示,其中图(a)为主视图,图(b)为剖视图。将其放在冲击试验机的机座上,让一重量为 G 的摆锤自高度为 H 处自由下摆,摆锤冲断试样后又升至高度为 h 处,如图 1 - 6 所示。摆锤冲断试样所失去的能量即为试样在被冲断过程中吸收的功,用 A_k 表示。断口处单位面积上所消耗的冲击吸收功(A_k)即为材料的冲击韧性,用 a_k 表示,即

$$a_k = \frac{A_k}{F} = \frac{G(H - h)}{F}$$

式中:a_k——冲击韧性(J·cm^{-2});

F——试样缺口处的横截面积(cm^2)；

A_k——冲击吸收功(J)；

G——摆锤重力(N)；

H——摆锤初始高度(m)；

h——摆锤冲断试样后上升的高度(m)。

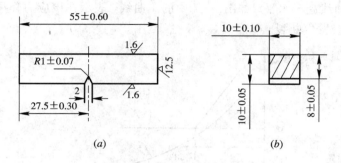

图 1-5　冲击试样

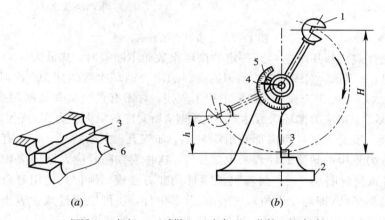

1—摆锤；2—机架；3—试样；4—表盘；5—指针；6—机座

图 1-6　摆锤式冲击试验原理图

由于这种方法的冲击速度较大，试样又开有缺口，能灵敏地反映材料脆性断裂的趋势，因而能较灵敏地反映金属材料在冶金和热处理等方面的质量问题。

实际上，机械零件很少是受一次冲击就被破坏的，大多数情况下是承受小能量、多次重复的冲击载荷。在这种情况下，以冲击韧性作为性能指标来选择材料就不合适了。研究表明：小能量多次冲击抗力取决于材料的强度和塑性的综合性能指标。当冲击能量较大时，材料的多次冲击抗力主要取决于塑性；当冲击能量较小时，主要取决于强度。

1.1.4　疲劳强度

有些机器零件，如轴、齿轮、连杆、弹簧等，经过交变载荷的长期作用，往往在工作应力低于屈服强度的情况下突然破坏，这种现象称为疲劳。

金属在交变应力作用下产生疲劳裂纹并使其扩展而导致的断裂，称为疲劳断裂。疲劳断裂具有很大的危险性，常造成严重的事故。

交变应力是指大小、方向随时间呈周期性变化的应力；疲劳强度是指材料经受无数次的应力循环仍不断裂的最大应力。

测定材料的疲劳强度是在不同的交变载荷下进行的。通过试验可测得材料承受的交变应力 σ 和断裂前应力循环次数 N 之间的关系曲线，即疲劳曲线，如图 1-7 所示。从图中可以看出，应力值越低，断裂前的应力循环次数愈多；当应力降低到某一定值后，曲线与横坐标轴平行，即曲线趋于水平。如图 1-7 中的 1 曲线，表示在该应力作用下，材料经无数次应力循环也不会发生断裂。

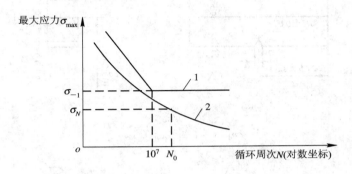

图 1-7　金属材料的疲劳曲线

材料在交变应力作用下达到某一定的循环次数而不断裂时，其最大应力就作为材料的疲劳强度，用 σ_{-1} 表示。实践证明，当钢铁材料的应力循环次数达到 10^7 次时，零件仍不断裂，此时的最大应力可作为疲劳强度；工程上规定，对于有色金属和某些超高强度钢（如图 1-7 中的曲线 2），将应力循环次数达到 10^8 次时，所对应的最大应力作为它们的疲劳强度。

疲劳断裂一般是由于材料内部有组织缺陷，如气孔、夹杂物等；表面有裂纹、刀痕及其他能引起应力集中的缺陷而导致产生微裂纹。这种裂纹随着应力循环次数的增加而逐渐扩展，最后导致材料断裂。为了提高机械零件的疲劳强度，延长其使用寿命，除改善内部组织和外部结构形状（即避免尖角），避免应力集中外，还可以通过减少表面刀痕、碰伤和各种强化的方法（如表面淬火、喷丸处理、涂敷表面涂层）来提高疲劳强度。

1.2　铁碳合金相图

钢铁是工业应用最广的金属材料，要了解钢的组织和性能，必须知道钢的相图。铁碳合金主要是由铁和碳两种元素组成的合金，因此，要分析铁碳合金成分、组织和性能之间的关系，首先要研究铁碳相图。

1.2.1　纯铁、铁碳合金相结构

1. 纯铁的同素异构转变

大多数金属（如 Cu、Al）在结晶完成后，其晶格类型不再发生改变；而有些金属（如 Fe、Co、Ti、Sn 等）在结晶完成后，随着温度继续下降，其晶格类型还会发生变化。这种金属在固态下晶格类型随温度发生变化的现象称为同素异构转变。图 1-8 是纯铁的冷却曲线，在刚结晶时（1538℃）具有体心立方晶格，称为 δ-Fe；在 1394℃时，δ-Fe 转变为具有面

心立方晶格的 γ-Fe；在 912℃时，γ-Fe 又转变为具有体心立方晶格的 α-Fe；再继续冷却，晶格类型就不再发生变化了。

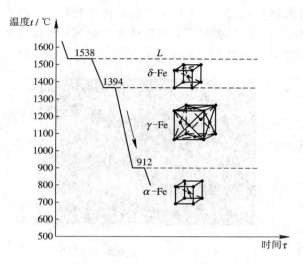

图 1-8　纯铁的冷却曲线示意图

纯铁的同素异构转变过程可概括如下：

$$\delta\text{-Fe} \xrightarrow{\ 1394℃\ } \gamma\text{-Fe} \xrightarrow{\ 912℃\ } \alpha\text{-Fe}$$

（体心立方晶格）　　　（面心立方晶格）　　　（体心立方晶格）

由于纯铁具有这种同素异构转变现象，因而能够通过对钢和铸铁进行热处理来改变其组织和性能，这也是钢铁用途极其广泛的主要原因之一。

2. 铁碳合金的组织

一般纯铁中常含有少量的杂质，这种纯铁称为工业纯铁。工业纯铁具有良好的塑性，但强度较低，所以很少用它制造机器零件。为了提高纯铁的强度和硬度，常在纯铁中加入少量的碳元素，组成铁碳合金。常用的铁碳合金在固态时的基本组织形式有：铁素体、奥氏体、渗碳体、珠光体和莱氏体。

1）铁素体

碳溶于 α-Fe 中的间隙固溶体，称为铁素体，用符号 F 表示。铁素体仍保持 α-Fe 的体心立方晶格，其力学性能与纯铁几乎相同，因此其强度和硬度较低，但塑性和韧性很好。在显微镜下，铁素体呈明亮的多边形晶粒，如图 1-9 所示。

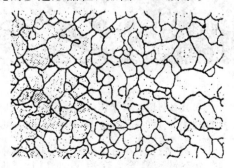

图 1-9　铁素体的显微组织(100×)

2) 奥氏体

碳溶于 γ-Fe 中的间隙固溶体，称为奥氏体，用符号 A 表示。奥氏体仍保持 γ-Fe 的面心立方晶格，有很好的塑性和韧性，并有一定的强度和硬度。因此，在生产中常将钢材加热到奥氏体状态进行锻造。在显微镜下，奥氏体呈多边形，与铁素体的显微组织相近，但晶粒边界较铁素体的平直，如图 1-10 所示。

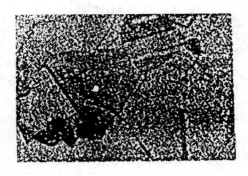

图 1-10　奥氏体的显微组织(500×)

3) 渗碳体

渗碳体是铁和碳形成的一种具有复杂晶格的间隙化合物，用化学式 Fe_3C 表示。渗碳体中碳的质量分数为 6.69%，硬度很高(800 HBW)，塑性和韧性极低，脆性大。渗碳体的显微组织形态很多，可呈片状、粒状、网状或板状，是碳钢中的主要强化相，它的分布、形状、大小和数量对钢的性能有很大的影响。

4) 珠光体

珠光体是由铁素体(F)和渗碳体(Fe_3C)组成的机械复合物，用符号 P 表示。珠光体中碳的质量分数为 0.77%。由于它是软、硬两相的混合物，因此，其性能介于铁素体和渗碳体之间，有良好的强度、塑性和硬度。珠光体的显微组织如图 1-11 所示。在放大倍数足够大时，可以清晰地看到铁素体和渗碳体交替排列的状态。

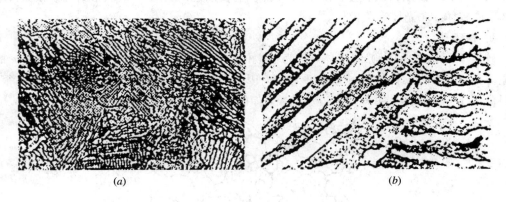

(a)　　　　　　　　　　　　　　　　　　　　(b)

图 1-11　珠光体的显微组织

(a) 光学显微组织(500×)；(b) 电子显微组织(8000×)

5) 莱氏体

碳的质量分数为 4.3% 的液态铁碳合金，在冷却到 1148℃ 时，由液体中同时结晶出奥氏体和渗碳体(Fe$_3$C)的共晶体称为莱氏体,用符号 L$_d$ 表示。在 727℃以下,由珠光体和渗碳体组成的莱氏体,称为低温莱氏体,用 L$_d'$ 表示。莱氏体的性能与渗碳体相似,硬度很高,塑性很差,是白口铸铁的基本组织。

1.2.2 铁碳合金相图

铁碳合金相图是研究铁碳合金的基础。在铁碳合金中,铁和碳可形成一系列化合物,如 Fe$_3$C、Fe$_2$C 和 FeC 等。其中形成的 Fe$_3$C 中碳的质量分数为 6.69%,碳的质量分数高于6.69%的铁碳合金脆性极大,没有实用价值,所以在铁碳合金相图中,只研究 Fe-Fe$_3$C 部分,因此铁碳合金相图实际上是 Fe-Fe$_3$C 相图。图 1-12 所示为经简化后的 Fe-Fe$_3$C 相图。相图中的各主要特性点的温度、成分及物理意义见表 1-3。

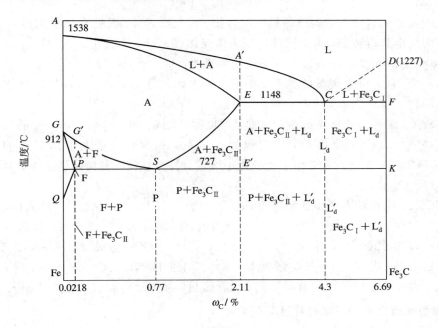

图 1-12 简化后的 Fe-Fe$_3$C 相图

表 1-3 Fe-Fe$_3$C 相图中各特性点的温度、成分及物理意义

特性点	温度/℃	ω_C/%	物 理 意 义
A	1538	0	纯铁的熔点
C	1148	4.30	共晶点
D	1227	6.69	渗碳体熔点
E	1148	2.11	碳在 γ-Fe 中的最大溶解度
G	912	0	α-Fe↔γ-Fe 同素异构转变点
S	727	0.77	共析点
P	727	0.0218	碳在 α-Fe 中的最大溶解度
Q	室温	0.0008	室温下碳在 α-Fe 中的溶解度

1. Fe－Fe$_3$C 相图分析

Fe－Fe$_3$C 相图中，纵坐标表示温度，横坐标表示碳的质量分数。横坐标左端碳的质量分数为零，是纯铁；右端碳的质量分数为 6.69%，是 Fe$_3$C。

相图中，ACD 为液相线，AECF 为固相线。简化后的相图中有两条水平线，表示以下两个等温反应：

① ECF 水平线（1148℃），在此水平线发生共晶转变。

$$L_C \Longrightarrow A_E + Fe_3C$$

凡是 $\omega_C > 2.11\%$ 的液态铁碳合金缓冷到 1148℃ 时均发生共晶转变，生成莱氏体（L_d）。

② PSK 水平线（727 ℃），在此温度下发生共析反应。

$$A_S \Longrightarrow F_P + Fe_3C$$

反应产物是铁素体与渗碳体的机械混合物，称为珠光体。凡是含碳量超过 0.0218% 的铁碳合金均发生共析转变，由奥氏体转变为珠光体（P）。PSK 线亦称 A_1 线。

在 Fe－Fe$_3$C 相图中还有以下三条线较为重要：

① GS 线：从不同含碳量的奥氏体中析出铁素体的开始线，或者说加热时铁素体转变为奥氏体的终了线，又称 A_3 线。

② ES 线：碳在奥氏体中的溶解度曲线，也称 A_{cm} 线。由该线看出，γ-Fe 的最大含碳量在 1148 ℃ 时为 2.11%，而在 727 ℃ 时仅为 0.77%。因此含碳量大于 0.77% 的合金，从 1148 ℃ 降到 727 ℃ 的过程中，由于奥氏体中含碳量减少，将由奥氏体析出渗碳体，称为二次渗碳体（Fe$_3$C$_{II}$）。

③ PQ 线：碳在铁素体中的溶解度曲线。铁素体在 727 ℃ 时含碳量最大（0.0218%），而在 600 ℃ 时仅为 0.0008%，室温时几乎不溶碳。因此由 727 ℃ 缓冷时，铁素体中多余的碳将以渗碳体的形式析出，称为三次渗碳体（Fe$_3$C$_{III}$）。因其数量极少，往往不予考虑。

应当指出，一次、二次、三次渗碳体没有本质上的区别，只是渗碳体的来源、分布、形态以及对铁碳合金性能的作用有所不同，而含碳量、晶体结构和自身性能均相同。

2. 典型铁碳合金的冷却过程及其组织

1）铁碳合金的分类

按 Fe－Fe$_3$C 相图上碳的质量分数和室温组织的不同，可将铁碳合金分为三类：

工业纯铁：$\omega_C \leqslant 0.0218\%$。

钢：$0.0218\% < \omega_C \leqslant 2.11\%$，按室温组织的不同又分为三种：

- 共析钢：$\omega_C = 0.77\%$；
- 亚共析钢：$0.0218\% < \omega_C < 0.77\%$；
- 过共析钢：$0.77\% < \omega_C \leqslant 2.11\%$。

白口铁：$2.11\% < \omega_C < 6.69\%$。白口铁按室温组织的不同又分为三种：

- 共晶白口铁：$\omega_C = 4.3\%$；
- 亚共晶白口铁：$2.11\% < \omega_C < 4.3\%$；
- 过共晶白口铁：$4.3\% < \omega_C < 6.69\%$。

2）碳钢的组织转变过程

下面以几种典型的碳钢为例分析其结晶过程及室温下的组织。

共析钢：共析钢（图 1-13 中合金 I）从高温液态冷却到 1 点时开始结晶析出奥氏体，至 2 点全部结晶为奥氏体，2～3 间全部为单一的奥氏体，奥氏体冷却至 3 点（727 ℃）时发生共析转变，转变为珠光体（P），即

$$A_S \Longrightarrow P(F+Fe_3C)$$

在 S 点以下直至室温，组织不再发生变化。珠光体是铁素体和渗碳体组成的片状共析体，其中铁素体、渗碳体的质量分数分别为 88.8% 和 11.2%。

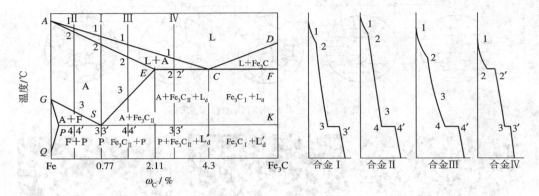

图 1-13　典型合金在 Fe-Fe₃C 相图中的位置

在 S 点温度（727 ℃）以下缓冷时，铁素体成分沿 PQ 线变化，此时将有三次渗碳体析出，因显微组织难以显示，故可以忽略不计。共析钢冷却时的组织转变过程如图 1-14 所示，其室温下的显微组织见图 1-15。

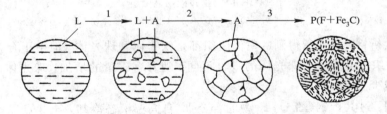

图 1-14　共析钢结晶过程示意图

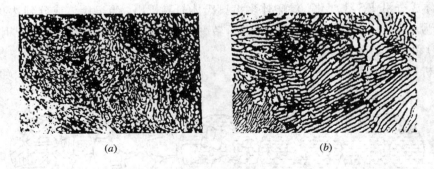

(a)　　　　　　　　　　　*(b)*

图 1-15　共析钢的显微组织

(a)（500×）；*(b)*（800×）

亚共析钢：亚共析钢（图 1-13 中的合金 II）自高温液态冷却，至 3 点以前与共析钢相

同，得到单相奥氏体。奥氏体冷却到 3 点以后，随着温度的降低，开始析出铁素体。同时由于铁素体的不断析出，其成分沿 *GP* 线变化；而奥氏体的量逐渐减少，其成分沿 *GS* 线变化。当温度降至与 *PSK* 线相交的 4 点时，剩余奥氏体此时碳含量为 0.77%，发生共析转变，形成珠光体。室温下亚共析钢的组织为铁素体（F）和珠光体（P），其转变过程如图 1-16 所示，室温下的显微组织如图 1-17 所示。

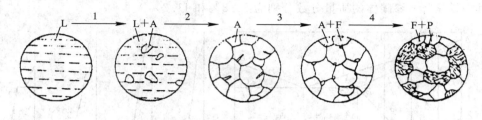

图 1-16　亚共析钢结晶过程示意图

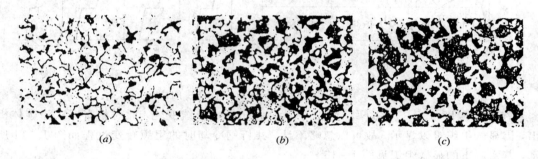

(a)　　　　　　　　　(b)　　　　　　　　　(c)

图 1-17　亚共析钢显微组织

(a) $\omega_C = 0.20\%$（200×）；(b) $\omega_C = 0.40\%$（250×）；(c) $\omega_C = 0.60\%$（250×）

对于亚共析钢，缓冷后得到的室温组织都是铁素体和珠光体，但由于合金中碳的含量不同，故其组织中铁素体与珠光体的量也不同。随着含碳量的增加，珠光体的量增多，而铁素体的量减少。

过共析钢：过共析钢（图 1-13 中的合金Ⅲ）自高温液态冷却，至 3 点以前与共析钢相同，得到单相奥氏体。奥氏体冷却到 3 点以后，随着温度的继续冷却，开始析出二次渗碳体。奥氏体成分沿 *ES* 线变化，渗碳体多沿奥氏体晶界析出。当奥氏体成分到达 0.77% 时，此时温度为 727 ℃，剩余的奥氏体发生共析转变，形成珠光体。室温下过共析钢的组织为珠光体（P）和二次渗碳体（Fe_3C_{II}）。

过共析钢冷却时的组织转变过程如图 1-18 所示，其室温下的显微组织如图 1-19 所示。

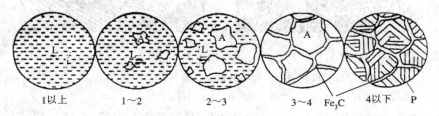

1以上　　　　1~2　　　　2~3　　　　3~4 Fe_3C　　　4以下 P

图 1-18　过共析钢的结晶过程示意图

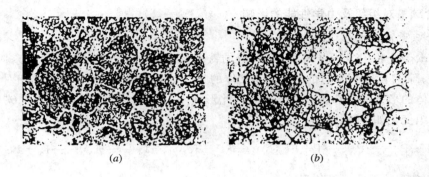

(a)　　　　　　　　　　　　　(b)

图 1-19　过共析钢显微组织(500×)
(a) 质量浓度为 4%硝酸酒精浸蚀；(b) 碱性苦味酸钠浸蚀

亚共晶白口铸铁：含碳量为 2.11%～4.3%的是亚共晶白口铁，如图 1-13 中的Ⅳ合金。合金自高温液态冷却至 1 点时开始结晶出奥氏体。在 1～2 之间冷却时，随着结晶出的奥氏体不断增多，剩余的液相成分沿着 AC 线变化，当成分达到 C 点(ω_C＝4.3%)时，其温度为 1143 ℃，即发生共晶转变，得到莱氏体($A+Fe_3C$)。此时，合金的组织为初生的奥氏体和莱氏体。继续冷却时，初生的奥氏体和共晶奥氏体随着温度继续下降，而析出二次渗碳体，其成分沿 ES 线变化。当奥氏体成分为 0.77%时，发生共析转变，生成珠光体。所以，此时的莱氏体由珠光体、二次渗碳体和共晶渗碳体组成，称为低温莱氏体，用 L_d' 表示。因此，亚共晶白口铁的室温组织为珠光体、二次渗碳体和低温莱氏体。

图 1-20 为亚共晶白口铸铁的组织转变示意图。亚共晶白口铁的显微组织如图 1-21 所示，图中黑色部分为珠光体，白色基体为渗碳体。图 1-22 为过共晶白口铁的显微组织。

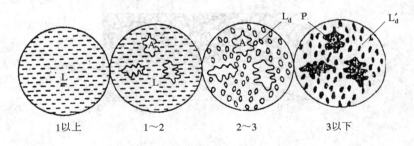

1以上　　　　1～2　　　　2～3　　　　3以下

图 1-20　亚共晶白口铁组织转变示意图

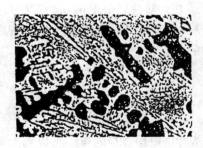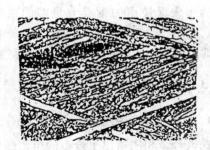

图 1-21　亚共晶白口铁显微组织(250×)　　　图 1-22　过共晶白口铁显微组织(250×)

3. 含碳量对组织及力学性能的影响

1）含碳量对平衡组织的影响

从铁碳合金相图分析可知，任何成分的铁碳合金在共析温度以下均由铁素体和渗碳体两相组成。而且随着含碳量的增加，铁素体的相对量逐渐减少，而渗碳体的相对量在增加。同时渗碳体的形态和分布也有所不同，因此形成不同的组织。室温时随着含碳量的增加，其合金组织变化如下：

$$F+P \longrightarrow P \longrightarrow P+Fe_3C_{II} \longrightarrow P+Fe_3C_{II}+L_d' \longrightarrow L_d' \longrightarrow L_d'+Fe_3C$$

2）含碳量对力学性能的影响

图 1-23 所示为铁碳合金的力学性能随含碳量变化的规律，当 $\omega_C < 0.9\%$ 时，随着钢中含碳量的增加，钢的强度和硬度上升，而塑性、韧性不断下降，这是由于合金组织中渗碳体的相对量增加，而铁素体的相对量在减少。而且随着含碳量的增加，其渗碳体的形状也逐渐变得复杂，使其强度开始明显下降。当 $\omega_C = 2.11\%$ 时，强度已降到很低。

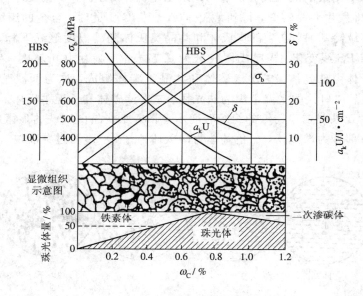

图 1-23　含碳量对钢组织和力学性能的影响

为了确保使用的钢具有足够的强度和一定的塑性、韧性，钢中的 ω_C 应为 $1.3\% \sim 1.4\%$。$\omega_C > 2.11\%$ 的白口铸铁，由于组织中存在较多的渗碳体，在性能上显得特别硬而脆，难以切削加工，因此在一般机械制造中很少使用。

1.2.3　Fe-Fe₃C 相图的应用

1. 在选材方面的应用

铁碳合金相图指出了合金的组织随成分变化的规律。根据合金的组织可以判断其大致力学性能，从而可以合理地选择材料。要求塑性高、韧性好的各种型材和建筑结构，应选用 $\omega_C < 0.25\%$ 的钢制作；对于工作中要求有较高的强度、塑性、韧性和承受冲击的机器零

件，应选用 ω_C 为 $0.25\% \sim 0.55\%$ 的钢；对于要求耐磨性好、硬度高的各种工模具，应选用 $\omega_C > 0.55\%$ 的钢。

2. 在制定工艺方面的应用

1）在铸造方面的应用

按 $Fe\text{-}Fe_3C$ 相图可确定合适的浇注温度。其温度一般选在液相线以上 $50 \sim 100$ ℃。铸造性能主要表现在流动性、偏析、缩孔等方面，这些性能主要由液相线和固相线之间的温度间隔决定。共晶成分的合金，其凝固温度间隔最小（为零），因此可以得到致密的铸件。在铸造生产中，接近共晶成分的铸铁得到广泛应用。

2）在锻造方面的应用

钢在室温时，其组织为两相的机械混合物，因而其塑性较差，形变困难，只有将其加热到单相奥氏体状态，才具有较好的塑性，易于塑性变形。因此，钢材的锻造或轧制应选择在具有单相奥氏体组织的温度范围内进行。一般始锻温度控制在固相线（AE 线）以下 $200 \sim 300$ ℃范围内。温度不宜太高，以免钢材氧化严重；温度也不宜过低，以免钢材产生变形强化、塑性变差，导致裂纹产生。

3）在热处理方面的应用

各种热处理工艺和 $Fe\text{-}Fe_3C$ 相图有着密切的关系，这将在"钢的热处理"中详细介绍。

必须指出，铁碳合金相图反映的是在极其缓慢加热和冷却下铁碳合金的相状态，因此铁碳相图不能解决快速加热或冷却时铁碳合金组织的变化规律。另外还需指出，在通常使用的铁碳合金中，除含铁、碳两种元素外，还含有其他多种元素（如硫、磷、硅、锰），这些元素对状态图也都有影响，应予以考虑。

1.3 钢 的 热 处 理

钢的热处理在机械制造业中占有非常重要的地位，它是一种利用加热和冷却固态金属的方法来改变钢的内部组织，从而达到改善其性能的工艺方法。现代机床工业中有 $60\% \sim 70\%$ 的零件、汽车拖拉机工业中有 $70\% \sim 80\%$ 的零件均要进行热处理，所以热处理是强化钢材，使其发挥潜在能力的重要方法，是提高产品质量和寿命的主要途径。

什么叫钢的热处理呢？它就是将钢材在固态范围内，采用适当的方法进行加热、保温和冷却，以改变其内部组织，获得所需性能的一种工艺方法。

由于对热处理的性能要求不同，因此热处理的类型是多种多样的，但其过程都是由加热、保温和冷却三个阶段所组成。热处理工艺曲线如图 1-24 所示。

根据加热和冷却方式的不同，热处理可分为普通热处理和表面热处理两大类。

$$
\text{热处理}\begin{cases} \text{普通热处理：退火、正火、淬火和回火} \\ \text{表面热处理}\begin{cases} \text{表面淬火：火焰加热、感应加热} \\ \text{化学热处理：渗碳、渗氮、碳氮共渗、渗金属等} \end{cases} \end{cases}
$$

根据在零件加工过程中的工序位置不同，热处理可分为预备热处理（如退火、正火）和最终热处理（如淬火、回火）。

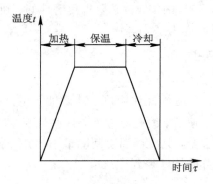

图 1 - 24　热处理工艺曲线

1.3.1　钢的普通热处理

退火和正火常作为钢的预备热处理工序。在机器零件或工具、模具等的加工制造过程中，退火和正火作为预备热处理工序被安排在工件毛坯生产之后，切削（粗）加工之前，用以消除前一工序带来的某些缺陷，并为后一工序的进行做好准备，而将淬火和回火作为最终热处理，以保证其性能。

1. 钢的退火

退火是将钢加热到适当温度，保温一定时间，然后缓慢冷却的热处理工艺。退火主要用于铸、锻、焊毛坯或半成品零件，作为预备热处理，退火后获得珠光体型组织。退火的主要目的是：① 降低钢件的硬度，以利于切削加工；② 消除内应力，以防止钢件变形与开裂；③ 细化晶粒，改善组织，为零件的最终热处理做好组织准备。

根据钢的成分和退火目的的不同，常用的退火方法有完全退火、等温退火、球化退火、扩散退火、去应力退火和再结晶退火等。

1）完全退火

完全退火是将钢件加热到 A_3 以上30～50 ℃，保温一定时间，随炉冷至 600 ℃ 以下，再出炉空冷的退火工艺。完全退火是可以获得接近平衡状态组织的退火工艺。其目的是使热加工所造成的粗大、不均匀组织得到均匀细化，消除组织缺陷和内应力，降低硬度和改善切削加工性能。

完全退火主要用于亚共析成分的各种碳钢、合金钢的铸件、锻件、热轧型材和焊接结构件的退火。过共析钢不宜采用完全退火，以避免二次渗碳体以网状形式沿奥氏体晶界析出，给切削加工和以后的热处理带来不利影响。完全退火所需时间较长，是一种费时的工艺。生产中常采用等温退火工艺。

2）等温退火

等温退火是将钢件加热到 A_3（或 A_1）温度以上，保温一定时间后，以较快的速度冷却到珠光体区域的某一温度并保持等温，使奥氏体转变为珠光体组织，然后再缓慢冷却的退火工艺。等温退火不仅可以大大缩短退火时间，而且由于组织转变时工件内外处于同一温度，故能得到均匀的组织和性能。

亚共析钢的等温退火与完全退火的目的相同。

等温退火主要用于处理高碳钢、合金工具钢和高合金钢。

3）球化退火

球化退火是将过共析钢或共析钢加热至 A_1 以上 20～40 ℃，保温一定时间，然后随炉缓慢冷却到 600 ℃ 以下出炉空冷的退火工艺。在随炉冷却通过 A_{c1} 温度时，其冷却速度应足够缓慢，以促使共析钢渗碳体球化。

球化退火的目的是使钢中的渗碳体球状化，以降低钢的硬度，改善切削加工性能，并为以后的热处理工序做好准备。为了便于球化过程的进行，对于原组织中网状渗碳体较严重的钢件，可在球化退火之前进行一次正火处理，以消除网状渗碳体。

4）扩散退火（均匀化退火）

扩散退火是将钢加热到 A_3 以上 150～200 ℃，长时间保温（10～15 小时），然后随炉冷却的退火工艺。扩散退火时间长，零件烧损严重，能量耗费很大，易使晶粒粗大，为了细化晶粒，扩散退火后应进行完全退火或正火。这种工艺主要用于质量要求高的合金钢铸锭、铸件或锻坯。

5）去应力退火

去应力退火又称低温退火，它是将钢加热到 A_1 以下某一温度（一般为 500～600 ℃），保持一定时间后缓慢冷却的工艺方法。

去应力退火过程中不发生组织的转变，其目的是为了消除由于形变加工、机械加工、铸造、锻造、热处理、焊接等所产生的残余应力。

2. 钢的正火

正火是将钢件加热到 A_3（或 A_{cm}）以上 30～50 ℃，保温适当时间后在空气中冷却得到珠光体类组织的热处理工艺。

正火和退火的主要区别是冷却方式不同，前者冷却速度较快，得到的组织比退火的组织细小。因此，正火后的硬度、强度也较高。

正火与退火相比，不但力学性能高，而且操作简便，生产周期短，能量耗费少，故在可能的情况下，应优先考虑采用正火处理。

正火一般应用于以下几个方面：

1）改善切削加工性能

低碳钢和低碳合金钢退火后一般硬度在 160 HBS 以下，不利于切削加工。正火可提高其硬度，改善其切削加工性能。

2）作为预备热处理

中碳钢和合金结构钢在调质处理前都要进行正火处理，以获得均匀而细小的组织。对于过共析钢，正火时，由于冷却速度较快，二次渗碳体来不及沿奥氏体晶界呈网状析出，消除了网状渗碳体的析出，为球化退火做好组织准备。

3）作为最终热处理

正火可以细化晶粒，提高力学性能，故对性能要求不高的普通铸件、焊接件及不重要的热加工件可将正火作为最终热处理工序。对于一些大型或重型零件，当淬火有开裂危险时，也可以用正火作为最终热处理。

图 1-25 所示为几种退火与正火的加热温度范围及工艺曲线。

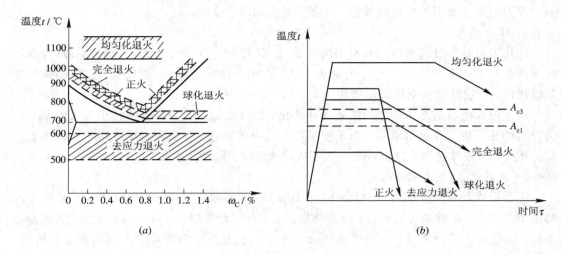

图 1 - 25　几种退火与正火的加热温度范围及工艺曲线
(a) 加热温度范围 ；(b) 工艺曲线

3. 钢的淬火

淬火是将钢件加热到 A_3 (亚共析钢)或 A_1 (共析钢和过共析钢)以上 30～50 ℃，保温一定时间，然后以适当速度获得马氏体(或贝氏体)组织的热处理工艺。碳在 α-Fe 中的过饱和固溶体称为马氏体，以符号 M 表示。

淬火的主要目的是为了获得马氏体或贝氏体组织，然后与适当的回火工艺相配合，以得到零件所要求的使用性能。淬火和回火是强化钢材的重要热处理工艺方法。

钢的淬火温度主要根据钢的临界温度来确定，如图 1 - 26 所示。一般情况下，亚共析钢 ($\omega_C < 0.77\%$) 的淬火加热温度在 A_3 以上 30～50 ℃，可得到全部晶粒的奥氏体组织，淬火后为均匀细小的马氏体组织。若加热温度过高，马氏体组织粗大，使力学性能恶化，同时也增加淬火应力，使变形和开裂的倾向增大；若加热温度在 $A_1 \sim A_3$ 之间，淬火后组织为铁素体和马氏体，不仅会降低硬度，而且回火后钢的强度也较低，故不宜采用。共析钢和过共析钢 ($\omega_C \geq 0.77\%$) 的淬火加热温度为 A_1 以上 30～50 ℃，此时的组织为奥氏体或奥氏体与渗碳体，淬火后得到细小的马氏体或马氏体与少量渗碳体。渗碳体

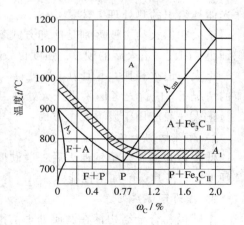

图 1 - 26　碳钢的淬火加热温度范围

的存在，提高了淬火钢的硬度和耐磨性。淬火温度过高或过低，均对淬火钢的组织有很大的影响。过低，得到的是非马氏体组织，没有达到淬火的目的；过高，渗碳体全部溶解于奥氏体中，提高了奥氏体碳浓度，使淬火后残余奥氏体量增多，硬度、耐磨性降低。

淬火加热时间由两部分组成，即升温时间和保温时间。升温时间是指零件由室温达到淬火温度所需的时间；保温的目的是使钢件热透，使室温组织转变为奥氏体。其时间长短

主要根据钢的成分、加热介质和零件尺寸来决定。

钢加热获得奥氏体后，需要用具有一定冷却速度的介质冷却，保证奥氏体转变为马氏体组织。如果介质的冷却速度太大，虽易于淬硬，但容易变形和开裂；而冷却速度太小，钢件又淬不硬。常用的冷却介质有油、水、盐水、碱水等，其冷却能力依次增加。

常用淬火方法有单液淬火、双液淬火、马氏体分级淬火、贝氏体等温淬火等。

4. 钢的回火

回火是将淬火钢加热到 A_1 以下某一温度，保温一定时间，然后冷却至室温的热处理工艺。

回火是淬火的后续工序，通常也是零件进行热处理的最后一道工序，所以对产品最后所要求的性能起决定性的作用。淬火和回火常作为零件的最终热处理。

回火的目的是降低零件的脆性，消除或减少内应力。一般情况下，淬火得到的马氏体组织脆而且内应力大，如果在室温放置，通常会使零件变形、开裂。因此，零件淬火后一般都要进行回火处理以消除内应力，提高韧性；工件经淬火后硬度高，但塑性和韧性都显著降低，因此通过调整回火温度，可使工件得到不同的回火组织来达到所需要的硬度和强度，塑性和韧性；淬火工件得到的马氏体和残余奥氏体都是不稳定的组织，在室温下会自发发生分解，从而引起尺寸的变化和形状的改变，通过回火可得到稳定的回火组织，从而保证工件在以后的使用过程中不再发生尺寸和形状的改变。

根据零件性能要求的不同，可将回火分为三种：

① 低温回火(150～250 ℃)：低温回火的回火组织是回火马氏体。低温回火的目的是降低淬火应力和脆性，保持钢淬火后具有高硬度和高耐磨性。回火后硬度一般为58～64 HRC。低温回火主要用于各种工具(如刃具、模具、量具等)、滚动轴承和表面淬火件等。

② 中温回火(350～500 ℃)：中温回火的回火组织是回火托氏体。中温回火的目的是使钢具有高弹性极限、高屈服强度和一定的韧性。回火后硬度一般为 35～50 HRC。中温回火一般用于各种弹簧和模具等的热处理。

③ 高温回火(500～650 ℃)：高温回火的回火组织是回火索氏体。高温回火的目的是为了获得强度、硬度、塑性和韧性都较好的综合力学性能。回火后硬度为 25～35 HRC。高温回火广泛用于各种主要的结构零件，如各种轴、齿轮、连杆、高强度螺栓等。

通常将淬火和高温回火的复合热处理称为调质处理。调质处理一般作为最终热处理，也可作为表面热处理和化学热处理的预备热处理。应当指出，回火温度主要取决于零件所要求的硬度范围，回火后的冷却速度对零件硬度影响不大。实际生产中，回火件出炉后通常采用空冷。

1.3.2　钢的表面热处理

在扭转和弯曲交变载荷作用下工作的零件，如齿轮、凸轮、曲轴、活塞销等，它们的表面层承受着比心部高的压力，在有摩擦条件下工作的零件，其表层还要具有高的耐磨性。因此这些机器零件表面层必须要求有较高的强度、硬度、耐磨和疲劳极限，而心部要有足够的塑性和韧性。在这种工作状态下，若采用前面所述的热处理方法，是很难满足要求的。

因而需要进行表面热处理。表面热处理包括表面淬火和化学热处理。

1. 钢的表面淬火

钢的表面淬火是一种不改变钢的表面化学成分,但改变其组织的局部热处理方法,是将工件表面快速加热到临界点以上,使工件表层转变为奥氏体,冷却后使表面得到马氏体组织,心部仍保持原有的塑性和韧性。表面淬火按加热方式分为:感应加热表面淬火、火焰加热表面淬火、电接触加热表面淬火、激光加热表面淬火和电子束加热表面淬火几种。最常用的是前两种。

常用的感应加热表面淬火方式有:高频淬火、中频淬火、工频淬火。感应加热表面淬火的特点是淬火后表面层存在残余压应力,可提高其疲劳极限;生产率高,易实现机械化和自动化,适宜于大批量生产。但其设备昂贵,处理形状复杂的零件时比较困难。

零件在进行表面淬火前一般应先进行调质(调质硬度一般为 200~240 HBS)或正火处理;表面淬火后应进行低温回火,回火硬度一般可达 53~58 HRC。感应加热主要适用于中碳钢和中碳合金钢(如 45,40Cr,40MnB 等)。

2. 钢的化学热处理

化学热处理是将钢件置入具有活性的介质中,通过加热和保温,使活性介质分解析出活性元素,渗入工件的表面,改变工件的化学成分、组织和性能的一种热处理工艺。化学热处理与其他热处理不同,它不仅改变了钢的组织,同时还改变了钢体表层的化学成分。

按钢件中渗入元素的不同,化学热处理可分为:渗碳、氮化、碳氮共渗(氰化)、渗硼、渗铝、渗铬等。

化学热处理的基本过程是:分解、吸收、扩散。通过化学热处理能有效地提高工件表层的耐磨性、抗腐性、抗氧化性和疲劳强度等。

目前生产中最常用的化学热处理工艺是:渗碳、渗氮和碳氮共渗。

1) 钢的渗碳

将工件置于渗碳介质中,加热并保温,使碳原子渗入工件表面的工艺称为渗碳。渗碳主要用于低碳钢或低碳合金钢。

渗碳的目的是增加工件表层的含碳量,形成一定的碳浓度梯度,使原本含碳量比较低($\omega_c = 0.15\% \sim 0.3\%$)的表层,获得高的碳浓度($\omega_c \approx 1.0\%$)。在机械制造中,许多重要的零件如齿轮、凸轮、活塞销等,都是在交变载荷、冲击载荷及严重磨损状态下工作,要求零件表面具有高的硬度和耐磨性,而心部具有一定的强度和韧性,因此,选用低碳钢或低碳合金钢进行渗碳处理,然后进行淬火和低温回火,就可以满足上述性能要求。一般渗碳层可达 0.5~2 mm。

渗碳的方法按渗碳剂的不同,可分为气体渗碳、固体渗碳和液体渗碳。目前,常用的是气体渗碳。低碳钢渗碳缓冷后的显微组织表层为珠光体和二次渗碳体的过共析钢组织,与其相邻的内层为共析钢组织,心部为珠光体和铁素体的原始亚共析钢组织。工件渗碳后必须立刻进行淬火和低温回火。低碳钢经渗碳淬火后,表层硬度高,可达 58~64 HRC,耐磨性较好;心部保持低的含碳量,韧性较好;疲劳强度高。这是因为表层为高碳马氏体,体积膨胀大,而心部为低碳马氏体或非马氏体组织,体积膨胀小,所以表层产生压应力,提高了零件的疲劳强度。

2）钢的渗氮

渗氮是将工件置于一定温度下，使活性氮原子渗入工件表层的一种化学热处理工艺。

渗氮的目的是提高工件表层的硬度、耐磨性、耐蚀性和疲劳强度。常用的方法有气体渗氮、液体渗氮及离子渗氮等。

气体渗氮是将工件置于能通入氨气（NH_3）的炉中，加热至 $500\sim550\ ℃$，使氨分解出活性氮元素渗入到工件表层，并向内部扩散，形成一定厚度的氮化层。与渗碳相比，渗氮工件的表层硬度较高，可达 $1000\sim1200\ HV$（相当于 $69\sim72\ HRC$）。渗氮温度较低，渗氮后一般不再进行其他热处理，因此工件变形较小。工件经渗氮后，其疲劳强度可提高 $15\%\sim35\%$。渗氮层耐腐蚀性能好。为了保证渗氮零件心部具有良好的综合力学性能，在渗氮前应进行调质处理。

与渗碳相比，渗氮具有以上特点，但其工艺复杂，生产周期长，成本高，氮化层薄（一般为 $0.1\sim0.4\ mm$）而脆，不宜承受集中的重载荷，并需要专用的渗氮钢（如 38CrMoALA 等），因此渗氮主要用于处理各种高速传动的精密齿轮、高精度机床主轴及重要的阀门等。

1.4　碳钢与合金钢

碳钢冶炼方便，不消耗贵重合金元素，价格低廉，加工容易，通过不同的热处理工艺可以满足一定的力学性能，因此碳钢在机器制造业中得到广泛应用。但是碳钢淬透性低，热硬性低，不能用于大尺寸、承受重载荷的零件，也不能用于耐热、耐磨、耐蚀的零件，这使其使用受到了一定的限制。为了满足现代科学技术的发展，在碳钢的基础上有意加入一些合金元素，形成合金钢。常用的合金元素有：硅（Si）、锰（Mn）、铬（Cr）、镍（Ni）、钼（Mo）、钨（W）、钒（V）、钛（Ti）、硼（B）、铝（Al）、铜（Cu）、铌（Nb）、锆（Zr）、铼（Re）等。

1.4.1　碳钢

含碳量（ω_C）小于 2.11% 的铁碳合金称为碳素钢，简称碳钢。碳钢中除了铁、碳两种元素外，还含有少量锰、硅、硫、磷等杂质。由于碳钢具有一定的力学性能和良好的工艺性能，且价格低廉，因此碳钢是工业中用量最大的金属材料，它广泛应用于建筑、交通运输及机械制造工业中。

1）碳钢的分类

生产中使用的碳钢品种繁多，为了便于科研、生产、管理、使用等工作，将钢进行分类和统一编号。碳钢常以其化学成分、冶金质量和用途进行分类。

① 根据钢中碳含量的多少可分为：低碳钢（$\omega_C<0.25\%$）、中碳钢（$0.25\%\leqslant\omega_C\leqslant0.60\%$）、高碳钢（$\omega_C>0.60\%$）。

② 根据钢中有害杂质硫、磷含量的多少，可分为：普通质量钢（$0.035\%<\omega_S\leqslant0.050\%$，$0.035\%<\omega_P\leqslant0.045\%$）、优质钢（$0.020\%<\omega_S\leqslant0.035\%$，$0.030\%<\omega_P\leqslant0.035\%$）、高级优质钢（$\omega_S\leqslant0.020\%$，$\omega_P\leqslant0.030\%$）。

③ 根据钢的用途不同，可分为碳素结构钢和碳素工具钢。前者主要用于制作各种机器零件和工程结构件，一般属于低碳钢和中碳钢；后者主要用于制作各种量具、刀具和模具等，一般属于高碳钢。

2）碳钢的牌号、性能和用途

（1）碳素结构钢。碳素结构钢的牌号是由代表钢材屈服强度的字母、屈服强度值、质量等级符号、脱氧方法符号四个部分按顺序组成的。表 1-4 列出了常用碳素结构钢的牌号、化学成分、力学性能及应用举例。碳素结构钢一般在供应状态下使用，必要时可进行锻造、焊接等热加工，亦可通过热处理调整其力学性能。

表 1-4　碳素结构钢的牌号、化学成分、力学性能及用途

牌号	等级	化学成分			脱氧方法	力学性能			用途举例
		$\omega_C/\%$	$\omega_S/\%$	$\omega_P/\%$		σ_s/MPa	σ_b/MPa	$\delta_5/\%$	
Q215	A	0.09～0.15	≤0.050	≤0.045	F、b、Z	215	335～410	≥31	承受载荷不大的金属结构件、铆钉、垫圈、地脚螺栓、冲压件及焊接件
	B		≤0.045						
Q235	A	0.14～0.22	≤0.050	≤0.045	F、b、Z	235	375～460	≥26	金属结构件、钢板、钢筋、型钢、螺栓、螺母、短轴、心轴、Q235C、D 可用做重要焊接结构件
	B	0.12～0.20	≤0.045						
	C	≤0.18	≤0.040	≤0.040	Z				
	D	≤0.17	≤0.035	≤0.035	TZ				
Q255	A	0.18～0.28	≤0.050	≤0.045	Z	255	410～510	≥24	键、销、转轴、拉杆、链轮、链环片等
	B		≤0.045						

（2）优质碳素结构钢。这类钢中磷、硫等有害杂质的含量较低，广泛用来制造较重要的机器零件。优质碳素结构钢的牌号用两位数字表示，这两位数字表示钢中平均含碳万分之几。例如 45 钢，表示钢中平均含碳量为 0.45%。部分优质碳素结构钢的牌号、力学性能及用途见表 1-5。优质碳素结构钢使用前一般都要进行热处理。

表 1-5　部分优质碳素结构钢的牌号、力学性能及用途（摘自 GB 699—88）

牌号	力学性能					用途举例
	σ_s/MPa	σ_b/MPa	$\delta/\%$	$\varphi/\%$	A_k/J	
08F	175	295	≥35	60	—	一般用于制造受力不大的零件，如螺母、螺栓、垫圈、小轴等
10	205	335	≥31	55	—	
35	315	530	≥20	45	55	这类中碳钢的综合力学性能较好，可用于制造受力较大的零件，如主轴、曲轴、齿轮、链杆、活塞销等
35Mn	335	560	≥19	45	—	
45	355	600	≥16	40	39	
45Mn	375	620	≥15	40		
60	400	675	≥12	35		这类钢有较高的强度、弹性和耐磨性，主要用于制造凸轮、车轮、板弹簧、螺旋弹簧和钢丝绳等
60Mn	410	695	≥11	35		
65	410	695	≥10	35		
65Mn	430	735	≥9	30		

渗碳钢一般常用的有 15 钢和 20 钢。这些低碳优质碳素结构钢经渗碳淬火后，淬透性差，导致心部强度、韧性不足，因此只能用来制造承受载荷较小、形状简单、不太重要，但要求耐磨的小型零件。

　　碳素调质钢一般是中碳优质碳素结构钢,如 35 钢、40 钢、45 钢和 40Mn 钢等,其中以 45 钢应用最广。这类钢适用于制造载荷较大的工件。

　　(3) 碳素工具钢。碳素工具钢中碳的质量分数一般为 0.65%～1.35%。根据钢中有害杂质硫、磷的含量,碳素工具钢分为优质碳素工具钢和高级优质碳素工具钢,其编号是在 T(碳)字母后面附以数字表示,数字表达钢中的平均含碳量为千分之几,例如 T8、T12 分别表示平均含碳量为 0.8% 和 1.2%。若为高级优质碳素工具钢,则在牌号后加 A,如 T8A 表示平均含碳量为 0.8% 的高级优质碳素工具钢。碳素工具钢的牌号、化学成分和力学性能见表 1-6。

表 1-6　碳素工具钢的牌号、化学成分、力学性能和用途

牌号	化学成分			退火状态 HBS	试样淬火 HRC[①](水) ≥	用途举例
	ω_C/%	ω_{Si}/%	ω_{Mn}/%			
T8 T8A	0.75～0.84	≤0.35	≤0.40	≥187	62 (780～800℃)	承受冲击、要求较高硬度的工具,如冲头、压缩空气工具、木工工具
T10 T10A	0.95～1.04	≤0.35	≤0.40	≥197	62 (760～780℃)	不受剧烈冲击、高硬度耐磨的工具,如车刀、刨刀、冲头、钻头、手锯条
T12 T12A	1.15～1.24	≤0.35	≤0.40	≥207	62 (760～780℃)	不受冲击、高硬度高耐磨的工具,如锉刀、刮刀、精车刀、丝锥、量具
T13 T13A	1.25～1.35	≤0.35	≤0.40	≥217	62 (760～780℃)	同上,要求更耐磨的工具,如刮刀、剃刀

　　注:① 淬火后硬度不是指用途举例各种工具的硬度,而是指碳素工具材料在淬火后的最低硬度。

　　(4) 铸钢。铸钢含碳量一般为 0.15%～0.60%。在生产中,有些形状复杂的零件,很难用锻压方法成形,用铸铁又难以满足性能要求,此时可采用铸钢。铸钢件均需进行热处理。其牌号冠以"铸钢"两字的汉语拼音字首"ZG",后面有两组数字,第一组表示屈服强度,第二组表示抗拉强度。如牌号 ZG310-570 表示屈服强度为 310 MPa、抗拉强度为 570 MPa 的工程铸钢。常用的铸钢有 ZG200-400、ZG230-450 等。

1.4.2　合金钢的分类及编号

1. 合金钢的分类

　　合金钢的种类繁多,为了便于生产、保管、选用和研究,必须对合金钢进行分类。目前常用的分类方法有:

　　1) 按合金元素含量分

　　低合金钢:钢中合金元素总含量 ω_{Me}≤5%;

　　中合金钢:钢中合金元素总含量 ω_{Me} 为 5%～10%;

　　高合金钢:钢中合金元素总含量 ω_{Me}＞10%。

　　2) 按合金元素种类分

　　按合金元素种类分有铬钢、锰钢、铬锰钢、铬钼钢、铬镍钢、铬镍钼钢等。

　　3) 按主要用途分

　　(1) 合金结构钢。结构钢又分为以下两种:

建筑及工程用结构钢：它主要用于建筑、桥梁、船舶、锅炉等；

机械制造用结构钢：它主要用于制造机械设备上的结构零件，这类钢基本上属于优质钢或高级优质钢，它包括合金结构钢、易切削结构钢、弹簧钢和滚动轴承钢。

（2）合金工具钢。它是指用于制造各种工具的钢，包括合金工具钢或高速工具钢等。

（3）特殊性能钢。特殊性能钢指具有特殊的物理或化学性能的钢。它包括不锈钢、耐热钢、耐磨钢、超高强度钢等。

2. 合金钢的编号

我国合金钢编号的原则是以钢中碳含量（ω_C/%）及合金元素的种类和含量（ω_{Me}/%）来表示。当钢中合金元素的平均含量 $\omega_{Me} < 1.5\%$ 时，钢中只标出元素符号，不标明合金元素平均含量；当 $\omega_{Me} \geqslant 1.5\%$，$2.5\%$，$3.5\%$，…时，在该元素后面相应地标出 2，3，4，…。

1）合金结构钢

合金结构钢的牌号用"两位数字＋元素符号＋数字"表示。前面两位数字表示钢中平均碳含量为万分之几；元素符号表示钢中所含的合金元素；元素符号后面的数字表示该元素平均含量为百分之几。如 55Si2Mn 钢，其含碳量为 0.55%，Si 含量为 $1.5\% \sim 2.5\%$，Mn 的含量小于 1.5%。

2）滚动轴承钢

滚动轴承钢的牌号表示方法与合金结构钢不同，在牌号前面加"G"表示"滚"字的汉语拼音字首，其碳含量不标出。合金元素铬（Cr）后面的数字表示平均铬质量分数为千分之几，例如 GCr15 钢中平均铬质量分数为 1.5%。

3）合金工具钢

合金工具钢的编号方法与合金结构钢相似。不过当钢中碳的质量分数 $\omega_C < 1\%$ 时，牌号前面用一位数字表示平均碳的质量分数为千分之几；若 $\omega_C \geqslant 1\%$ 时，则不标出。如 9Mn2V 钢表示碳的质量分数为 0.9%，锰的质量分数为 2%，钒的质量分数小于 1.5%。又如 CrWMn 钢牌号前面没有数字，即表示钢中平均含碳 $\omega_C \geqslant 1\%$，Cr、W、Mn 的含量均小于 1.5%。

4）高速工具钢

高速工具钢的牌号表示方法与合金工具钢略有不同，主要区别是钢中平均含碳量 $\omega_C < 1\%$ 时也不标出数字。如 W18Cr4V，钢中碳的质量分数只有 $0.7\% \sim 0.8\%$，但也不标出。

5）特殊性能钢

特殊性能钢的牌号表示方法与合金工具钢基本相同。如不锈钢 4Cr13，其钢中平均碳质量分数为 0.4%，铬的质量分数为 $12.5\% \sim 13.5\%$；当 $\omega_C \leqslant 0.03\%$ 或 $\omega_C \leqslant 0.08\%$ 时，在牌号前面加上"00"或"0"，如 00Cr17Ni14Mo2 钢、0Cr19Ni9 钢等。

1.4.3　合金结构钢

合金结构钢是在碳素结构钢的基础上特意加入一种或几种合金元素，以满足各种使用性能要求的结构钢，它是应用最广、用量最大的金属材料。

合金结构钢又分为普通低合金钢、渗碳钢、调质钢、弹簧钢、滚动轴承钢、易切削钢等几类。

1. 低合金钢

低合金钢实质上是低碳低合金工程结构用钢。这类钢含合金元素比较少，含碳量较低，多数为 $0.1\%\sim0.2\%$，其屈服强度比普通低碳钢高 $25\%\sim50\%$，比普通低碳钢的屈强比（σ_s/σ_b）明显提高，可以节约钢材 $20\%\sim30\%$。这类钢的时效倾向小，并有良好的耐蚀性和焊接性，一般是在正火或热轧状态下使用。低合金钢主要用于桥梁、船舶、车辆、管道、起重运输机械等。常用的低合金结构钢有 12Mn、16Mn 等。

2. 合金渗碳钢

渗碳钢通常是指制造渗碳零件的钢，它一般为低碳的优质碳素结构钢和低碳的合金结构钢，主要用于制造承受强烈冲击和磨损的零件，如变速齿轮、齿轮轴、活塞销等，这些零件要求表面具有高硬度、高耐磨性，而心部具有高的韧性和足够的强度。这类钢平均含碳量为 $0.1\%\sim0.25\%$。

合金渗碳钢是在优质碳素结构钢的基础上加入了 Cr、Mn、Ni、B、Ti、V、Mo、W 等元素，其中 Cr、Mn、Ni、B 等元素的作用主要是提高材料的淬透性；而 W、Mo、V、Ti 可形成细小、难溶的碳化物，细化晶粒，防止渗碳层剥离及提高心部性能。合金渗碳钢的最终热处理工艺是淬火加低温回火。低温回火后，合金渗碳钢零件表面层和碳钢相似，是高碳回火马氏体和渗碳体或碳化物；而心部淬火后得到低碳回火马氏体或珠光体加铁素体。因此其表层具有高硬度、高强度和耐磨性，而心部具有足够的强度和韧性。

按合金元素含量的不同，可将合金渗碳钢分为低淬透性合金渗碳钢、中淬透性合金渗碳钢和高淬透性合金渗碳钢三类。

低淬透性合金渗碳钢：如 20Cr、20MnV，用于制造受力不太大，不需要很高强度的耐磨零件，如截面尺寸在 $30\ mm^2$ 以下的形状复杂、心部要求较高、工作表面承受磨损的零件（如机床变速箱齿轮、凸轮、蜗杆、活塞销等）。

中淬透性合金渗碳钢：如 20CrMnTi、12CrNi3，主要用来制造中等载荷的耐磨零件。如在汽车、拖拉机工业中用于截面尺寸在 $30\ mm^2$ 以下，承受高速、中或重载荷以及受冲击、磨损的重要渗碳件，如齿轮、轴、齿轮轴、蜗杆等。

高淬透性合金渗碳钢：这类钢即使空冷也能获得马氏体组织，用来制作承受重载荷及强烈磨损的重要大型零件。属于此类钢的有 12Cr2Ni14、20Cr2Ni4、18Cr2Ni4W 等。由于合金元素含量高，渗碳层将存在大量残余奥氏体，降低强度和硬度，影响其寿命，因此淬火后要进行冷处理。

3. 合金调质钢

调质钢通常指经调质处理的结构钢，一般为中碳的优质碳素结构钢、合金结构钢，主要用于制造承受大循环载荷及冲击载荷作用的零件。这些零件要求具有高强度和良好的塑性与韧性相配合的综合力学性能，如连杆、轴、齿轮等。这类钢的平均含碳量为 $0.25\%\sim0.5\%$。

合金调质钢由于加入了合金元素，因此淬透性好，综合力学性能高于碳素调质钢。在合金调质钢中，主加元素有：Mn、Si、Cr、Ni、B，其主要目的是增大钢的淬透性。淬火和高温回火后，可获得高而均匀的综合力学性能，特别是高的屈强比。辅加元素有 W、Mo、Ti、V，其作用是细化晶粒，提高回火抗力。合金调质钢常按淬透性分为三类：

（1）低淬透调质钢，如 40Cr、40MnB 等钢，常用于中等截面、要求力学性能比碳钢高的调质件，如齿轮、轴、连杆等；

（2）中等淬透性钢，如 38CrMoAlA 钢，常用于截面大、承受较重载荷的机器零件；

（3）高淬透性调质钢，如 40CrMnMo，25CrNi4A 等，这类钢调质后强度最高，韧性也很好，可用于大截面、承受更大载荷的重要调质零件。

调质钢的最终热处理是淬火后高温回火，得到回火索氏体组织。回火温度可根据调质件的性能要求（硬度为 25～35 HRC）在 500～600 ℃ 之间选择，上限韧性高，下限强度高。淬透性高的调质钢可采用正火加高温回火以降低硬度。若要求零件表面有良好的耐磨性，则可进行表面淬火或化学热处理。

4. 弹簧钢

用来制造弹簧和弹性元件的钢叫做弹簧钢。弹簧钢要求具有较高的弹性极限和屈强比，高的疲劳强度及塑性、韧性。这类材料为中碳钢，其含碳量为 0.6%～0.9%，以保证得到高的疲劳极限和屈服点。加入合金元素后，其含碳量降低为 0.45%～0.70%。常加入的合金元素有 Mn、Si、Cr、V 等，主要目的是提高钢的淬透性，提高弹性极限和弹簧的疲劳强度。加入辅加元素如 Mo、W 等，其作用是减少脱碳和过热倾向，同时进一步提高弹性极限、屈强比和耐热性。这些合金元素都能增加奥氏体的稳定性，使大截面弹簧可在油中淬火，减少其变形与开裂倾向，V 还能细化晶粒，提高韧性。

弹簧钢的热处理一般是淬火加中温回火，得到回火托氏体组织，弹性极限和屈服强度较高。常用的弹簧钢，如 65Mn、55Si2Mn 等，主要用于制造汽车和拖拉机上的减振弹簧、电力机车升弓钩弹簧以及板簧等。

5. 滚动轴承钢

滚动轴承钢是用来制造滚动轴承的内、外套圈和滚动体的专用钢种。滚动轴承工作时，承受很大的交变载荷，因套圈与滚动体之间是点接触或线接触，产生极大的接触压力，所以容易导致轴承的接触疲劳破坏。在转动过程中，滚动体与套圈及保持架之间还有相对滑动，产生摩擦。因此，要求材料具有很高的接触疲劳强度和足够的弹性极限、耐磨性和抗蚀性。

为了保证轴承具有高的强度和耐磨性，一般钢中的含碳量较高，为 0.95%～1.10%。主要合金元素为铬（Cr），通常铬的质量分数为 0.5%～1.50%，其作用是提高淬透性，形成细小合金渗碳体，硬度可达 65 HRC，铬还能提高抗蚀能力。但铬太多，淬火后会产生大量残余奥氏体，降低轴承的硬度和尺寸稳定性，还会增加碳化物的不均匀。轴承钢的热处理是由预备热处理（球化退火）和最终热处理（淬火及低温回火）完成的，其组织为极细回火马氏体、均匀分布的细球状碳化物和微量残余奥氏体。

对于精密轴承零件，为了保证在长期工作过程中不会发生变形，在淬火后应进行一次冷处理，以尽量减少组织中残余奥氏体含量，然后再低温回火；在磨削加工后，再进行一次人工时效处理（加热到 120～130 ℃，保温 10～20 h）。

目前我国最常用的轴承钢是 GCr15、GGr15SiMn 等铬轴承钢，GCr15 主要用于制造中小型轴承以及精密量具、冷冲模、机床丝杆等，而 GGr15SiMn 主要用于制造大型和特大型轴承。

1.4.4　合金工具钢

合金工具钢是在碳素工具钢的基础上，加入适量合金元素而获得的工具钢，按用途合金工具钢可分为合金刃具钢、合金模具钢及合金量具钢。

1. 合金刃具钢

合金刃具钢主要是指用来制造车刀、铣刀、钻头等金属切削刃具的钢。刃具在切削过程中，刃部与切削物之间产生强烈摩擦，使刃具磨损并发热，刃部的温度会升高，硬度会下降，切削功能会降低。同时刃具还承受一定的冲击和振动。因此对刃具有如下性能要求：高硬度与耐磨性；好的红硬性；足够的塑韧性。红硬性是指钢在高温下保持高硬度的能力。刃具切削时，刃部温度很高，所以红硬性是刃具钢的最主要的性能要求。根据合金刃具钢中合金元素的含量，可将合金刃具钢分为低合金刃具钢和高合金刃具钢。

1) 合金刃具钢的成分特点

合金刃具钢中碳的质量分数为 0.75%～1.50%，高的含碳量用来保证高硬度和耐磨性。在碳素工具钢中常加入合金元素 Cr、Mn、Si、V、W 等，主要是提高淬透性和回火稳定性，改善钢的红硬性，形成细小均匀的碳化物，用以提高耐磨性。低合金刃具钢的预备热处理为球化退火，最终热处理采用淬火加低温回火，最后组织为回火马氏体、粒状合金碳化物和少量残余奥氏体，其硬度为 60～65 HRC。工业生产中很多场合要用到合金刃具钢的高硬度和耐磨性，例如：9SiCr 常用做要求耐磨性高、切削不剧烈的刃具，比如板牙、丝锥、钻头、铰刀等，还可用做冷冲模、冷轧模等。

2) 高速工具钢

高速工具钢属于高合金工具钢，主要用来制作高速切削的刃具。其突出的性能特点是高硬度、高耐磨性及好的红硬性。高速钢的成分特点是含有大量的钨（W）、钒（V）、钼（Mo）、铬（Cr）等元素，其中铬为提高淬透性元素，钨、钼、钒的作用是提高耐磨性及红硬性。

高速工具钢中碳的质量分数为 0.7%～1.65%。高碳可以保证形成足够的合金碳化物。淬火加热时，部分碳化物溶于奥氏体，保证了马氏体的高硬度；另一部分未溶碳化物则可阻碍奥氏体晶粒长大。

高速工具钢的热处理工艺淬火温度高（1200～1300 ℃），回火次数多（三次回火，回火温度为 560 ℃）。采用高的淬火温度是要让难溶的特殊碳化物能充分溶于奥氏体中，使马氏体中 W、Mo、V、Ti 等合金元素的含量足够高，保证高硬度、高耐磨性及高的红硬性；回火次数多主要是为了减少钢中的残余奥氏体量。另外，下一次回火对上一次回火产生的组织应力（马氏体转变时产生的）还有消除作用。

常用的高速钢有 W18Cr4V 和 W6Mo5Cr4V2。W18Cr4V 主要用于制造一般高速切削用的车刀、刨刀、钻头、铣刀等；W6Mo5Cr4V2 主要用于制造要求耐磨性和韧性好的高速切削刀具，如丝锥等。

2. 合金模具钢

合金模具钢是用来制造模具的钢种。

制造模具的材料很多，如碳素工具钢、轴承钢、耐热钢、蠕墨铸铁等，应用最多的是合金工具钢。根据用途的不同，合金模具钢可分为冷作模具钢、热作模具钢和塑料模具钢等。

1）冷作模具钢

冷作模具钢是用来制造使金属在冷态（一般指室温）下产生塑性变形或分离的模具用钢，如落料模、冷镦模、剪切模、拉丝模等。

模具钢在工作时刃口部位承受很大的压力、弯曲应力、冲击载荷和摩擦，所以冷作模具钢应具备高的硬度及耐磨性，高的疲劳强度及足够的韧性，同时还要有良好的工艺性能。

冷作模具钢的化学成分基本上与刃具钢相同，其含碳量 $\omega_C > 1.0\%$，有的高达 2.0%。尺寸小的模具可以选用低合金含量的冷作模具钢，如 9Mn2V、CrWMn 等钢，也可采用 T10A、T12A、刃具钢 9SiCr、轴承钢 GCr15 等；承受重载荷、形状复杂、要求淬火变形小的、耐磨性高的大型模具，则必须选用淬透性好的高铬、高碳的 Cr12 型钢或高速钢。Cr12 型钢的成分特点是高碳、高铬（ω_C：1.45%～2.3%；Cr：11%～13%），因此具有极高的硬度与耐磨性（比低合金钢高 3～4 倍），强度也很高，而且淬火变形很小，属于微变形钢。

冷作模具钢的热处理一般为淬火加低温回火。在不同的温度下回火，可以得到不同的硬度。

常用冷作模具钢的牌号、成分、性能及用途见表 1-7。

表 1-7　常用冷作模具的牌号、成分、性能及用途

种类	牌号	化学成分					退火状态	热处理		用途
		$\omega_C/\%$	$\omega_{Si}/\%$	$\omega_{Mn}/\%$	$\omega_{Cr}/\%$	$\omega_{Mo}/\%$	HBC	淬火/℃	HRC	
低合金	CrWMn	0.99～1.05	≤0.40	0.80～1.10	0.90～1.20	—	207～255	800～830 油	≥62	用于制作淬火要求变形很小、长而形状复杂的切削刀具，如拉刀、长丝刀高精度的冷冲模
	9Mn2V	0.85～0.95	≤0.40	1.70～2.00	—	—	≤229	780～810 油	≥62	
高碳高铬	Cr12	2.00～2.30	≤0.40	≤0.40	11.50～13.00	—	217～269	960～1000 油	≥60	用于制作截面较大、形状复杂、工作条件繁重的各种冷作模具及螺纹搓丝板
	Cr12MoV	1.45～1.70	≤0.40	≤0.40	11.00～12.50	0.40～0.60	207～255	950～1000 油	≥58	
高碳中铬	Cr4W2MoV	1.12～1.25	0.40～0.70	≤0.40	3.50～4.00	0.80～1.20	≤269	960～980 油	≥60	可代替 Cr12MoV、Cr12 用作电机、电器硅钢片冲裁模，还可作冷冲模、冷挤压模、拉拔模、搓丝模等

2）热作模具钢

热作模具钢是用来制造在受热状态下对金属进行变形加工的一种模具用钢，如热锻模、热挤模、压铸模等。

热作模具在工作中除承受压应力、张应力、弯曲应力外，还受到因炽热金属在模具型腔中流动而产生的强烈摩擦力；并且反复受到炽热金属的加热和冷却介质（如水、油、空气）的冷却作用，使模具反复在冷、热状态下工作，从而导致模具工作表面出现龟裂，这种现象称为热疲劳。因此要求热作模具钢在高温下具有足够的强度、韧性、硬度和耐磨性，以及一定的热导性和抗热疲劳性；对于尺寸较大的模具，还必须具有高的淬透性和较小的变形。

热作模具钢一般为中碳钢，其含碳量 ω_C 为 $0.3\% \sim 0.6\%$，以保证经中温或高温回火后获得良好的强度与韧性。加入的合金元素有 Cr、Mn、Ni、Mo、W 等。其中 Cr、Ni、Mn 主要是提高其淬透性和强度；Mo、W、V 可以提高其热硬度，细化晶粒，提高其回火稳定性。为了提高钢的抗热疲劳性，应适当提高 Cr、Mo、W 在钢中的含量。

热作模具钢的硬度在 40 HRC 左右，并具有较高的韧性。常用的热作模具钢的牌号、成分、热处理及用途见表 1-8。

表 1-8　常用的热作模具钢的牌号、成分、热处理及用途

牌　号	主要化学成分								用途举例
	$\omega_C/\%$	$\omega_{Mn}/\%$	$\omega_{Si}/\%$	$\omega_{Cr}/\%$	$\omega_W/\%$	$\omega_V/\%$	$\omega_{Mo}/\%$	$\omega_{Ni}/\%$	
5CrMnMo	$0.50\sim$ 0.60	$1.20\sim$ 1.60	$0.25\sim$ 0.60	$0.60\sim$ 0.90	—	—	$0.15\sim$ 0.30	—	中小型锻模
4Cr5W2SiV	$0.32\sim$ 0.42	$\leqslant 0.40$	$0.80\sim$ 1.20	$4.50\sim$ 5.50	$1.60\sim$ 2.40	$0.80\sim$ 1.00	—	—	热挤压（挤压铝、镁）模，高速锤锻模
5CrNiMo	$0.50\sim$ 0.60	$0.50\sim$ 0.80	$\leqslant 0.40$	$0.50\sim$ 0.80	—	—	$0.15\sim$ 0.30	$1.40\sim$ 1.80	形状复杂，承受重载荷大型锻模

5CrNiMo、5CrMnMo 钢是最常用的热作模具钢。这类钢具有高的韧性、强度与耐磨性，淬透性也比较好，常用来制造大、中型热锻模。常用的压铸模用钢为 3Cr2W8V，这种钢具有较高的热疲劳抗力和强度，以及好的淬透性，适合制造浇注温度较高的铜合金、铝合金的压铸模。

3）塑料模具钢

随着社会的发展，人们对塑料制品的需求越来越多，对生产塑料制品所用的模具材料的要求也越来越高。为了提高塑料制品的质量，针对不同模具的工作条件，我国开展了对塑料模具材料的研究，并开发研制了不同的塑料模具钢。如玻璃纤维或矿物无机物较多的工程塑料容易对模具产生强烈磨损、划伤，所以宜采用含碳量较高的合金工具钢，如Cr12、7CrMn2WMo 等；在成形过程中产生腐蚀气体的聚苯乙烯等塑料制品和含有腐蚀介质的塑料制品，宜采用不锈钢如 Cr13、Cr17；表面要求非常光洁，透明度高的塑料制品，这类模具常用 3Cr2Mo、3Cr2NiMnMo 钢。

塑料模具在受力不大、没有冲击、温度不高的工作条件下一般选用 45 钢或铸铁制造。

3. 合金量具钢

量具钢主要用来制造各种测量工具，如卡尺、块规、千分尺等。由于量具在使用过程中主要受磨损而失效，几乎不承受任何载荷力的作用，因而对量具的性能要求是高的耐磨性和硬度，同时，还必须具有高的尺寸稳定性，对精密量具还要求热处理变形小。

合金量具钢一般碳的质量分数为 0.9%～1.50%，常加入 Cr、W、Mn 等合金元素提高钢的淬硬性，减少热处理变形，增加尺寸稳定性，保证钢的硬度和耐磨性。

简单的量具一般用高碳钢如 T10A、T12A 制造；要求精度高，形状又复杂的量具可采用 GCr15、CrWMn、9SiCr 等钢制造；要求耐蚀的量具可选用不锈工具钢如 7Cr17、3Cr13 等。

1.4.5 特殊性能钢

特殊性能钢是指具有某些特殊性能（如物理、化学性能）和力学性能的钢，如不锈钢、耐热钢和耐磨钢。

1. 不锈钢

通常将具有抵抗空气、蒸气、酸、碱或者其他介质腐蚀能力的钢称为不锈钢。它包括不锈钢和耐酸钢。不锈钢主要的合金元素是铬（Cr）。铬可增加钢的耐腐蚀性，因为钢中的铬元素可在钢表面形成一层致密的 Cr_2O_3 氧化膜，使钢与外界隔离，避免进一步氧化。另外，铬元素使钢的基体组织的电极电位提高，从而提高其抵抗电化学腐蚀的能力。

不锈钢按其化学成分不同可分为铬不锈钢和铬镍不锈钢。

（1）铬不锈钢：铬不锈钢含碳量较高，淬火后得到马氏体组织。随着钢中含碳量的增加，钢的强度、硬度和耐磨性提高，但抗蚀性下降。其具有代表性的材质是 Cr13 型不锈钢，主要制作能抗弱腐蚀介质、能承受冲击载荷的零件，如汽轮机叶片、水压机阀等。铬不锈钢含铬量高，抗蚀性优于马氏体不锈钢，是目前应用较多的不锈钢，且具有低的脆性和好的焊接工艺性。

（2）铬镍不锈钢：铬镍不锈钢是在铬不锈钢的基础上加入镍元素和少量的其他元素（如 Mn、Ti、Mo）制成的，其含碳量较低，耐蚀性较高，平均含铬量为 18%～20%，含镍量为 8%～12%，因此这类不锈钢又称为 18—8 型钢。铬镍不锈钢的特点是塑性和韧性好，随着变形度的增加，其强度大大提高，但仍有一定的塑性。铬镍不锈钢不能淬成马氏体，只能用加工硬化来提高强度。这类钢的切削加工性较差，但焊接性能较好。奥氏体不锈钢能抗硝酸及其他很多有机酸、盐或碱的溶液。常用的铬镍不锈钢有 1Cr18Ni9、1Cr18Ni9Ti 等，主要用于制作抗酸溶液腐蚀的容器及衬里、输送管道等设备和零件。

2. 耐磨钢

耐磨钢是指在巨大压力和强烈冲击载荷作用下才能发生硬化而且有高耐磨性的钢。挖掘机铲齿、坦克履带、铁道道岔、防弹板等，都是在强烈冲击和严重磨损条件下工作的，因此要求有良好的韧性和耐磨性。最常用的耐磨钢为高锰钢，牌号为 ZGMn13。由于高锰钢极易加工硬化，很难进行切削加工，因此大多数高锰钢是采用铸造方法成形的。"ZG"为"铸钢"二字汉语拼音字首，其后为化学元素符号"Mn"，最后为锰的平均质量分数。

高锰钢的成分特点是高碳（ω_C 为 1.0%～1.3%）、高锰（ω_{Mn} 为 11%～14%）。含碳量

高，表示硬度和耐磨性增高，但过高会使冲击韧性下降，增加开裂倾向。高锰是保证热处理后得到单相奥氏体组织。高锰钢的铸态组织中存在许多碳化物，故性能硬而脆。当将铸件加热到 1060～1100 ℃时，碳化物全部溶入奥氏体中，水中淬火可得到单相奥氏体组织，这种处理称为水韧处理。高锰钢经水韧处理后强度、硬度不高，而塑性、韧性良好，但在工作时如受到强烈的冲击、巨大的压力和摩擦，就会使其表面因塑性变形而产生明显的加工硬化，同时还会发生奥氏体向马氏体的转变，使表面硬度大大提高(52～56 HRC)，从而使表面层金属具有高的耐磨性，而心部仍保持原来奥氏体所具有的高韧性和塑性。因此，高锰钢不但具有高耐磨性，而且还有很高的抗冲击能力，但其耐磨性只有在强烈冲击和摩擦情况下才出现。

1.5　铸　　铁

根据 $Fe\text{-}Fe_3C$ 相图，含碳量大于 2.11% 的铁碳合金称为铸铁。由于铸铁成本低，生产工艺简单，具有优良的铸造性能、好的耐磨性和减震性及切削加工性能，因此铸铁是工业上广泛应用的一种铸造金属材料。常用的铸铁有灰铸铁、球墨铸铁、可锻铸铁及耐磨铸铁。

影响铸铁的组织和性能的关键是碳在铸铁中的存在形式及形态。碳在铸铁中主要以渗碳体和游离态的石墨形式存在。

1. 铸铁

灰铸铁中的碳大部分以片状石墨的形式存在，断口呈暗灰色，常用来制造机器的底座、支架、工作台、减速箱箱体、阀体等。

1) 灰铸铁的成分、组织和性能

灰铸铁的 ω_C 为 2.5%～4.0%，ω_{Si} 为 1.1%～2.5%，ω_{Mn} 为 0.6%～1.2%，$\omega_P \leqslant 0.5\%$；$\omega_S \leqslant 0.15\%$。灰铸铁中的碳大部分或全部以片状的石墨形式存在，片状的石墨分布在基体组织上。按基体组织的不同可分为：铁素体灰铸铁、铁素体-珠光体灰铸铁、珠光体灰铸铁。其显微组织见图 1-27。

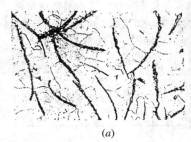 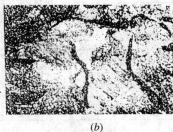 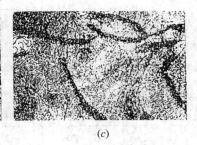

　　　(a)　　　　　　　　　　(b)　　　　　　　　　　(c)

图 1-27　灰铸铁的显微组织

(a) 铁素体基体；(b) 铁素体-珠光体基体；(c) 珠光体基体

灰铸铁的性能主要取决于基体的组织及石墨的数量、形状、大小和分布状况。由于灰铸铁的组织相当于在钢的基体中加上片状的石墨，而石墨的强度、塑性、韧性几乎为零，因此，灰铸铁中片状石墨的存在，相当于钢的基体上分布着许多小裂缝，破坏了基体组织的连续性，减少了基体承受载荷的有效面积；并且石墨尖角处易产生应力集中现象，当铸铁件受拉力或冲击力作用时，容易从裂纹尖端引起破裂。因此，灰铸铁的抗拉强度、疲劳强度都很差，塑性、韧性几乎为零。铸铁中的石墨愈多，石墨片愈粗大，分布愈不均匀，其力学性能愈差。但是，由于灰铸铁的熔点低、流动性好，凝固和冷却时能析出比热容较大的石墨，使铸铁的收缩率小，故其铸造性能好。同时，低强度的石墨具有自润滑作用，能减少零件之间的摩擦和磨损，从而使灰铸铁的耐磨性能好；石墨的吸振作用也使灰铸铁具有较好的减震性。

2）灰铸铁的牌号与用途

灰铸铁的牌号用"HT+数字"组成。其中"HT"表示"灰铁"，数字表示其最低抗拉强度的值。如 HT200 表示最低抗拉强度为 200 MPa 的灰铸铁。

灰铸铁的牌号、力学性能及用途见表 1-9。

表 1-9　灰铸铁的牌号、力学性能及用途

牌号	铸件壁厚/mm	力学性能		用途举例
		σ_b/MPa	HBS	
HT100	2.5～10	≥130	110～166	适用于载荷小，对摩擦和磨损无特殊要求的不重要的零件，如防护罩、盖、油盘、手轮、支架、底板等
	10～20	≥100	93～140	
	20～30	≥90	87～131	
	30～50	≥80	82～122	
HT150	2.5～10	≥175	137～205	承受中等载荷的零件，如机座、支架、箱体、床身、轴承座、工作台、法兰、泵体、阀体、飞轮、电动机壳等
	10～20	≥145	119～179	
	20～30	≥130	110～166	
	30～50	≥120	105～157	
HT200	2.5～10	≥220	157～236	承受较大载荷和要求一定的气密封性或耐蚀性等较重要的零件，如汽缸、齿轮、机座、飞轮、床身、汽缸体、活塞、齿轮箱、刹车轮、联轴器座、泵体、液压、阀门等
	10～20	≥195	148～222	
	20～30	≥170	134～200	
	30～50	≥160	129～192	
HT250	4.0～10	≥270	175～262	
	10～20	≥240	164～247	
	20～30	≥220	157～236	
	30～50	≥200	150～225	
HT300	10～20	≥290	182～272	承受高载荷、耐磨和高气密性重要零件，如重型机床、剪床、压力机、自动机床的床身、机座、机架、高压液压件、活塞环、齿轮、车床卡盘、大型发动机的汽缸体、汽缸盖等
	20～30	≥250	168～251	
	30～50	≥230	161～241	
HT350	10～20	≥340	199～298	
	20～30	≥290	182～272	
	30～50	≥260	171～257	

2. 球墨铸铁

球墨铸铁的基体组织上分布着球状石墨。它是在一定成分的铁水中加入少量的球化剂（如镁、稀土镁等）进行球化处理，使石墨球状化而得到的。因球状石墨对基体组织的割裂作用小，所以球墨铸铁的力学性能远比灰铸铁的性能要好。

球墨铸铁的组织由球状的石墨和基体组织组成，其力学性能比灰铸铁好得多，强度与钢相近，塑性和韧性也大为改善。此外，球墨铸铁也具有较好的铸造性能，良好的切削加工性能、耐磨性和减震性。

球墨铸铁的牌号由"QT＋两组数字"表示，第一组数字表示最低抗拉强度 σ_b，第二组数字表示最小伸长率 $\delta\%$。常用的球墨铸铁有 QT400 - 18、QT500 - 7 等。球墨铸铁适用于承受冲击、振动的零件，如汽车、拖拉机轮毂，差速器壳，农机具零件，中低压阀门，上下水及输气管道，压缩机高低压汽缸，电机外壳，齿轮箱，飞轮等。

＊1.6　非金属及新型材料

非金属材料通常是指除金属材料以外的所有工程材料。这类材料发展迅速，种类很多，已在工业领域中广泛应用。非金属材料主要包括有机高分子材料（如塑料、合成橡胶、合成纤维等）和陶瓷材料（如陶瓷、玻璃、水泥、耐火材料等），其中工程塑料和工程陶瓷在工程结构中占有重要的位置。同时，随着科学技术的发展，各种适应高科技发展的新型材料不断涌现，为新技术的发展提供了条件。新型材料是指那些新发展的或正在发展中的、具有优异性能和特殊性能的材料。

1.6.1　工程塑料

绝大多数塑料都是以树脂为基础，再加入一些用来改善使用性能和工艺性能的添加剂（如填料、增塑剂等）而制成的。

1. 工程塑料的分类

塑料按应用范围可分为通用塑料、工程塑料和其他塑料。通用塑料主要指产量大、用途广、通用性强、价格低廉的一些塑料，典型的品种有聚乙烯、聚氯乙烯、聚苯乙烯、聚丙烯、酚醛等。这类塑料的产量占塑料总产量的 $70\%\sim80\%$，广泛用于工业、农业和日常生活各个方面。工程塑料是指塑料中力学性能良好的各种塑料。它们是制造工程结构、机器零件、工业容器和设备等的新型工程结构材料。典型的品种有聚酰胺（尼龙）、聚甲醛、聚碳酸酯、ABS 四种。其他塑料如耐热塑料，其工作温度可在 $100\sim200$ ℃，典型的有聚四氟乙烯、聚三氟乙烯、环氧树脂等。耐热塑料产量少，价格贵，仅用于特殊用途。

2. 常用工程塑料的性能和用途

工程塑料与金属材料相比较，具有质轻、比强度高、化学稳定性好、电绝缘性能优异、减摩耐磨性能和自润滑性好等特点。工程塑料和金属材料一样，也可在金属切削机床上进行车、铣、刨、磨、滚花和锯割等。但塑料的导热性差、弹性大，加工时容易引起工件变形、开裂和分层。常用工程塑料的性能和用途见表 1 - 10。

表 1 - 10　常用工程塑料的性能和用途

名称(代号)	主要性能特点	用途举例
聚氯乙烯 (PVC)	硬质聚氯乙烯强度高,电绝缘性优良,对酸、碱的抵抗力强,化学稳定性好,可在−15~60 ℃使用,热成型性良好,密度小	硬 PVC:耐蚀件和化工机械零件,如油管、酸碱泵阀、容器
	软质聚氯乙烯强度不如硬质聚氯乙烯,但伸长率较大,有良好的电绝缘性,可在−15~60 ℃使用	软 PVC:薄膜、电线、电缆的绝缘层、密封件,但因有毒,故不适用于包装食品
聚乙烯 (PE)	低压聚乙烯质地坚硬,有良好的耐磨性、耐蚀性和电绝缘性能;高压聚乙烯是聚乙烯中最轻的一种,其化学稳定性高,有良好的高频绝缘性、柔软性、耐冲击性和透明性较好;超高分子聚乙烯冲击强度高、耐疲劳、耐磨,需冷压烧结成型	低压聚乙烯用于制造塑料管、塑料板、塑料绳,还可制造承受小载荷的齿轮、轴承等;高压聚乙烯最适宜吹塑成薄膜、软管、塑料瓶等用于食品和药品包装的制品,还可制作电线及电缆包皮等
聚酰胺 (通称尼龙) (PA)	无味、无毒;耐磨性与自润滑性优异,摩擦系数小;能耐水、耐油;有较高的强度和冲击韧性。热导性低,热膨胀大,吸水性较大,蠕变大,受热吸湿后强度较差	用于一般的机械结构小型零件,减摩、耐磨传动件,如齿轮、轴承等;还可做高压耐油密封圈,喷涂金属表面作防腐耐磨涂层
聚甲醛 (POM)	优良的综合力学性能,耐磨性好,吸水性小,尺寸稳定性高,着色性好,具有良好的减摩性和抗老化性,优良的电绝缘性和化学稳定性,可在−40~100 ℃范围内长期使用。加热易分解,成型收缩率大	制作减摩、耐磨传动件,如轴承、滚轮、齿轮、电绝缘件、耐蚀件及化工容器等
聚四氟乙烯 (俗称塑料王) (F - 4)	几乎能耐所有化学药品的腐蚀,包括王水;良好的耐老化性及电绝缘性,优异的耐高、低温性,在−195~250 ℃可长期使用;摩擦系数很小,有自润滑性。在高温下不流动,不能热塑成型,只能用类似粉末冶金的冷压、烧结成型工艺,高温时会分解出对人体有害的气体,价格较高	制作耐蚀件、减摩耐磨件、绝缘件、密封件,如高频电缆、电容线圈架以及化工用的反应器、管道等
酚醛塑料 (俗称电木)	高的强度、硬度及耐磨性,工作温度一般在 100℃以上,在水润滑条件下具有极小的摩擦系数和优异的电绝缘性,耐蚀性好(除强碱外),耐霉菌,尺寸稳定性好;但质较脆,耐光性差,色泽深暗,加工性差,只能模压	制作一般机械零件,水润滑轴承,电绝缘件,耐化学腐蚀的结构材料和衬里材料等,如仪表壳体、电器绝缘板、绝缘齿轮、整流罩、耐酸泵、刹车片等

1.6.2　陶瓷材料

陶瓷是一种无机非金属材料，在机械工程中它主要作为结构材料和工具材料。它比金属材料和工程塑料更能抵抗高温环境，已成为现代工程材料的三大支柱之一。

按照成分、性能和用途，陶瓷材料可分为普通陶瓷和特种陶瓷两大类。

1. 普通陶瓷

普通陶瓷是以天然的硅酸盐矿物（如黏土、长石、石英等）为原料，经过原料加工、成型、高温烧结而得到的无机多晶固体材料，因此也称为硅酸盐陶瓷。如日用陶瓷、建筑陶瓷、电器绝缘陶瓷、化工陶瓷和多孔陶瓷等。普通陶瓷质地坚硬，不氧化生锈，耐腐蚀，不导电，能耐一定的高温，成本低，加工成型性好。普通陶瓷种类多、产量大，广泛应用于电气、化工、建筑等行业，如酸、碱介质中工作的容器、反应塔、管道；纺织工业中要求光洁耐磨，但速度低、受力小的一些导纱零件等。

2. 特种陶瓷

特种陶瓷是采用纯度较高的人工合成原料（如氧化铝、碳化硅、氮化硅等），并沿用普通陶瓷的成型、高温烧结工艺而制成的新陶瓷品种。这种陶瓷具有各种独特的力学、物理或化学性能，可满足各种工程结构的特殊需要。如氧化铝陶瓷，又称高铝陶瓷，主要成分是 Al_2O_3 和 SiO_2，Al_2O_3 含量一般超过 46%。Al_2O_3 含量越高，性能越好，但工艺复杂，成本更高。氧化铝陶瓷性能的主要特点是耐高温性能好，能在 1600 ℃高温下长期使用，在空气中最高使用温度可达 1980 ℃，而且耐蚀性很强，硬度很高，耐磨性好，可用于制造熔化金属的坩埚、高温热电偶套管、刀具与模具等。氧化铝陶瓷的缺点是脆性大，不能承受冲击载荷，也不适于温度急剧变化的场合。碳化硅陶瓷最大的特性是高温强度高，抗弯强度在 1400 ℃高温下仍保持在 $300\sim600$ MPa 的水平。碳化硅陶瓷还具有很高的热传导性和热稳定性，耐摩擦、抗腐蚀、抗蠕变性能也很好。碳化硅陶瓷可作为高温下热交换器的材料、核燃料的包封材料等，还可作为耐磨材料，如各种泵的密封圈。

1.6.3　复合材料

所谓复合材料，是指由两种或两种以上不同性能的材料用某种工艺方法合成的多相固体材料。复合材料可以改善或克服单一材料的弱点，充分发挥其优点，并具有单一材料不易具备的性能和功能。

复合材料种类很多，按增强相的种类和形状分，可以分为颗粒复合材料、层叠复合材料和纤维复合材料等；按性能分，可以分为结构复合材料和功能复合材料。结构复合材料是用于制作结构件的复合材料。结构复合材料开发的品种较多，而其中使用较多、发展较快的是纤维增强的复合材料；功能复合材料是指具有某种物理功能和效应的复合材料。

1. 复合材料的性能

1）比强度和比模量高

纤维复合材料的比强度、比模量是各类固体材料中最高的。例如碳纤维增强环氧树脂复合材料，比强度是钢的 8 倍，因此，它特别适宜制作要求重量轻而强度、刚度高的高速运转的零件。

2）抗疲劳性能好

因为复合材料中基体和增强纤维的界面可有效地阻止疲劳裂纹的扩展，以及由于纤维对基体的分割作用，使裂纹的扩展路线更为曲折，所以复合材料的疲劳强度比较高。

3）减振性能强

结构件的自振频率除与结构本身的质量、形状有关外，还与材料比模量的平方根成正比。因为纤维增强复合材料的比模量大，其自振频率高，故可避免在工作状态下产生共振。

4）高温性能好

大多数增强纤维在高温下仍保持高的强度，用其增强金属和树脂时能显著提高高温性能。如铝合金在 400 ℃时弹性模量大幅度下降，强度也显著降低，而用碳纤维增强后，在此温度下弹性模量可基本保持不变。

除上述特性外，复合材料的减摩性、耐腐蚀性和工艺性也都很好。但复合材料也存在各向异性，横向抗拉强度和层间剪切强度不高，伸长率较差，冲击韧性较差，成本太高等缺点。所以，复合材料目前应用不广。但是，复合材料作为一种新型的、独特的工程材料，具有广阔的发展前景。

2. 常用复合材料

1）纤维增强复合材料

以玻璃纤维增强工程塑料基体组成的复合材料通常称为玻璃钢。玻璃钢按基体分为热固性玻璃钢和热塑性玻璃钢两种。

① 热塑性玻璃钢具有高的力学性能、介电性能、耐热性能和抗老化性能，工艺性也很好。同塑料本身相比，基体相同时，热塑性玻璃钢的强度和抗疲劳性能可提高 2～3 倍，冲击韧性可提高 2～4 倍，蠕变抗力提高 2～5 倍，达到或超过某些金属的强度。热塑性玻璃可制作轴承、轴承架、齿轮等精密零件，汽车的仪表盘、前后灯，空气调节器叶片，照相机和收音机壳体等。

② 热固性玻璃钢密度小、比强度高、耐蚀性好、介电性好、成型性好。其比强度比铜合金和铝合金高，甚至比合金钢还高。但刚度较差（为钢的 1/10～1/5），耐热性不高（低于 200 ℃），易老化和蠕变。热固性玻璃主要用于制作要求自重轻的受力构件，如汽车车身、直升飞机的旋翼、氧气瓶，耐海水腐蚀的结构件和轻型船体等。

2）层叠复合材料

层叠复合材料是由两层或多层不同的材料层叠而成的。层叠复合材料可根据使用要求来分别改善其力学性能、耐蚀性、装饰性等。如在钢板表面覆一层塑料可提高其耐蚀性，用于食品和化学工业；两层玻璃之间加一层聚乙烯醇缩丁醛，可用做安全玻璃等。

1.6.4　纳米材料

"纳米"是一种尺度的度量单位。用"纳米"来命名材料始于 20 世纪 80 年代，作为一种材料的定义，它是把材料颗粒限制到 1～100 nm 的范围。事实上，对这一范围材料的研究很早就开始了。从广义上来说，纳米材料是指在三维空间中至少有一维处于纳米尺度范围或由它们作为基体单元构成的材料。

纳米材料在高科技领域的应用主要表现在以下几个方面：

（1）新型能源方面。纳米材料可作为光电转换、电热转换材料，高效太阳能转换材料及二次电池材料,还可应用在海水提氢中。我国是发展中国家,煤、石油、天然气是我国目前使用的主要能源,用煤作为主要燃料进行发电在我国能源使用中占有很高的比例,提高燃烧效率,减少有害气体的排放以及对粉煤灰的综合利用一直是能源产业亟待解决的问题。近年来,科技人员与能源领域的专业技术人员密切合作,正在开发用于煤和油料燃烧的纳米净化剂、助燃剂。太阳能电池和太阳能转化器件,镍氢电池、锂电池和燃料电池中的工作电极、离子交换等也都开始采用纳米技术,提高了能量转化的效率。利用纳米材料和技术改性的铅酸电池,不但提高了化学能变成电能的效率,而且使用寿命也提高了一倍多。

（2）环境方面。以介孔固体为载体,利用纳米组装技术,生产高效纳米净化剂和助燃剂,可提高粗放性能源的燃烧效率,大幅度减少有害气体的排放,实现能源环境一体化的综合治理。

（3）纳米功能涂层。我国每年因磨损、腐蚀、氧化等引起部件失效而造成的钢材、合金材料损失达数百亿元。重点突破纳米功能涂层材料的复合加工技术,实现纳米材料添加改性涂层或新涂层的工业化制造,可提高表面强化效果,以延长部件的服役寿命,减少原材料浪费,提高工业制造技术水平。

（4）电子和电子工业材料,新一代电子封装材料。如厚膜电路用基板、各种浆料,用于电力工业的压敏电阻、线性电阻、非线性电阻和避雷器阀门;新一代高性能 PTC、NTC 和负电阻温度系数的纳米金属材料。高聚物薄膜电容采用纳米技术,使介电常数和透光率均有了明显的提高;厚膜电路用的氧化铝基板材料采用纳米材料改性,提高了表面的光洁度,导热系数提高了 15%,抗热振性能提高了一倍。这些电子产品已陆续进入规模生产阶段。

（5）特种纳米粉体材料。

① 纳米碳管:纳米碳管是国际公认的有广阔市场潜力的前沿材料。利用价格低廉的催化裂解技术代替激光电弧法生产纳米碳管,实现高质量、低成本、大批量纳米碳管的生产,使产品销售价格大幅度降低,每小时产量提高十几倍。目前我国纳米碳管的生产技术在国际上具有一定的优势,产品具有很强的竞争实力。

② 纳米稀土材料:我国稀土储量和出口量均居世界第一,但现有稀土材料档次低,出口创汇能力差。应利用湿法冶金、化学热分解和纳米分散一体化技术,实现纳米稀土产业化,满足下一代磁性元器件、电子陶瓷元器件、催化剂、精细抛光和新材料的需求,增强出口创汇能力,力争控制和垄断国际市场。

③ 高效含能纳米材料:高效含能纳米材料产品的附加值高,是国防亟须的关键新材料之一。具有我国自主知识产权的高效含能纳米材料亟须发展,我们需要利用气相反应沉积与化学表面处理相结合的技术,解决含能纳米硼、铝等粉体的球形化、分散及表面处理问题,突破含能纳米粉体的低成本、规模化生产,建立年产吨级生产线,以填补我国在高效含能纳米材料产业方面的空白。

（6）网络通讯中的纳米器件:光通讯在未来 50 年内将是发展最为迅速的产业。光通讯系统中大量采用分离器件,将成为产业发展的障碍。采用模板合成和自组装纳米技术制备纳米结构的器件,建立网络通讯中的纳米器件产业,生产谐振器、过滤器、截止器、超微开关、微电极等系列纳米器件,形成新一代网络通讯元器件的产品平台,使我国在这一领域直接进入国际前沿。数字高清晰度显示器和场发平面显示器具有成本低、视角宽、分辨率高、功耗低、重量轻和薄等一系列优点，是下一代平面显示的主导产品。利用高密度纳米碳微阵列技术与高清晰度荧光粉相结合，建立新一代纳米场发光平板显示产业，在国际平面显示器件升级换代的竞争中占有重要的地位。

习 题 1

1-1　解释下列常用力学性能指标：
σ_s，$\sigma_{0.2}$，σ_b，σ_{-1}，δ，ψ，a_k，HBS，HRC。

1-2　机械工程设计中常用哪两种强度指标？

1-3　作出低碳钢的拉伸曲线，指出曲线上各点的强度指标的含义。

1-4　什么是同素异构转变？以铁为例说明。

1-5　试填出 $Fe-Fe_3C$ 状态图中各区域的相和组织名称。

1-6　简单说明 $Fe-Fe_3C$ 状态相图在工程上的应用。

1-7　简述热处理的概念、作用和常用的种类。

1-8　为什么淬火钢均应回火？三种类型的回火分别得到什么组织和性能？

1-9　比较表面淬火、渗碳淬火和气体渗氮的异同点。

1-10　现有 20 钢和 40 钢制造的齿轮各一个，为提高齿面的硬度和耐磨性，宜采用何种热处理工艺？热处理后两者在组织和性能上有何不同？

1-11　何谓合金钢？指出下列牌号铁碳合金的类别、含碳量、热处理工艺及用途：
Q235，20Cr，T10A，45，1Cr13，GCr15，55Si2Mn，Cr12MoV，HT250，CrWMn，QT400-10，W18Cr4V，ZGMn13，16Mn，5CrMnMo，3CrW8V。

1-12　机床的床身、箱体为什么都采用灰铸铁制造？

1-13　什么是工程塑料？它有哪些性能和用途？

1-14　什么是陶瓷？它的主要类型有哪些？

第 2 章　构件的外力和平衡计算

> **提要**　本章讨论构件在受到同一平面的外力（又称载荷）作用时，达到平衡的条件及未知力（一般为约束反力）的计算方法。

2.1　基 本 概 念

构件指机器、机械和工程结构的基本单元，如起重机（如图 2-1 所示）的横梁 AB、拉杆 BC 等。它们在工作中都会受到力的作用。构件为刚体，受力后不产生变形。

外力指作用在构件上的各种形式的载荷，包括重力、推力、拉力、转动力矩等。外力对构件的外效应是构件的位置或运动状态的变化，内效应是构件形状、大小的变化。

平衡指构件处于静止或匀速直线运动状态。

力的作用线指在纸面上表示力的大小和方向（用箭头表示）的直线，作用线的长短依力的大小按比例画出，如图 2-2 所示。

力系指作用于构件上的一群力。

力矩是表示力使构件绕某点转动作用大小的力学量，等于力乘以力到该点的垂直距离，符

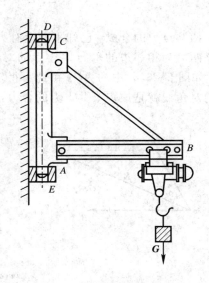

图 2-1　起重机

号为 $\boldsymbol{m}_O(\boldsymbol{F})$，单位为 N・m。并规定绕该点逆时针转为正，顺时针转为负（如图 2-3 所示）。$\boldsymbol{m}_O(\boldsymbol{F}) = \pm Fh$，其中，$O$ 称为矩心，h 称为力臂。在实际计算中矩心可以任选。

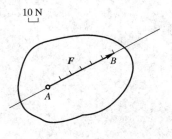

图 2-2　力的作用线

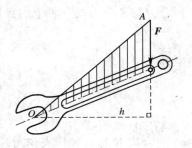

图 2-3　力矩示例

　　力偶指在同一物体上两个数值相等、作用线互相平行而指向相反的力，符号为 **m** 或 **m**（**F**，**F**′），如图 2-4 所示。汽车驾驶员两只手作用于方向盘上时即可看做力偶的作用，如图 2-5 所示。力偶只能使构件产生转动作用。

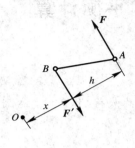

图 2-4　力偶

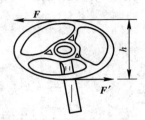

图 2-5　方向盘的力偶

2.2　基本理论及定理

　　两共点力的合成：已知平面上有力的作用线相交的两个力，它们的合力（以 **R** 表示）是以该两力为相邻边的平行四边形的对角线，合力的起点就是两力交点，终点是相对的顶点，如图 2-6（*a*）中的 *AC*。由此可得多个共点力合成，即连续作力的平行四边形，最后确定的对角线就是该多个共点力的合力，如图 2-6（*b*）中的 **R**。每个力就称为该合力的分力。

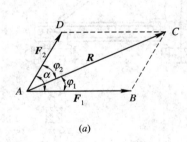
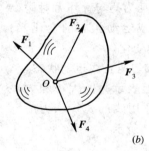
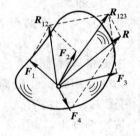

（*a*）　　　　　　　　　　（*b*）

图 2-6　共点力的合力

　　合力投影定理　　合力在任一坐标轴上的投影等于各分力在同一坐标轴上投影的代数和，表示为

$$R_x = \sum F_x$$

同理可得合力与各分力在 *y* 轴上的投影关系

$$R_y = \sum F_y$$

在直角坐标系中，

$$R = \sqrt{R_x^2 + R_y^2}$$

$$\tan\alpha = \left| \frac{R_x}{R_y} \right|$$

式中：α——合力 **R** 与 *x* 轴所夹锐角。

　　合力投影定理如图 2-7 和图 2-8 所示。

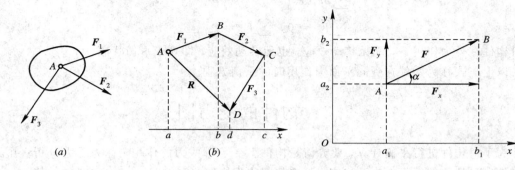

图 2-7 力的投影   图 2-8 直角坐标系中力的投影

二力平衡定理 构件受等值、反向、共线的两个力作用时，必处于平衡状态。

此定理的逆定理也成立，如图 2-9 所示，其中，P 与 P' 等值、反向、共线。符合此条件的构件称为二力构件或二力杆。此两力的合力为零。

图 2-9 二力杆

作用与反作用定律 两构件相互作用时，它们之间的作用与反作用力必然等值、反向、共线，但分别作用于两个构件上，如图 2-10 所示。

合力矩定理 构件上的一组力（称为力系）对平面上一点的力矩的代数和等于该组力的合力对该点的力矩，即

$$m_O(F_1) + m_O(F_2) + \cdots + m_O(F_n) = \sum m_O(F_i) = m_O(R)$$

如图 2-11 所示。

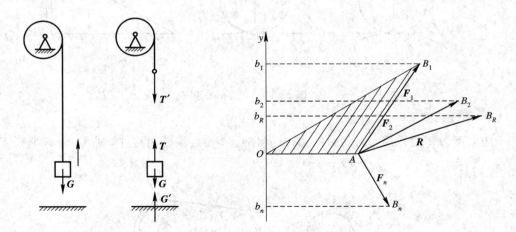

图 2-10 作用力与反作用力示例   图 2-11 合力矩

如合力矩为零，则该组力对构件无转动作用，亦即力矩平衡。

构件的平衡条件 作用于同一构件上的所有外力对两直角坐标轴投影的代数和分别为零，同时各力对同一点的力矩的代数和也为零，即

$$\sum \boldsymbol{m}_O(\boldsymbol{F}) = 0$$

$$\sum \boldsymbol{F}_x = 0, \ \sum \boldsymbol{F}_y = 0$$

此时构件在外力作用下,既无移动效应,也无转动效应,即处于平衡状态。

以上三式称为构件在受同平面力作用时的平衡方程。

2.3　构件的受力图

为了对构件进行平衡计算,要弄清楚构件上受了哪些力的作用,称为受力分析;并需将构件所受的力在纸面上表示出来,画出的图称为构件的受力图。

2.3.1　约束及约束反作用力

作用于构件上的力,可分为主动力和约束反作用力两类。主动力一般为已知力,它包括构件受的重力、载荷等。约束,是指对选定的构件(称为研究对象)的运动进行限制的周围物体,它在工程中有各种各样的形式。约束反作用力就是研究对象所受的与它相关联的构件的作用力。约束反作用力又称为约束反力、约束力和反力,一般为未知力。

对工程中的约束进行分析归纳以后,可抽象成以下四种形式。

1. 光滑面约束

约束反力 N 的作用线过两构件的接触点,沿接触面的法线方向指向被研究构件,见图 2-12。

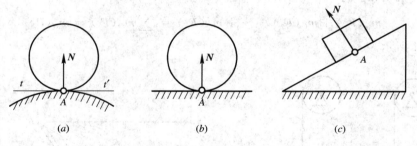

(a)　　　　　　　　　　(b)　　　　　　　　　　(c)

图 2-12　光滑面约束

2. 柔性约束

约束反力 T 的作用线过约束与构件的接触点,沿约束背离构件,见图 2-13。

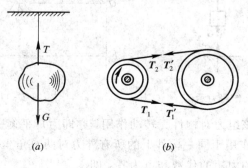

(a)　　　　　　　　　(b)

图 2-13　柔性约束

3. 铰链约束

两个带孔的构件由销钉连接，可以有相对转动，连接处可以看成光滑面接触。由于接触处不确定，约束反力可以假设成两个正交的力，它们的作用点在销钉中心，两力的方向分别为 x 轴和 y 轴的正向（见图 2-14）。此类约束常称为固定铰链约束。

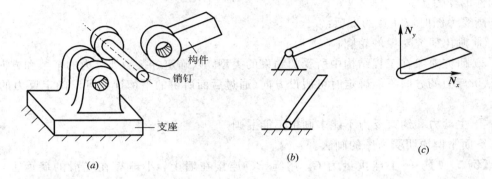

图 2-14 固定铰链约束

当两构件中的一个被滚动体支承时，约束反力便只有一个，它的作用线垂直于支承面并通过销钉的中心（见图 2-15）。此类约束又称为活动铰链约束。

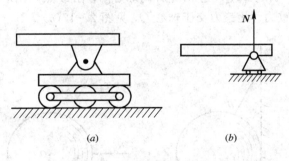

图 2-15 活动铰链约束

4. 固定端约束

固定端约束的特点是构件对于约束既不能移动也不能转动，即相当于构件受到两正交的反作用力和一个反作用力偶的作用，见图 2-16。这两个反力的作用点即是构件与约束的接触点，其方向假设成 x 轴和 y 轴的正向 N_{Ax}、N_{Ay}；而约束反力偶 m_A 则假定为逆时针方向（见图 2-16(c)）。此类约束又称为插入端约束。

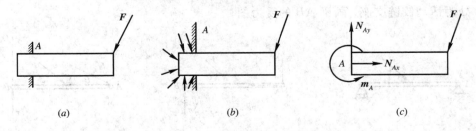

图 2-16 固定端约束

2.3.2　受力图

在工程结构中，选定要进行计算的构件(即研究对象)，把它从与它相接触的构件中分离出来，画出其简图，在其相应的位置加上原来所受的主动力及约束反作用力，此图便称为构件的受力图。

画受力图时应注意的事项：

① 画出研究对象的轮廓；

② 研究对象在工程结构中所受的约束的类型，以确定各接触处反力的个数和方向；

③ 反力的方向不能确定时可假设方向(通过后面所讲的平衡计算可以确定反力的实际方向)；

④ 主动力和约束反力不能多画也不能漏画。

下面举例说明受力图的画法。

【例 2-1】　一小球重量为 G，用绳 BC 连接在墙上，小球靠在光滑的墙面上(见图 2-17(a))。画小球受力图。

解　以小球为研究对象。球受的重力 G 向下，使球有向下运动的趋势，这个力称为主动力。分析球所受的约束：绳 BC 为柔性约束，墙面对球为光滑面约束。取球为分离体，在球的 B 点画出绳对球的反力 T_{BC}，它沿绳背离球心 O；在 A 点画出墙面对球的反力 N_A；在 O 点画出小球所受的重力。此三力交于球心 O，见图 2-17(b)。

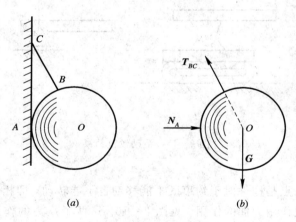

图 2-17　例 2-1 图

【例 2-2】　水平梁 AB 在 C 处受到 F 力的作用(见图 2-18(a))。A 处为固定铰链支座，B 处为活动铰链支座。画梁 AB 的受力图。

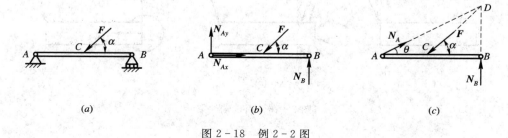

图 2-18　例 2-2 图

　　解　以梁 AB 为研究对象。分析梁的受力情况：受主动力 F 的作用，梁有向左下运动的趋势；A 处为固定铰链支座，可假设有两个垂直相交的反力 N_{Ax}、N_{Ay}；B 处为活动铰链支座，有一个反力 N_B，垂直于支承面向上（见图 $2-18(b)$）。梁 AB 的受力图见图 $2-18(c)$。

　　【例 2-3】　图 $2-19(a)$ 所示的三角支架中，A、C 处为固定铰链，B 为销钉，其上挂有重量为 G 的物体。画销钉 B 的受力图。

　　解　先分析图中的杆 AB 和 BC。杆 AB 在 A、B 两处受铰链约束，可假设在 A、B 处均有两个反力 N_{Ax}、N_{Ay} 和 N_{Bx}、N_{By}（见图 $2-19(b)$），但杆 AB 处于平衡状态，即 A、B 两点的反力应该数值相等、方向相反、处在同一条直线即杆的轴线上。由此分析杆 AB 是二力杆（见图 $2-19(c)$）。同样，杆 BC 也是二力杆（见图 $2-19(d)$）。考察销钉 B，其上挂有重物，再根据约束反力的方向应与物体运动趋势相反的规律，画出销钉 B 的受力图（见图 $2-19(e)$）。

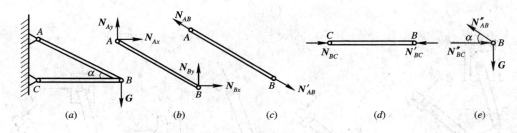

图 $2-19$　例 $2-3$ 图

　　【例 2-4】　三铰拱桥由左右拱桥组成，如图 $2-20(a)$ 所示。设各半拱重量不计。在半拱 AC 上作用有载荷 F，画出半拱 AC、BC 的受力图。

　　解　整体观察拱桥，两半拱 AC、BC 由铰链 C 连接，支座 A、B 为外部约束。

　　先以右半拱 BC 为研究对象。半拱 BC 仅在 B、C 两处受到铰链的约束反力，因此，半拱 BC 为二力构件，反力方向可以假设，画出其内力图（见图 $2-20(b)$）。

　　再以左半拱 AC 为研究对象，画出其轮廓及主动力 F。C 处有右半拱的反作用力 N''_{BC}，它与 N'_{BC} 等值、反向、共线；A 处则按约束性质可画出两正交反力 N_{Ax}、N_{Ay}（图 $2-20(c)$）。

　　进一步分析，此时左半拱 AC 在 N''_{BC}、F 及支座 A 的反力的共同作用下处于平衡状态，故三力应相交于一点。由 F 和 N''_{BC} 的作用线可确定交点 D，故支座 A 的反力（即 N_{Ax} 与 N_{Ay} 的合力）的作用线必过 D 点。连 A、D，即为 A 处反力的作用线。由左半拱在 F 力的作用下的运动趋势，可画出反力 N_A 的方向，如图 $2-20(d)$ 所示。

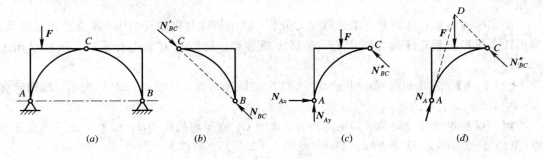

图 $2-20$　例 $2-4$ 图

【例 2 - 5】 图 2 - 21(a)为压榨机简图。它由杠杆 ABC、连杆 CD 和滑块 D 组成。不计各构件的自重和摩擦,试画出各构件的受力图。

解 分析压榨机的工作原理:当杠杆的手柄 A 处受力 F 作用时,杠杆可绕 B 点转动,推动连杆 CD 压紧工件 E。该机构受主动力 $\boldsymbol{F}$ 作用。B 处为铰链支座;C、D 均为销钉,故连杆 CD 为二力构件;滑块 D 与滑槽、工件之间均为光滑接触。

以杠杆 ABC 为研究对象,解除杆 CD 及支座 B 对它的约束,画上主动力 $\boldsymbol{F}$、约束反力 $\boldsymbol{N}_{Bx}$、$\boldsymbol{N}_{By}$ 及杆 CD 的反力 $\boldsymbol{N}''_{CD}$,如图 2 - 21(b)所示。

连杆 CD 为二力杆,其受力情况如图 2 - 21(c)所示。

滑块 D 在连杆 CD 的作用力、滑槽及工件的反力作用下平衡,其受力图如图 2 - 21(d)所示。

如以滑块、连杆和杠杆一起作为研究对象(称物体系统,简称物系),则受力图如图 2 - 21(e)所示。

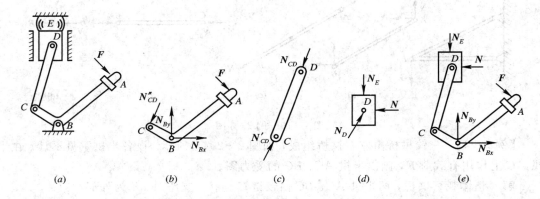

图 2 - 21　例 2 - 5 图

根据以上例题,可见画物系受力图时,物体系统内各构件间的相互作用力不必画出;画物系中单个物体受力图时,各构件间的作用力与反作用力应等值、反向、共线,用相同力的符号,再加上上标(撇号)表示。

2.4　构件的平衡计算

在平面问题中,利用三个平衡方程可以求解三个未知数。计算构件平衡问题的步骤大致如下:

确定研究对象;对研究对象进行受力分析;画出研究对象的受力图;建立直角坐标系,列出两个投影方程;任选力矩中心,建立力矩方程;对所建方程进行求解,便可求出未知力。

【例 2 - 6】 起重机起吊一重量 $\boldsymbol{G}=300$ N 的减速箱盖,如图 2 - 22(a)所示。求钢丝绳 AB 和 AC 所受的拉力。

解 以箱盖为研究对象,其受的力有:重力 $\boldsymbol{G}$、钢丝绳的拉力 $\boldsymbol{T}_B$ 和 $\boldsymbol{T}_C$,此三力交于 A 点(见图 2 - 22(b))。建立坐标系 Axy(见图 2 - 22(c)),列投影方程:

$$\sum \boldsymbol{F}_y=0,\quad T_B \sin30°+T_C \sin60°-G=0$$

$$\sum \boldsymbol{F}_x = 0, \quad \boldsymbol{T}_B \cos 30° - \boldsymbol{T}_C \cos 60° = 0$$

得　　　　$\boldsymbol{T}_B = 150 \text{ N}$

　　　　　$\boldsymbol{T}_C = 260 \text{ N}$

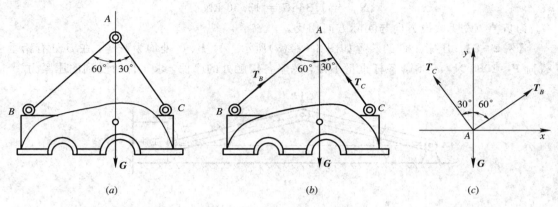

图 2-22　例 2-6 图

【**例 2-7**】　简易起重装置如图 2-23(a)所示。构件重量 $\boldsymbol{G} = 10 \text{ kN}$，用钢丝绳挂在滑轮 B 上，钢丝绳的另一端绕在绞车 D 上。杆 AB 和 BC 铰接，并以铰链 A 与墙连接。两杆和滑轮的自重不计，并忽略摩擦力和滑轮的大小，求平衡时杆 AB 和 BC 所受的力。

解　（1）杆 AB 和 BC 都是二力杆。假设杆 AB 受拉力，杆 BC 受压力，如图 2-23(b)所示。

（2）取滑轮 B 为研究对象。滑轮受到构件的拉力 $\boldsymbol{G}$、钢丝绳的拉力 $\boldsymbol{T}$ 和杆 AB、BC 对滑轮的约束反力 $\boldsymbol{N}_{AB}$、$\boldsymbol{N}_{BC}$ 的作用。因为滑轮的大小可以忽略，所以此四力可看做交于一点 B。

（3）画滑轮受力图，建立坐标系 Bxy，如图 2-23(c)所示。

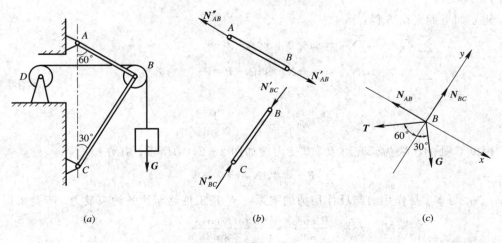

图 2-23　例 2-7 图

（4）建立平衡方程：

$$\sum \boldsymbol{F}_x = 0, \quad -\boldsymbol{N}_{AB} + \boldsymbol{G}\cos 60° - \boldsymbol{T}\cos 30° = 0$$

$$\sum \boldsymbol{F}_y = 0 , \quad \boldsymbol{N}_{BC} - \boldsymbol{G} \cos30° - \boldsymbol{T} \cos60° = 0$$

（5）解方程得：

$$\boldsymbol{N}_{AB} = -0.336\boldsymbol{G} = -3.36 \text{ kN}$$

$$\boldsymbol{N}_{BC} = 1.366\boldsymbol{G} = 13.66 \text{ kN}$$

$\boldsymbol{N}_{AB}$ 为负值，说明假设方向与实际方向相反。

【例 2-8】 压紧工件的装置如图 2-24(a) 所示。A、B、C 处均为铰链，在 B 处有铅垂载荷 $\boldsymbol{P} = 1000$ N，$\alpha = 8°$，各杆重量不计，忽略各接触处的摩擦，求工件所受到的压紧力。

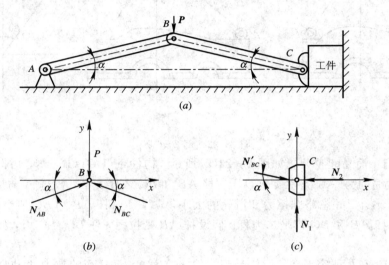

图 2-24 例 2-8 图

解 工件所受的压紧力等于工件给压块 C 的约束反力，可通过求解杆 BC 上的力来解决。杆 AB、BC 均为二力构件，它们的反力与力 $\boldsymbol{P}$ 在 B 处相交，B 处销钉的受力图如图 2-24(b) 所示。

建立如下的平衡方程：

$$\sum \boldsymbol{F}_x = 0 , \quad \boldsymbol{N}_{AB} \cos\alpha - \boldsymbol{N}_{BC} \cos\alpha = 0$$

$$\sum \boldsymbol{F}_y = 0 , \quad \boldsymbol{N}_{AB} \sin\alpha + \boldsymbol{N}_{BC} \sin\alpha - \boldsymbol{P} = 0$$

解得

$$\boldsymbol{N}_{AB} = \boldsymbol{N}_{BC} = \frac{\boldsymbol{P}}{2 \sin\alpha}$$

再以 C 处的压块为研究对象，其受力图如图 2-24(c) 所示，有方程

$$\sum \boldsymbol{F}_x = 0 , \quad \boldsymbol{N}'_{BC} \cos\alpha - \boldsymbol{N}_2 = 0$$

其中，$\boldsymbol{N}'_{BC}$ 与 $\boldsymbol{N}_{BC}$ 是作用力与反作用力的关系，$\boldsymbol{N}_2$ 是工件给压块的约束反力。于是解得

$$\boldsymbol{N}_2 = \boldsymbol{N}'_{BC} \cos\alpha = \frac{\boldsymbol{P}}{2 \sin\alpha} \cos\alpha = -\frac{1000 \times \cos8°}{2 \times \sin8°} = 3558 \text{ N}$$

工件所受到的压力与 $\boldsymbol{N}_2$ 大小相等、方向相反。

【例 2-9】 一悬臂起重机如图 2-25(a) 所示。横梁 AB 长 $l = 4$ m，自重 $\boldsymbol{G} = 2.5$ kN，横梁上的电动葫芦连同起吊物的重量 $\boldsymbol{Q} = 8$ kN，拉杆 BC 自重不计。当电动葫芦与铰链支

座的距离 $a=3$ m 时，求拉杆的拉力与铰链支座 A 的约束反力。

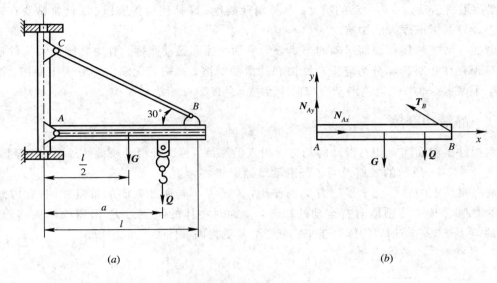

图 2-25　例 2-9 图

解　以横梁 AB 为研究对象。杆 BC 为二力杆，横梁 AB 受力为：杆 BC 对横梁的拉力 T_B；梁的 A 端为固定铰链，受到假设的两正交约束反力 N_{Ax}、N_{Ay} 的作用；还受到重力 G 以及载荷 Q 的作用。

画横梁 AB 的受力图如图 2-25(b)所示。建立如下的平衡方程：

$$\sum \boldsymbol{F}_x = 0, \boldsymbol{N}_{Ax} - \boldsymbol{T}_B \cos 30° = 0 \tag{1}$$

$$\sum \boldsymbol{F}_y = 0, \boldsymbol{N}_{Ay} - \boldsymbol{G} - \boldsymbol{Q} + \boldsymbol{T}_B \sin 30° = 0 \tag{2}$$

$$\sum \boldsymbol{m}_A(\boldsymbol{F}) = 0, \boldsymbol{T}_B \sin 30° l - \frac{\boldsymbol{G}l}{2} - \boldsymbol{Q}a = 0 \tag{3}$$

由(3)式解得

$$\boldsymbol{T}_B = \frac{1}{l \sin 30°}\left(\frac{\boldsymbol{G}l}{2} + \boldsymbol{Q}a\right) = \frac{1}{4 \sin 30°}\left(\frac{2.5 \times 4}{2} + 8 \times 3\right) = 14.5 \text{ kN}$$

将 $\boldsymbol{T}_B$ 代入(1)式，得

$$\boldsymbol{N}_{Ax} = \boldsymbol{T}_B \cos 30° = \frac{14.5 \times \sqrt{3}}{2} = 12.56 \text{ kN}$$

将 $\boldsymbol{T}_B$ 代入(2)式，得

$$\boldsymbol{N}_{Ay} = \boldsymbol{G} + \boldsymbol{Q} - \boldsymbol{T}_B \sin 30° = \left(2.5 + 8 - 14.5 \times \frac{1}{2}\right) = 3.25 \text{ kN}$$

2.5　摩擦及考虑摩擦时的平衡问题

在前面所讨论的问题中，两构件的接触面假定是绝对光滑的，这对许多工程问题的受力计算不会产生影响。但是在一些情况下，两构件接触面的摩擦不能忽略不计。

　　摩擦在生活、工程中普遍存在，如车轮与地面、轮船与水、轴承中的滚动体与滚道等等。摩擦阻碍运动，影响运动的精度；摩擦消耗能量；摩擦使构件磨损。因此常常要在构件的平衡计算时考虑摩擦的影响。

　　摩擦一般按两接触表面运动的形式分为滑动摩擦和滚动摩擦。滑动摩擦按两构件接触表面是否存在相对滑动分为静滑动摩擦和动滑动摩擦，又按有无润滑剂分为干摩擦、湿摩擦和半干摩擦。本节仅讨论滑动摩擦的干摩擦，并简单介绍滚动摩擦。

2.5.1　静滑动摩擦

　　两构件接触面间有相对滑动的趋势时出现的摩擦，称为静滑动摩擦，又称为静摩擦。图 2-26(a)所示的实例说明了静滑动摩擦定律。

　　放在桌面上的物体受水平拉力 T 的作用，T 的大小与所加砝码的重量相同(此时忽略滑轮的摩擦)。T 有使物体向右运动的趋势，桌面对物体的摩擦力 F_f 阻碍物体向右运动。当 T 的值小于某一值时，物体处于平衡状态，其受力图如图 2-26(b)所示。

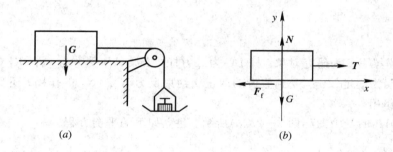

$$(a) \qquad\qquad\qquad (b)$$

图 2-26　静滑动摩擦

由平衡方程

$$\sum F_x = 0$$

得

$$T = F_f$$

　　当砝码的重量逐渐增加，即表明拉力在逐渐增加，但其数值在某一确定值以下时，物体始终保持静止；当拉力达到某一数值时，物体处在将滑动而未滑动的状态，称为临界状态，这时摩擦力达到最大值，称为最大静摩擦力 $F_{f\,max}$。

　　由以上实验可知，静摩擦力随外力的增减而增减，但必有最大值，即

$$0 \leqslant F_f \leqslant F_{f\,max}$$

　　大量实验证明，最大静摩擦力的大小与物体所受的法向反力的大小成正比，其方向与物体的运动方向相反，并有以下关系：

$$F_{f\,max} = fN$$

上式称为摩擦定律。其中，f 为静滑动摩擦系数(简称静摩擦系数)，它的大小与物体接触面的材料及表面情况(如粗糙度、干湿度、温度等)有关，而与接触面的大小无关。

　　f 的值由实验测定，一般材料的 f 值可在有关的工程手册上查到，常用材料的 f 值见表 2-1。

表 2 - 1　常用材料的滑动摩擦系数

材　　料	静滑动摩擦系数 f		动滑动摩擦系数 f'	
	无润滑剂	有润滑剂	无润滑剂	有润滑剂
钢与钢	0.15	0.1～0.12	0.15	0.05～0.1
钢与铸铁	0.3		0.18	0.05～0.15
钢与青铜	0.1	0.1～0.15	0.15	0.1～0.15
橡胶与铸铁	—		0.8	0.5
木与木	0.4～0.6	0.1	0.2～0.5	0.07～0.15

注：当物体未达到平衡状态时，$F_{f\max} = fN$ 的关系并不存在。

摩擦定律给我们指出了利用或减小摩擦力的途径。如要增大摩擦力，可增大正压力或增大摩擦系数。如火车在冰雪天行驶或上坡时，在铁轨上撒沙子可增大车轮与铁轨间的摩擦力，防止车轮打滑。如要减小摩擦力，可减小摩擦系数，如降低接触面的粗糙度，加入润滑剂，或改用滚动摩擦来代替滑动摩擦。

2.5.2　动滑动摩擦

两物体接触面间有相对滑动而表现出的摩擦称为动滑动摩擦（简称动摩擦）。阻碍物体运动的力称动滑动摩擦力，简称动摩擦力。可通过实验得到与静滑动摩擦相似的定律。动滑动摩擦力以 F_f' 表示。F_f' 的方向与物体的运动方向相反，其大小与接触面间的法向反力的大小成正比，即

$$F_f' = f'N$$

其中，f' 为动滑动摩擦系数，它的大小除与两物体接触面的材料及表面情况有关外，还与两物体运动的相对速度有关。常用材料在低速情况下的 f' 值见表 2－1。

2.5.3　考虑摩擦时的平衡问题

考虑摩擦时的平衡问题也是用静力平衡条件求解，其方法和步骤与前面的相同，只是在画受力图时必须加上摩擦力 F_f。由于在工程实际中，许多情况下只需平衡时的临界状态，这时摩擦力达到最大值，便可在静力平衡方程之外加上摩擦定律 $F_{f\max} = fN$ 进行求解，然后再分析讨论。

【例 2 - 10】　设物体重量 $G = 1000$ N，置于倾角 $\alpha = 30°$ 的斜面上（见图 2 - 27(a)），沿斜面有一推力 $P = 480$ N。已知斜面与物块的摩擦系数 $f = 0.1$，求物块所处的状态。

解　以物块为研究对象，设物块有上滑趋势（见图 2 - 27(b)），则摩擦力 F_f 沿斜面向下。取坐标系 Oxy，建立如下平衡方程：

$$\sum F_x = 0,\ P - F_f - G\sin\alpha = 0$$
$$\sum F_y = 0,\ N - G\cos\alpha = 0$$

解得

$$F_f = P - G\sin\alpha = 480 - 1000 \times \frac{1}{2} = -20 \text{ N}$$

$$N = G\cos\alpha = 1000 \times \frac{\sqrt{3}}{2} = 866 \text{ N}$$

求出的 F_f 为负值,说明 F_f 的假设方向与实际方向相反,故物块有下滑趋势。现假设下滑达临界状态,则有最大静摩擦力(沿斜面向上)

$$F_{f\max} = fN = 0.1 \times 866 \text{ N} = 86.6 \text{ N}$$

而实际产生的静摩擦力 $F_f = 20$ N(向上),即 $F_f < F_{f\max}$,因此物块静止,但有下滑趋势。

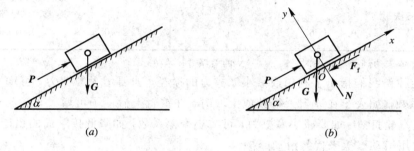

$$(a) \qquad\qquad\qquad (b)$$

图 2-27 例 2-10 图

【例 2-11】 制动装置如图 2-28(a)所示。已知载荷 $Q = 1000$ N,制动轮与制动块之间的摩擦系数 $f = 0.4$,制动轮半径 $R = 20$ cm,鼓轮半径 $r = 10$ cm,其他尺寸为:$a = 100$ cm,$b = 20$ cm,$e = 5$ cm。问:制动力 P 多大才能阻止重物下降。

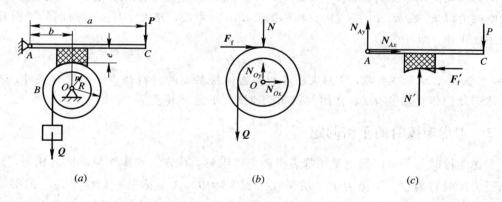

$$(a) \qquad\qquad (b) \qquad\qquad (c)$$

图 2-28 例 2-11 图

解 当鼓轮刚停止转动时,制动力 P 以最小力使轮子处于平衡状态,此时有最大静摩擦力 $F_{f\max} = fN$。

以鼓轮为研究对象,其受力图如图 2-28(b)所示。建立如下平衡方程:

$$\sum m_O(F) = 0, \quad Qr - fNR = 0$$

解得

$$N = \frac{Qr}{fR}$$

则

$$F_{f\max} = fN = \frac{Qr}{R}$$

再以手柄 AC 为研究对象,受力图如图 2-28(c)所示,建立如下平衡方程:

$$\sum m_A(F) = 0, \quad Pa + fNe - N'b = 0$$

则

$$P = \frac{Qr}{aR}\left(\frac{b}{f} - e\right) = \frac{1000 \times 10}{100 \times 20} \times \left(\frac{20}{0.4} - 5\right) = 225 \text{ N}$$

可见，设计时，在可能的情况下，r、b 应取小值，a、R、f 应取大值，闸瓦的厚度也可适当设计得厚一些，以使制动力减小，这样效果更好。

【例 2 - 12】　变速机构中的滑移齿轮如图 2 - 29(a)所示。已知齿轮孔与轴间的摩擦系数为 f，两者接触面的长度为 b，齿轮重量不计。问：拨叉作用在齿轮上的力 P 到轴线间的距离 a 为多大时，齿轮才不被卡住？

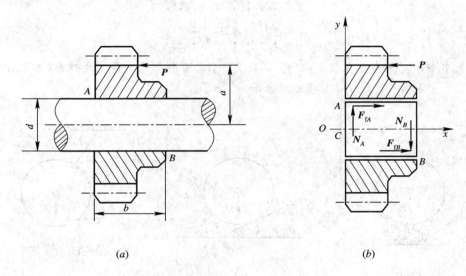

(a)　　　　　　　　　　　(b)

图 2 - 29　例 2 - 12 图

解　轮孔与轴之间有一定间隙，齿轮在力 P 作用下发生倾斜，此时齿轮与轴在 A、B 两点接触。以轴为研究对象，其受力图如图 2 - 29(b)所示。设在临界状态时，A、B 两处的最大静摩擦力分别为 $F_{\max} = fN_A$，$F'_{\max} = fN_B$。建立如下平衡方程：

$$\sum F_y = 0, \quad N_A - N_B = 0$$

$$\sum F_x = 0, \quad F_{fA} + F_{fB} - P = 0$$

又

$$F_{fA} = F_{fB} = fN_A = fN_B$$

解得

$$N_A = N_B$$

$$2F_{fB} = 2fN_B = P$$

所以

$$N_B = \frac{P}{2f}$$

又由

$$\sum m_C(F) = 0, \quad Pa - N_B b = 0$$

得

$$N_B = \frac{Pa}{b}$$

所以

$$a = \frac{b}{2f}$$

这是处于临界情况时的条件，要保证齿轮不被卡住，应有 $P > F_{fA} + F_{fB} = 2fN_B$，所以需要使 $a < (b/2f)$。

下列各题中，凡未标出自重的物体，自重不计。各接触处均为光滑接触（即不计摩擦）。

2-1　画出题 2-1 图中圆球的受力图。

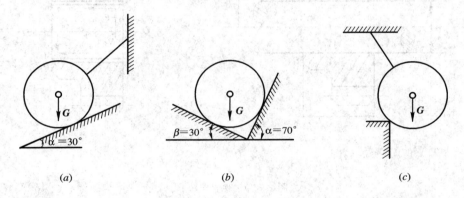

(a) $\qquad\qquad$ (b) $\qquad\qquad$ (c)

题 2-1 图

2-2　画出题 2-2 图中杆 AB 的受力图。其中 CD 为绳。

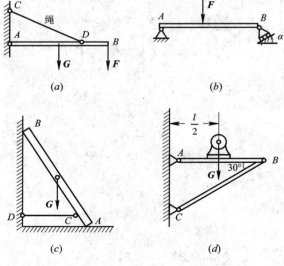

(a) $\qquad\qquad$ (b)

(c) $\qquad\qquad$ (d)

题 2-2 图

2-3 画出题 2-3 图中指定构件的受力图。

(1) 图(a)中杆 EB；

(2) 图(b)中杠杆 OAB；

(3) 图(c)中杆 AC、滑块 B。

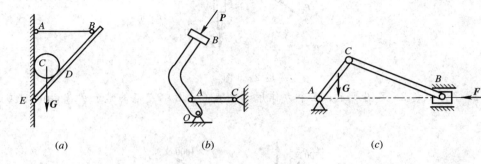

(a)   (b)   (c)

题 2-3 图

2-4 画出题 2-4 图中构件 A 的受力图。

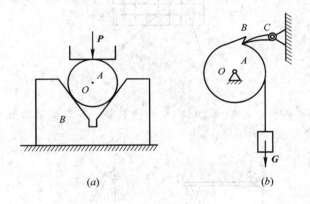

(a)   (b)

题 2-4 图

2-5 夹紧装置如题 2-5 图所示，画出滚子及杠杆的受力图。

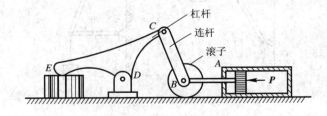

题 2-5 图

2-6 如题 2-6 图所示，固定在墙上的圆环受三条绳索的拉力作用，力 P_1 沿水平方向，力 P_3 沿垂直方向，力 P_2 与水平线成 40°角。三力的大小分别为 $P_1 = 1000$ N，$P_2 = 1500$ N，$P_3 = 200$ N。求三力的合力。

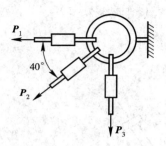

题 2-6 图

*2-7 如题 2-7 图所示，五个力作用于一点 O，图中方格的边长为 1 cm。求力系的合力。

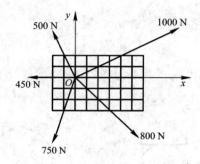

题 2-7 图

2-8 如题 2-8 图所示，A、B、C 三处均为铰链。若悬挂重物的重量 G 均为已知，求杆 AB 和 AC 所受的力。

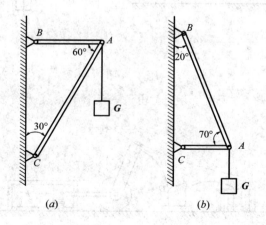

题 2-8 图

2-9 如题 2-9 图所示，用钢链条起吊一机械主轴。已知轴的重量 $G=24$ kN，求两侧链条所受的拉力。

2-10 如题 2-10 图所示，重 $G=10$ kN 的物体，用两根钢索悬挂，钢索重量不计，求钢索所受的拉力。

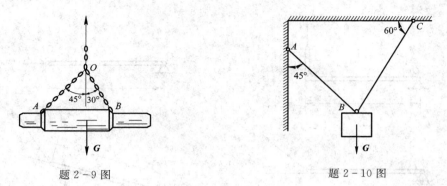

题 2-9 图　　　　　　　　　　　题 2-10 图

*2-11　如题 2-11 图所示，构架 *ABC* 受力 *Q* 作用，*Q*=1000 N，在销钉 *D* 处挂有重物 *G*=2000 N。杆 *AB* 和 *CD* 在 *D* 点铰接，点 *B* 和 *C* 均为固定铰链。求杆 *CD* 所受的力和铰链 *B* 的约束反力。

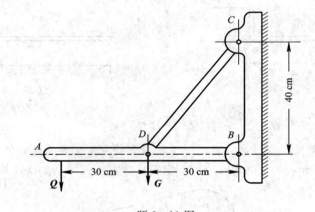

题 2-11 图

2-12　如题 2-12 图所示，压榨机在铰链 *A* 处受水平力 *P* 的作用，由于水平力 *P* 的推动使压块 *C* 压紧工件。设压块 *C* 与机体光滑接触，求工件 *D* 所受的压力。

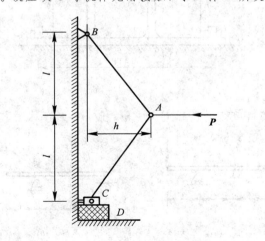

题 2-12 图

2-13　试求题 2-13 图中各种情况下力 *F* 对 *O* 点的力矩。

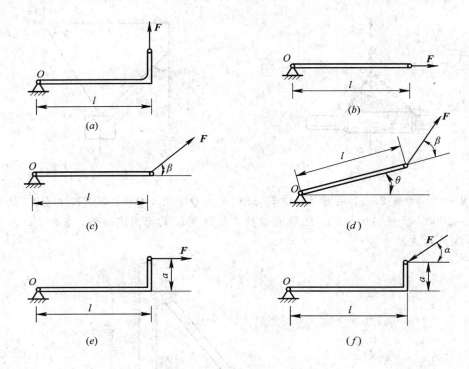

题 2-13 图

*2-14 如题 2-14 图所示，齿轮减速箱自重不计，受两主动力偶作用，其力偶矩分别为：$m_1=0.6$ kN·m，$m_2=0.9$ kN·m。求箱座的固定螺栓 A、B 或地面所受的力。

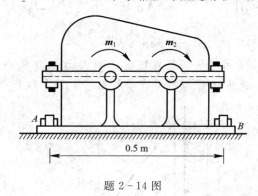

题 2-14 图

2-15 如题 2-15 图所示，已知 F、a、m，且 $m=Fa$，求支座 A、B 的反力。

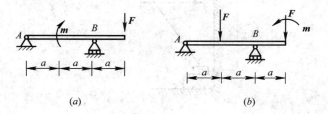

题 2-15 图

2-16 如题 2-16 图所示，移动式起重机自重 G＝500 kN(不计平衡配重的重量)，其重心在距右轨 1.5 m 处。起重机的最大起重量 W＝250 kN，吊臂伸出距右轨 10 m。欲使小车满载或空载时起重机均不至于翻倒，求平衡配重的最小重量 Q 及其到左轨的最大距离 x(小车重量略去不计)。

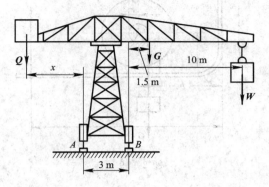

题 2-16 图

2-17 组合梁及其受力情况如题 2-17 图所示。已知 a、F，m＝Fa，梁的自重不计。求 A、B、C 各处的反力。

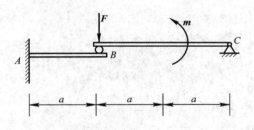

题 2-17 图

*2-18 气动夹具如题 2-18 图所示。已知气体作用在活塞上的总压力 P＝3500 N，α＝20°，A、B、C、D 处均为铰链。不计各杆自重，求工件所受的压力。

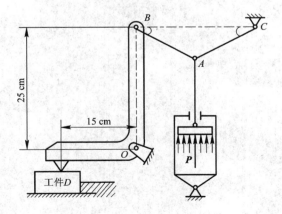

题 2-18 图

*2-19 如题 2-19 图所示的绞车，鼓轮半径 r＝15 cm，制动轮半径 R＝25 cm，重

物的重量 $G=1000$ N，$a=100$ cm，$b=40$ cm，$c=50$ cm，制动轮与制动块间的摩擦系数 $f=0.6$。问重物静止时，加在制动杆上的力 P 至少应有多大？

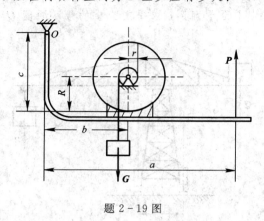

题 2-19 图

第 3 章　构件的内力和强度计算

提要　本章讨论的问题是构件在受到载荷作用时能安全地、正常地工作而不发生破坏的条件及构件截面尺寸的设计计算方法。

3.1　强度计算的基本概念

在第 2 章中，讨论了构件的运动分析和外力的计算问题。在工程计算问题中，还需选择构件的材料，确定其合理的截面形状和尺寸，分析在外力作用下的变形和破坏。因此，通常将构件视为受力后会变形的固体，即变形固体。

1. 变形固体及其基本假设

变形固体指受力后形状、大小发生改变的物体。

变形固体有如下的基本假设：

(1) 各向同性：变形固体在各个方向的力学性能相同；

(2) 均匀连续：变形固体内被同一种物质充满，没有空隙，且各处的性质都相同；

(3) 小变形：物体受到外力后产生的变形与物体的原始尺寸相比很小，有时甚至可以忽略不计。

工程中使用的大多数材料，如钢、铜、铸铁等基本符合上述假设，但轧制钢、竹材、木材等材料的性质是有方向性的，称为各向异性材料。

2. 强度

构件抵抗破坏的能力称为强度。

3. 杆件

构件某一方向的尺寸远大于其他两个方向的尺寸时称为杆件(见图 3-1(a))。杆件的受力变形有拉伸与压缩、剪切与挤压、扭转、弯曲四种基本形式，图 3-1(b)即为杆件的弯曲。

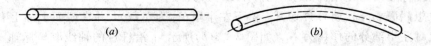

(a)　　　　　　　　　　　　　　(b)

图 3-1　杆件和杆件的弯曲

本章研究的是杆件在四种变形下的强度计算问题。

3.2　内力与截面法

3.2.1　截面法的概念

杆件的内力指杆件受到外力作用时，其内部产生的保持其形状和大小不变的反作用力。该反作用力随外力的作用而产生，随外力的消失而消失。

截面法是求杆件内力的方法。

截面法求内力的步骤：

（1）作一假想截面把杆件切开成两部分（见图 3-2(a)）；

（2）留下其中的一部分，并在切开处加上假设的内力（如图 3-2(b)或图 3-2(c)所示）；

（3）以该部分为研究对象列静力平衡方程，求解未知的内力。

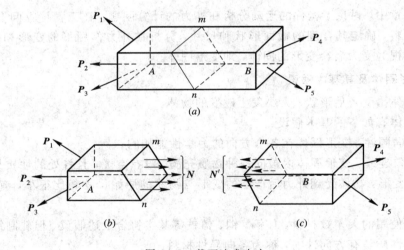

图 3-2　截面法求内力

3.2.2　截面法的应用

截面法可用于杆件的拉压、剪切、扭转、弯曲四种情况的截面内力的计算，这四种内力分别称为轴力、剪力、扭矩和弯矩。

【例 3-1】　如图 3-3(a)所示，杆件在 A、B 两点受两等值反向共线的力 P 的作用，求任意截面 $m-m$ 处的内力（轴力）。

解　此杆受两力作用而处于平衡，为二力构件。

作假想截面 $m-m$ 将杆件切开，留下左半段（称为左截），并在截面上加上右半部分在该截面上对左半部分的作用力 N_m（如图 3-3(b)所示）；沿杆件的轴线取坐标轴 x。

列投影方程：

$$\sum F_x = 0, \qquad -P + N_m = 0$$

则

$$N_m = P$$

式中，N_m 为 $m-m$ 截面的内力，又称杆件的轴力。轴力与该截面垂直。

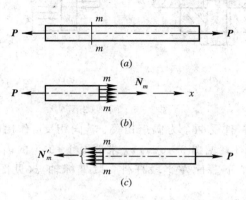

图 3-3　例 3-1 图

注意： ① 也可留下右半段（称为右截），所得该截面的轴力 N'_m 向左（如图 3-3(c) 所示）。此二内力等值、反向、共线，为一对作用与反作用力。

② 规定轴力的方向为：轴力离开截面为正，指向截面为负。因此，例 3-1 中 N_m 与 N'_m 均为正。

当两力相背时，杆件将伸长，这种变形称为拉伸（见图 3-4(a)）；当两力相向时，杆件将缩短，这种变形称为压缩（见图 3-4(b)）。

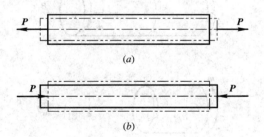

图 3-4　拉伸与压缩

【例 3-2】　一螺栓受到两个等值、反向、互相平行且距离很近的力 P、P' 的作用（见图 3-5(a)），求截面 $m-m$ 的内力。

解　如图 3-5(b)所示，作假想截面将螺栓切开。取螺栓的下半部分为研究对象，在截面上加上内力 Q，列平衡方程：

$$\sum F_x = 0, \ Q - P = 0$$

则

$$Q = P$$

式中，Q 称为截面上的剪力，在该截面上与截面平行。取螺栓的上半部分为研究对象时，该截面上的剪力 Q' 向左，$Q = Q'$。

构件的这种受力情况称为剪切。

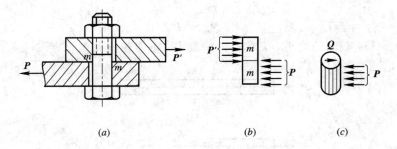

图 3-5　例 3-2 图

【例 3-3】　一圆形杆件受两个力偶矩相等、转向相反、作用面互相平行且垂直于杆件的轴线的力偶 m、m' 的作用（见图 3-6(a)），求截面 1-1 上的内力。

　　解　仍用左截法，留下截面左半段杆件，取坐标轴 x（见图 3-6(b)）。列力偶平衡方程：

$$\sum m_x(\boldsymbol{F}) = 0, \quad M_n - m = 0$$

则

$$\boldsymbol{M}_n = \boldsymbol{m}$$

式中，$\boldsymbol{M}_n$ 为截面上的内力，实际为一力偶，称为扭矩，单位为 N·m。扭矩与截面平行。

　　如采用右截法，则如图 3-6(c) 所示。

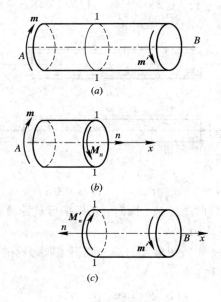

图 3-6　例 3-3 图

　　注意：① 此杆件的截面为圆形，称这类杆件为轴或圆轴。

　　② 圆轴受垂直于杆件轴线的力偶作用而平衡，这种受力情况称为扭转。

　　③ 不论左截还是右截，对截面观察，逆时针转向的扭矩为正，顺时针转向的扭矩为负，即同一截面上两边的扭矩数值相等、转向相反。

　　【例 3-4】　如图 3-7(a) 所示，一水平杆件受 A、B 两支座支承，杆上受一垂直力 **P** 的作用。设杆长 L、a、b 均已知，求 $1-1$ 和 $2-2$ 截面上的内力。

　　解　取杆 AB 为研究对象，求支座 A、B 的约束反力（见图 $3-7(b)$），得

$$N_A = \frac{b\boldsymbol{P}}{L}, \quad N_B = \frac{a\boldsymbol{P}}{L}$$

作 $1-1$ 截面，用左截法（如图 $3-7(c)$ 所示）。设截面中心为 O，列平衡方程

$$\sum \boldsymbol{F}_y = 0, \, \boldsymbol{N}_A - \boldsymbol{Q}_1 = 0$$

则

$$\boldsymbol{Q}_1 = \boldsymbol{N}_A$$

式中，$\boldsymbol{Q}_1$ 为截面 $1-1$ 上的剪力。

　　剪力的正负：左截时，$\boldsymbol{Q}$ 向下为正，向上为负；右截时，$\boldsymbol{Q}$ 向上为正，向下为负。

　　观察该图，内力 $\boldsymbol{Q}_1$ 与 $\boldsymbol{N}_A$ 组成了一力偶，则 $1-1$ 截面上必有一内力偶与之平衡。设截面的内力偶为 $\boldsymbol{M}_1$，列力偶平衡方程

$$\sum \boldsymbol{m}_O(\boldsymbol{F}) = 0, \, \boldsymbol{M}_1 - \boldsymbol{N}_A \times (a - \Delta) = 0$$

得

$$\boldsymbol{M}_1 = \boldsymbol{N}_A \times a$$

式中，$\boldsymbol{M}_1$ 为截面 $1-1$ 上的内力偶，称为截面 $1-1$ 上的弯矩，单位为 N·m；Δ 为一无穷小量，如图 $3-7(b)$ 所示。

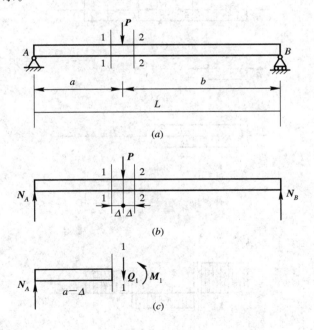

图 $3-7$　例 $3-4$ 图

　　注意：① 杆件受到垂直于轴线的力的作用时，其轴线会变弯，这类变形称为弯曲。以弯曲变形为主要变形的杆件称为梁。

　　② 在一般情况下，梁的任一横截面上的内力包含剪力和弯矩。

　　③ 弯矩的正负：左截时，M 逆时针为正，顺时针为负；右截时，M 顺时针为正，逆时针为负。

请读者按此法求出 $2-2$ 截面上的剪力和弯矩。

3.3 杆件的内力图

由以上例题可以看出，当杆件受到力的作用时，杆件上各段截面的内力不同。为了清楚地反映杆件的内力沿轴线变化的情况而作的图称杆件的内力图。

下面分别对杆件在受到拉伸、扭转、弯曲时，横截面的内力图的作法进行介绍。

1. 轴力图

杆件在受到拉伸（压缩）时，横截面的内力沿杆件轴心线变化的内力图形称为轴力图。

【**例 3 - 5**】 一左端固定的杆件受到三个沿轴线方向的力的作用，$P_1 = 15$ kN，$P_2 = 13$ kN，$P_3 = 8$ kN（见图 $3-8(a)$），求截面 $1-1$、$2-2$、$3-3$（见图 $3-8(b)$）的内力，并画出内力图（轴力图）。

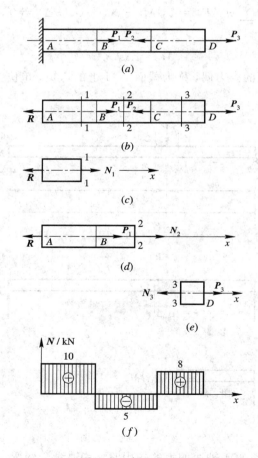

图 $3-8$ 例 $3-5$ 图

解 （1）求出固定端反力 $R = 10$ kN。

（2）依前面介绍过的方法，分别求出各截面的内力：

作 $1-1$ 截面（内力图见图 $3-8(c)$），得 $N_1 = 10$ kN；

作 2-2 截面(内力图见图 3-8(d)),得 $N_2 = -5$ kN;

作 3-3 截面(内力图见图 3-8(e)),得 $N_3 = 8$ kN。

(3) 定坐标轴 N-x,垂直坐标轴 N 表示内力,单位为 kN;水平线为 x 轴,代表杆件的轴线。

(4) 按照正内力在 x 轴上方,负内力在 x 轴下方,参照各段内力的大小,分段作表示内力的水平线,即得到反映杆件各段内力的图线(见图 3-8(f))。此图称为轴力图。

轴力图清楚地反映出该杆件各段是受到拉伸还是压缩,以及各段内力的大小,比较直观,为多个载荷作用下的拉压杆的强度及变形计算带来很大的方便。

2. 扭矩图

杆件在受到扭转时,横截面的内力沿杆件轴心线变化的图形称为扭矩图。

【**例 3-6**】　一圆轴受四个力偶作用(见图 3-9(a)),$m_1 = 110$ N·m,$m_2 = -60$ N·m,$m_3 = -20$ N·m,$m_4 = -30$ N·m。作轴的内力图(扭矩图)。

解　作 1-1 截面,取其左段研究(见图 3-9(b)),设该截面的扭矩为 M_{n1},有平衡方程:

$$\sum m_x(F) = 0, \quad M_{n1} = -110 \text{ N·m}$$

同理可得截面 2-2 的扭矩 $M_{n2} = -50$ N·m(见图 3-9(c)),截面 3-3 的扭矩 $M_{n3} = -30$ N·m。

由以上各截面的扭矩可作出圆轴的内力图。

以轴线为 x 轴,扭矩 M_n 为纵坐标轴,单位为 N·m,按各段内力的大小和正负画出图线(见图 3-9(d)),该图称为轴的扭矩图。

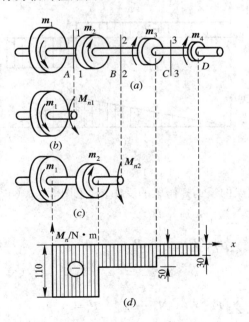

图 3-9　例 3-6 图

3. 弯矩图与剪力图

杆件在受到弯曲时，横截面的剪力和弯矩沿杆件轴心线变化的图形分别称为剪力图与弯矩图。

【例 3 - 7】　已知一水平梁两端由铰链支承（称简支梁），受力 $P = 12$ kN（见图 3 - 10(a)）。作梁的内力图（剪力图和弯矩图）。

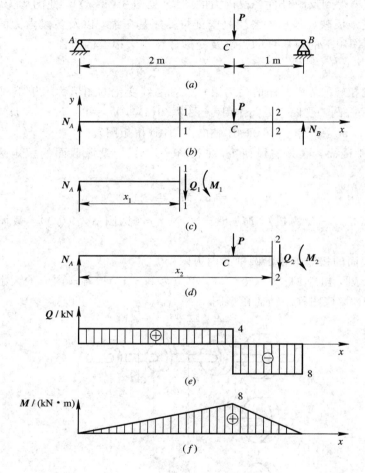

图 3 - 10　例 3 - 7 图

解　（1）先求出两支点的反力，作梁的受力图（见图 3 - 10(b)）。

$$\sum F_x = 0$$

$$\sum m_A(F) = 0, \quad P \times 2 - N_B \times 3 = 0$$

$$N_B = \frac{2P}{3} = \frac{2 \times 12}{3} = 8 \text{ kN}$$

$$\sum F_y = 0, \quad N_A + N_B - P = 0$$

$$N_A = P - N_B = 12 - 8 = 4 \text{ kN}$$

（2）作 1 - 1 截面，距 A 点为 x_1，并留下截面的左段。此时，右段对左段的作用相当于固定端。在截面上加上内力 Q_1 和 M_1（均假设为正向，见图 3 - 10(c)），列平衡方程：

$$\sum \boldsymbol{F}_y = 0$$

得截面 1-1 的剪力

$$\boldsymbol{Q}_1 = \boldsymbol{N}_A = 4 \text{ kN}$$

以梁的轴线为 x 轴，剪力 $\boldsymbol{Q}$ 的值为垂直坐标轴，则在 A-C 段，剪力的图线为一水平线，在 x 轴的上方，并与 x 轴平行。

根据 $\sum \boldsymbol{m}_C(\boldsymbol{F}) = 0$ 可得截面 1-1 的弯矩为

$$\boldsymbol{M}_1(x) = \boldsymbol{N}_A x_1$$

可见，弯矩为一随截面位置而变化的一次函数，在图线上是一斜直线。

以梁的轴线为 x 轴，弯矩 $\boldsymbol{M}$ 的值为垂直坐标轴，则

当 $x_1 = 0$ 时，$\boldsymbol{M}_1 = 0$；

当 $x_1 = 2$ m 时，$\boldsymbol{M}_1 = \boldsymbol{N}_A \times 2 = 4 \times 2 = 8$ kN·m。

由以上两点可画出梁 A-C 段的弯矩图线。

（3）作截面 2-2，距 A 点为 x_2，留下截面的左段。在截面上加上内力 $\boldsymbol{Q}_2$ 和 $\boldsymbol{M}_2$（均假设为正向，见图 3-10(d)），列平衡方程：

$$\sum \boldsymbol{F}_y = 0$$

得截面 2-2 的剪力

$$\boldsymbol{Q}_2 = \boldsymbol{N}_A - \boldsymbol{P} = 4 - 12 = -8 \text{ kN}$$

则 C-B 段的剪力图线为一水平线，在 x 轴的下方。

A-C、C-B 两段图线反映出水平梁各个横截面的剪力的情况，称为剪力图（见图 3-10(e)）。

再列力矩平衡方程：

$$\sum \boldsymbol{m}_C(\boldsymbol{F}) = 0, \quad \boldsymbol{M}_2 - \boldsymbol{N}_A x_2 + \boldsymbol{P}(x_2 - 2) = 0$$

$$\boldsymbol{M}_2 = \boldsymbol{N}_A x_2 - \boldsymbol{P}(x_2 - 2) = 4x_2 - 12(x_2 - 2) = 24 - 8x_2$$

由上式可以看出，该段弯矩图线也为一斜直线：

当 $x_2 = 2$ m 时，$\boldsymbol{M}_2 = \boldsymbol{M}_C = 24 - 8 \times 2 = 8$ kN·m；

当 $x_2 = 3$ m 时，$\boldsymbol{M}_2 = \boldsymbol{M}_B = 0$。

由此可以绘出 C-B 段的弯矩图线，连同已绘出的 A-C 段弯矩图线称为梁的弯矩图，如图 3-10(f)所示。

【例 3-8】　水平梁在 C 处受力偶 m 的作用（见图 3-11(a)），设 L、a、b 均已知，求作梁的弯矩图（内力图）。

解　（1）先求出两支座反力：$\boldsymbol{N}_A = \boldsymbol{N}_B = m/L$（见图 3-11($b$)，注意 $\boldsymbol{N}_A$ 的方向）。

（2）求剪力和弯矩。

在 A-C 段距 A 点 x_1 处作 1-1 截面，取左段，在截面上加上内力 $\boldsymbol{Q}_1$、$\boldsymbol{M}_1$（见图 3-11(c)），列平衡方程：

$$\sum \boldsymbol{F}_y = 0, \quad -\boldsymbol{N}_A - \boldsymbol{Q}_1 = 0$$

则

$$\boldsymbol{Q}_1 = -\boldsymbol{N}_A = -\frac{m}{L}$$

剪力为一常数，其图线应为一水平线，在 x 轴的下方，并与 x 轴平行(见图 $3-11(e)$)。

再列力矩平衡方程：

$$\sum m_C(F) = 0, \quad N_A x_1 + M_1 = 0$$

$$M_1 = -N_A x_1$$

由此可见，弯矩图线为一斜直线。

当 $x_1 = 0$ 时，$M_1 = M_A = 0$；

当 $x_1 = a - \Delta$ 时(Δ 为无穷小量)，$M_1 = -N_A(a-\Delta) = -ma/L$。

可绘出该段弯矩图线(见图 $3-11(f)$)。

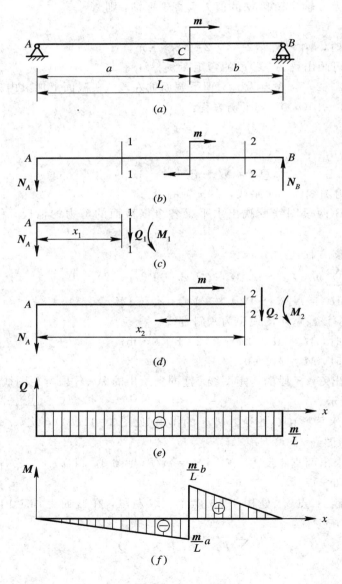

图 $3-11$　例 $3-8$ 图

（3）在 C-B 段距 A 点 x_2 处作 2-2 截面，并加上内力 Q_2、M_2（见图 3-11(d)），列平衡方程：

$$\sum \boldsymbol{F}_y = 0, \ -\boldsymbol{N}_A - \boldsymbol{Q}_2 = 0$$

$$\boldsymbol{Q}_2 = -\boldsymbol{N}_A = -\frac{m}{L}$$

其图线与左段相同。

再列力矩平衡方程：

$$\sum \boldsymbol{m}_C(\boldsymbol{F}) = 0, \ \boldsymbol{N}_A x_2 - \boldsymbol{m} + \boldsymbol{M}_2 = 0$$

$$\boldsymbol{M}_2 = -\boldsymbol{N}_A x_2 + \boldsymbol{m} = -\frac{m}{L}x_2 + \boldsymbol{m}$$

可见其图线仍为一直线。

当 $x_2 = a + \Delta$ 时，

$$\boldsymbol{M}_2 = -\frac{ma}{L} + \boldsymbol{m} = -\frac{ma}{L} + \frac{m(a+b)}{L} = \frac{mb}{L}$$

当 $x_2 = L$ 时，

$$\boldsymbol{M}_2 = -\frac{mL}{L} + \boldsymbol{m} = 0$$

由以上两点可绘出 C-B 段的弯矩图线（见图 3-11(f)）。

由图 3-11 可知，外力偶对剪力图无影响；而在外力偶作用处，弯矩图发生突跳，突跳值即等于该力偶的力偶矩。

3.4　杆件的应力及强度计算

3.4.1　杆件应力的概念

求出杆件的内力后，一般还不能判断杆件是否易被破坏。如当两个受拉伸的杆件的内力相同时，杆件粗的就不容易破坏，显然这与杆件的横截面面积有关。因此，要判断杆件在外力作用下是否破坏，不仅要知道内力的大小，还要知道内力在杆件横截面上的分布规律及分布的密集程度，从而就引出了应力的概念。

内力分布的密集程度称为应力，即单位面积上的内力。应力的单位为牛／米²（N/m²），又称帕（Pa）。在实际应用中这个单位太小，因此常用兆帕（MPa）或吉帕（GPa）。1 MPa＝1×10^6 Pa，1 GPa＝1×10^9 Pa。本章中所研究的杆件，其截面上的内力分布一般是不均匀的。因此，提出截面上某点的应力概念。

取截面上的微面积 ΔA，其上作用的内力的合力为 $\Delta \boldsymbol{P}$（见图 3-12(a)），则 $\Delta \boldsymbol{P}/\Delta A$ 称为微面积 ΔA 上的平均应力，用 $\boldsymbol{p}_m$ 表示，即

$$\boldsymbol{p}_m = \frac{\Delta \boldsymbol{P}}{\Delta A}$$

当 ΔA 趋于无穷小时，则得该点的应力 $\boldsymbol{p}$。$\boldsymbol{p}$ 为一矢量，可分解成垂直于截面的分量 $\boldsymbol{\sigma}$ 和切于截面的分量 $\boldsymbol{\tau}$（见图 3-12(b)）。$\boldsymbol{\sigma}$ 称为截面上的正应力，$\boldsymbol{\tau}$ 称为截面上的剪应力。杆件

变形不同，其截面上的应力的性质和分布也不同，一般分为拉应力、扭转应力、弯曲应力等。

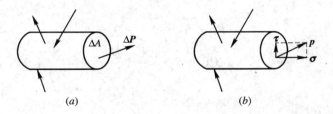

图 3-12 杆件截面的应力

3.4.2 杆件的强度计算

强度计算的内容主要有构件的强度校核、截面设计和许可载荷计算，包括拉伸与压缩、剪切与挤压、圆轴扭转和杆件弯曲等四种基本变形下的强度计算。

1. 拉伸与压缩强度计算

拉伸强度条件

$$\sigma = \frac{N}{A} \leqslant [\sigma_1]$$

式中：N——横截面上的轴力，单位为 N；

A——横截面的面积，单位为 m^2；

$[\sigma_1]$——杆件材料的许用拉伸应力，单位为 MPa；

σ——杆件横截面上的实际工作应力，单位为 MPa。

压缩强度条件

$$\sigma = \frac{N}{A} \leqslant [\sigma_y]$$

式中：N、A 同上；

$[\sigma_y]$——杆件材料的许用压缩应力，单位为 MPa；

σ——杆件横截面上的实际工作应力，单位为 MPa。

$[\sigma_1]$、$[\sigma_y]$ 均由实验得出。

【例 3-9】 图 3-13(a) 中的起重机由斜杆 BC 与横梁 AB 组成。斜杆直径 $d=55$ mm，材料为锻钢，其许用应力 $[\sigma]=200$ MPa，最大吊重 $W=50$ kN，$\alpha=20°$。试校核斜杆的强度。

解 取销钉 B 为研究对象，画出其受力图(见图 3-13(b))。

求出两杆的内力：

$$\sum F_y = 0, \ N \sin\alpha - W = 0$$

$$N = \frac{W}{\sin\alpha} = \frac{50 \times 10^3}{\sin 20°} = 146.2 \ kN$$

校核强度

$$\sigma = \frac{N}{A} = \frac{146.2 \times 10^3}{\pi/4 \times 55^2 \times 10^6} = 61.57 \ MPa < [\sigma] = 200 \ MPa$$

故斜杆强度足够。

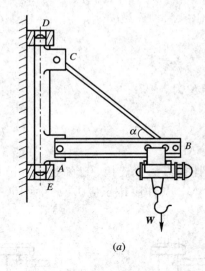

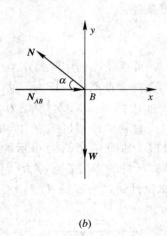

(a)　　　　　　　　　　　　　(b)

图 3-13　例 3-9 图

【**例 3-10**】　冷镦机的曲柄滑块机构如图 3-14 所示。锻压时，连杆接近水平位置，承受锻压力 **P** = 1100 kN，连杆截面为矩形，高宽比为 $h/b=1.4$，材料的许用应力$[\sigma]$=58 MPa。试确定截面尺寸 h 和 b。

　　解　此时的锻压力即为连杆所受的轴向力（压力），由强度计算公式可得截面面积的计算式为

$$A \geqslant \frac{P}{[\sigma]}$$

代入各值，得

$$A \geqslant \frac{1100 \times 10^3}{58 \times 10^6} = 189 \times 10^{-4}\,\mathrm{m}^2 = 189\ \mathrm{cm}^2$$

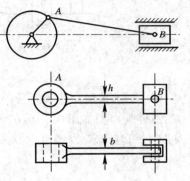

图 3-14　例 3-10 图

而

$$A = h \times b = 1.4b^2$$

即

$$1.4b^2 = 189\ \mathrm{cm}^2$$

得

$$b = 11.64\ \mathrm{cm},\ h = 16.3\ \mathrm{cm}$$

2. 剪切与挤压强度计算

剪切强度条件：

$$\tau = \frac{Q}{A} \leqslant [\tau]$$

式中：τ——构件剪切面的实际剪切应力，单位为 MPa；

　　　Q——构件横截面上的剪力，单位为 N；

　　　A——剪切面面积，单位为 m²；

$[\tau]$——材料的许用剪切应力,单位为 MPa。

挤压强度条件:

$$\sigma_{jy} = \frac{P_{jy}}{A_{jy}} \leqslant [\sigma_{jy}]$$

式中:σ_{jy}——构件受挤面的实际挤压应力,单位为 MPa;

P_{jy}——构件受挤面的挤压力,单位为 N;

A_{jy}——实用挤压面面积,单位为 m^2;

$[\sigma_{jy}]$——材料的许用挤压应力,单位为 MPa。

【例 3-11】 如图 3-15(a)所示的拖车挂钩靠销钉连接。已知挂钩部分的钢板厚度 $\delta = 8$ mm,销钉材料的许用剪切应力$[\tau] = 60$ MPa,许用挤压应力$[\sigma_{jy}] = 100$ MPa,拖力 $P = 15$ kN。试设计销钉的直径 d。

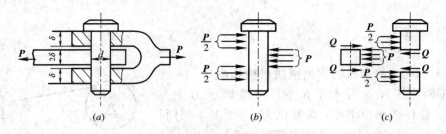

图 3-15 例 3-11 图

解 (1)按剪切强度计算。

销钉受力图如图 3-15(b)所示。销钉有两个剪切面,用截面法将销钉沿剪切面截开(见图 3-15(c)),以销钉中段为研究对象,由静力平衡条件可得每一截面上的剪力

$$Q = \frac{P}{2} = \frac{15}{2} = 7.5 \text{ kN}$$

销钉受剪面积

$$A = \frac{\pi d^2}{4}$$

剪切强度计算公式

$$\tau = \frac{Q}{A} = \frac{Q}{\pi d^2 / 4} \leqslant [\tau]$$

得销钉直径

$$d \geqslant \sqrt{\frac{4Q}{\pi[\tau]}} = \sqrt{\frac{4 \times 7.5 \times 10^3}{3.14 \times 60 \times 10^6}} = 12.6 \times 10^{-3} \text{ m} = 12.6 \text{ mm}$$

(2)按挤压强度计算。

$$\sigma_{jy} = \frac{P_{jy}}{A_{jy}} \leqslant [\sigma_{jy}]$$

此时,挤压力 $P_{jy} = P/2$,实用挤压面积为 $A_{jy} = d\delta$,得

$$d \geqslant \frac{P}{2\delta[\sigma_{jy}]} = \frac{15 \times 10^3}{2 \times 8 \times 10^{-3} \times 100 \times 10^6} = 9.4 \times 10^{-3} \text{ m} = 9.4 \text{ mm}$$

综合考虑剪切和挤压强度计算的结果,并根据国家标准,决定选取销钉的直径为

$d=14$ mm。

【例 3 - 12】　一齿轮通过平键与轴连接（见图 3 - 16(a)）。已知轴传递的力偶矩 $m_O=1.5$ kN·m，轴的直径 $d=100$ mm，键的尺寸：宽 $b=28$ mm，高 $h=16$ mm，长 $l=42$ mm。键材料的许用剪切应力 $[\tau]=40$ MPa，许用挤压应力 $[\sigma_{jy}]=100$ MPa。校核键的强度。

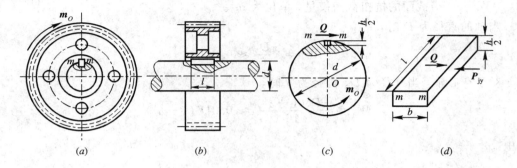

图 3 - 16　例 3 - 12 图

解　（1）按键的剪切强度校核。

沿键的剪切面 $m-m$ 将键截开，以键的下部分和轴一起作为研究对象（见图 3 - 16(c)），设剪切面上的剪力为 Q，有如下平衡方程：

$$\sum m_O(F)=0,\ m_O-\frac{Qd}{2}=0$$

得

$$Q=\frac{2m_O}{d}=\frac{2\times1.5\times10^3}{100\times10^{-3}}=30\ \text{kN}$$

键的剪切面积为

$$A=bl=28\times42=1176\ \text{mm}^2$$

由剪切强度条件得

$$\tau=\frac{Q}{A}=\frac{30\times10^3}{1176\times10^{-6}}=25.5\ \text{MPa}<[\tau]=40\ \text{MPa}$$

（2）按挤压强度校核。

由图 3 - 16(d)得挤压力

$$P_{jy}=Q=30\ \text{kN}$$

键与轴的接触面为平面，则挤压面即为该平面，挤压面积

$$A_{jy}=\frac{hl}{2}=16\times\frac{42}{2}=336\ \text{mm}^2$$

由挤压强度条件得

$$\sigma_{jy}=\frac{P_{jy}}{A_{jy}}=\frac{30\times10^3}{336\times10^{-6}}=89.5\ \text{MPa}<[\sigma_{jy}]=100\ \text{MPa}$$

因此，键的剪切强度和挤压强度都满足要求。

3. 圆轴扭转强度计算

扭转强度条件

$$\tau = \frac{M_n}{W_n} \leqslant [\tau]$$

式中：τ——横截面上的实际扭转剪应力，单位为 MPa；

　　　$[\tau]$——轴材料的许用扭转剪应力，单位为 MPa。

　　　M_n——横截面上的扭矩，单位为 N·m；

　　　W_n——横截面的抗扭截面模量，单位为 m³。

当轴的直径为 D 时，

$$W_n = \frac{\pi D^3}{16} \approx 0.2D^3$$

对于空心轴，当外径为 D、内径为 d 时，

$$W_n = \frac{\pi D^3(1-\alpha^4)}{16} \approx 0.2D^3(1-\alpha^4)$$

其中，$\alpha = \dfrac{d}{D}$。

【例 3-13】　一汽车传动轴由无缝钢管制成，其外径 $D=90$ mm，壁厚 $t=2.5$ mm，材料为 45 号钢，许用剪应力 $[\tau]=60$ MPa，工作时的最大外力偶矩 $M=1.5$ kN·m。求：(1) 校核轴的强度；(2) 将轴改成实心轴，计算相同条件下轴的直径；(3) 比较实心轴与空心轴的重量。

解　(1) 校核轴的强度。

轴受的扭矩

$$M_n = M = 1.5 \text{ kN·m}$$

$$\alpha = \frac{d}{D} = \frac{90 - 2 \times 2.5}{90} = 0.994$$

$$W_n = \frac{\pi D^3(1-\alpha^4)}{16} = \frac{\pi \times 90^3}{16}(1 - 0.994^4) = 29\,500 \text{ mm}^3$$

$$\tau_{\max} = \frac{M_n}{W_n} = \frac{1.5 \times 10^3}{29\,500 \times 10^{-9}} = 50.8 \text{ MPa} < [\tau] = 60 \text{ MPa}$$

(2) 计算实心轴的直径。

实心轴与空心轴的强度相同，两轴的抗扭截面模量应相等。

设实心轴的直径为 D_1，则其抗扭截面模量为 W_{n1}，有

$$W_{n1} = W_n = 29\,500 \text{ mm}^3$$

即

$$\frac{\pi D_1^3}{16} = \frac{\pi D^3}{16}(1 - 0.994^4) = 29\,500$$

$$D_1 = \sqrt[3]{\frac{16 \times 29\,500}{\pi}} = 53.2 \text{ mm}$$

(3) 比较实心轴与空心轴的重量。

由于两轴长度相等，材料相同，两者重量比即为横截面面积之比。

设实心轴的横截面面积为

$$A_1 = \frac{\pi D_1^2}{4}$$

空心轴的横截面面积为

$$A = \frac{\pi(D^2 - d^2)}{4}$$

故

$$\frac{A}{A_1} = \frac{90^2 - 85^2}{53.2^2} = 0.31$$

两相比较，空心轴省材料。

【**例 3 - 14**】　一传动轴受力情况如图 3 - 17(a)所示，已知材料的许用剪应力 [*τ*]＝40 MPa，设计轴的直径。

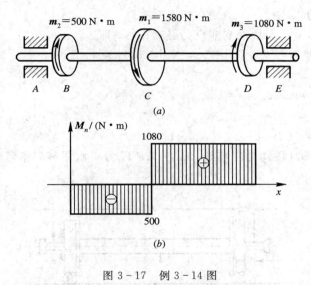

(b)

图 3 - 17　例 3 - 14 图

解　作轴的扭矩图（见图 3 - 17(b)）。

设轴的直径为 *d*，按轴的强度条件

$$\tau_{\max} = \frac{M_{n\,\max}}{W_n} = \frac{1080}{0.2d^3} \leqslant 40 \times 10^6$$

得

$$d \geqslant \sqrt[3]{\frac{1080}{0.2 \times 40 \times 10^6}} = 51.3 \times 10^{-3} \ \text{m} = 51.3 \ \text{mm}$$

取轴径 *d*＝53 mm。

4. 杆件弯曲强度计算

以弯曲变形为主要变形的杆件称为梁。梁的弯曲正应力强度条件

$$\sigma = \frac{M_{\max}}{W_z} \leqslant [\sigma]$$

式中：*σ*——梁的横截面上的正应力，单位为 MPa；

　　　$M_{\max}$——梁的最大弯矩，单位为 N·m；

　　　W_z——梁的抗弯截面模量，单位为 m³，按下式计算：

$$W_z = \frac{1}{6}bh^2$$

b——矩形截面的宽，单位为 m；

h——矩形截面的高，单位为 m。

设圆形截面直径为 D，

$$W_Z = \frac{\pi D^3}{32} = 0.1D^3$$

其余截面的抗弯截面模量可查有关手册。

【例 3-15】 火车车厢轮轴受力如图 3-18(a)所示。已知 $d_1 = 160$ mm，$d_2 = 130$ mm，$L = 1.58$ m，$a = 0.267$ m，$b = 0.16$ m，$P = 62.5$ kN，$[\sigma] = 100$ MPa，试校核该轴的强度。

解 （1）画出轴的计算简图（如图 3-18(b)所示）。

（2）求支座反力。

因为受力情况对称，所以两支座反力必然相等，即

$$N_A = N_B = 62.5 \text{ kN}$$

（3）作弯矩图。

$$M_C = 0,\ M_D = 0$$

$$M_A = -Pa = -62.5 \times 10^3 \times 0.267 = -16.7 \text{ kN} \cdot \text{m}$$

$$M_B = -Pa = -16.7 \text{ kN} \cdot \text{m}$$

弯矩图在 CA、BD 段均为斜直线，而在 AB 段为一水平线，作弯矩图如图 3-18(c) 所示。

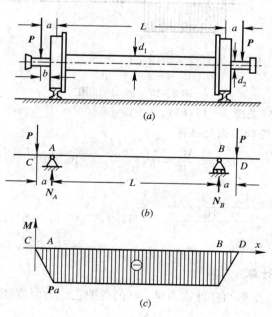

图 3-18 例 3-15 图

（4）强度校核。

AB 段有 $M_{\max}$，则

$$\sigma_{\max} = \frac{M_{\max}}{W_Z} = \frac{16.7 \times 10^3}{0.1 \times 0.16^3} = 41.5 \text{ MPa} < [\sigma]$$

另外，在车轴外伸端与车轮接触处，因车轴直径较小($d_2=13$ cm)，也可能是危险截面，必须校核。此处弯矩为

$$M = Pb = 62.5 \times 10^3 \times 0.16 = 10 \text{ kN} \cdot \text{m}$$

$$\sigma_{max1} = \frac{M}{W_{Z1}} = \frac{10 \times 10^3}{0.1 \times 0.13^3} = 46.5 \text{ MPa} < [\sigma]$$

所以，车轴是安全的。

【例 3-16】 设计图 3-19(a)所示的起重机主梁，其最大起重量 $P=20$ kN，主梁跨度 $l=5$ m，许用应力 $[\sigma]=140$ MPa。主梁用工字钢(不考虑梁的自重)，试选择工字钢型号。

解 起重机主梁可视为简支梁，吊重在中间位置时梁受力最不利，如图 3-19(b)所示。设计时应按此情况考虑。

(1) 求支座反力。

$$N_A = N_B = \frac{P}{2} = 10 \text{ kN}$$

(2) 作弯矩图。

由图 3-19(c)所示的弯矩图可见，危险截面在梁的中点 C 处，

$$M_{max} = \frac{Pl}{4} = 25 \text{ kN} \cdot \text{m}$$

(3) 计算梁的抗弯截面模量。

$$W_Z = \frac{M_{max}}{[\sigma]} = \frac{25 \times 10^3}{140 \times 10^6} = 179 \times 10^{-6} \text{ m}^3 = 179 \text{ cm}^3$$

(4) 查标准表选工字钢型号。

由型钢表查得 18 号工字钢 $W_Z=185$ cm^3，故可选用 18 工字钢。

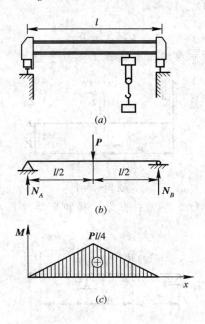

图 3-19　例 3-16 图

习 题 3

3-1 画出题 3-1 图中所示各杆的轴力图，并标明最大轴力 N_{max}。

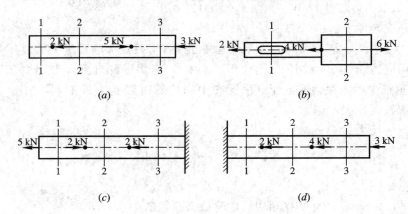

题 3-1 图

3-2 画出题 3-2 图中所示各轴的扭矩图，并标明最大扭矩 $M_{n\,max}$。

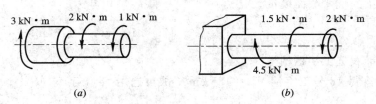

题 3-2 图

3-3 求题 3-3 图中所示梁的指定截面上的剪力 Q 和弯矩 M。

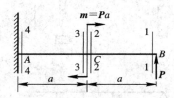

题 3-3 图

3-4 建立题 3-4 图中所示各梁的剪力方程和弯矩方程，作剪力图和弯矩图，并标出 Q_{max} 和 M_{max}。

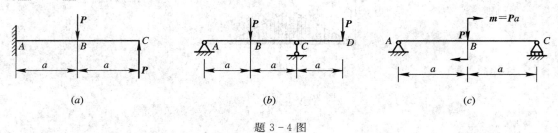

题 3-4 图

3-5　求题 3-5 图中所示杆各段的正应力。图中 A_1、A_2 为各段杆的横截面面积，$A_1 = 8$ cm^2，$A_2 = 4$ cm^2。

*3-6　如题 3-6 图所示，汽缸内径 $D = 560$ mm，内压强 $p = 2.5$ MPa，活塞杆直径 $d = 100$ mm，连接汽缸和汽缸盖的螺栓直径为 12 mm，许用应力 $[\sigma] = 60$ MPa，求连接两边汽缸盖所需的螺栓数。

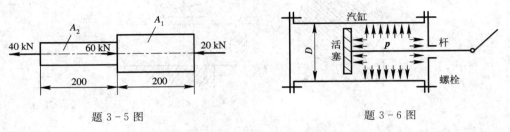

题 3-5 图　　　　　　　　　　　　　题 3-6 图

3-7　如题 3-7 图所示，起重机吊钩的上端用螺母固定。若吊钩螺栓部分内径 $d = 55$ mm，材料许用应力 $[\sigma] = 80$ MPa，校核螺栓部分的强度。

*3-8　如题 3-8 图所示，小车在托架的横梁 AC 上移动，斜杆 AB 的截面为圆形，直径 $d = 20$ mm，许用应力 $[\sigma] = 120$ MPa。试校核斜杆的强度。

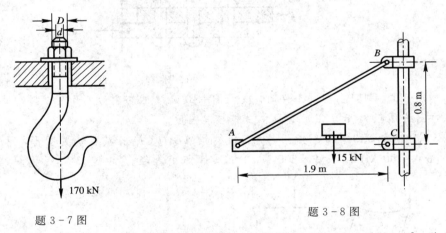

题 3-7 图　　　　　　　　　　　　　题 3-8 图

3-9　题 3-9 图所示为简易吊车，AB 为木杆，其横截面面积 $A_1 = 100$ cm^2，许用应力 $[\sigma] = 7$ MPa；BC 为钢杆，其横截面面积 $A_2 = 300$ mm^2，许用应力 $[\sigma] = 160$ MPa。求许可吊重 P。

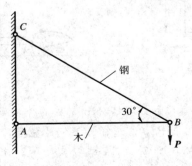

题 3-9 图

3-10　如题 3-10 图所示，轴直径 $D=80$ mm，键的尺寸 $b=24$ mm，其许用挤压应力 $[\sigma_{jy}]=90$ MPa，许用剪应力 $[\tau]=40$ MPa，轴传递的力矩 $m=3.2$ kN·m。求键的长度 l。

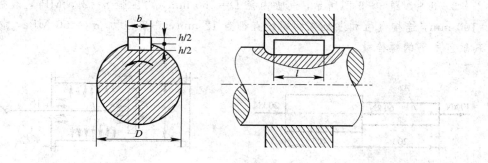

题 3-10 图

3-11　如题 3-11 图所示，两块钢板厚度均为 $\delta=6$ mm，用三个铆钉连接。已知 $P=50$ kN，铆钉材料的许用剪应力 $[\tau]=100$ MPa，许用挤压应力 $[\sigma_{jy}]=280$ MPa，求铆钉直径。若利用现有的直径 $d=12$ mm 的铆钉，则铆钉数应为多少？

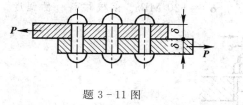

题 3-11 图

*3-12　割刀在切割工件时，受到 $P=1000$ N 的切割力的作用。割刀尺寸如题 3-12 图所示，许用应力 $[\sigma]=200$ MPa，试校核其强度。

3-13　如题 3-13 图所示，剪刀机构的 AB 与 CD 杆截面均为圆形，材料相同，许用应力 $[\sigma]=100$ MPa。设 $P=200$ N，试确定两杆的直径。

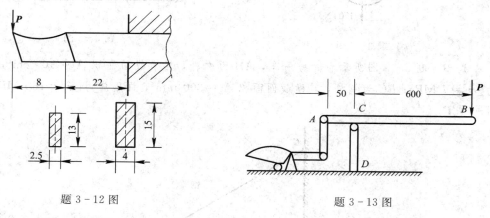

题 3-12 图　　　　　　　　　　题 3-13 图

3-14　如题 3-14 图所示，由工字钢 20b 制成的外伸梁，在外伸端 C 处作用载荷 P。已知材料的许用应力 $[\sigma]=160$ MPa，试选择工字钢的型号。

3-15　船用推进轴如题 3-15 所示，一端是实心的，其直径 $d_1=28$ cm；一端是空心轴，其内径 $d=14.8$ cm，外径 $D=29.6$ cm，若 $[\tau]=50$ MPa，试求此轴允许传递的外力偶

矩 **M**、**M**′。

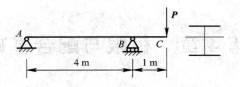

题 3 - 14 图

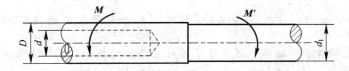

题 3 - 15 图

3 - 16　齿轮变速箱第 2 轴如题 3 - 16 图所示，轴所传递的功率 $P = 5.5\ \text{kW}$，转速 $n = 200\ \text{r/min}$，$[\tau] = 40\ \text{MPa}$，试按强度条件设计轴的直径。

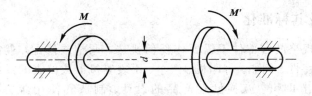

题 3 - 16 图

3 - 17　阶梯轴如题 3 - 17 所示，$M_1 = 5\ \text{kN·m}$，$M_2 = 3.2\ \text{kN·m}$，$M_3 = 1.8\ \text{kN·m}$，材料的许用应力 $[\tau] = 60\ \text{MPa}$。试校核轴的强度。

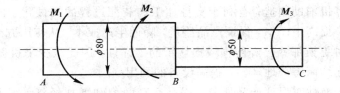

题 3 - 17 图

第 4 章 极限与配合基础

提要 本章介绍了在工程实际中，极限与配合的最基本的内容和最常用公差标准的应用，包括：上偏差、下偏差、公差带等的尺寸公差的概念；工程中常见配合的选择及应用；形位公差的基本概念、符号表达及选用；表面粗糙度的应用等。

4.1 极限的基本概念

4.1.1 互换性及其标准化

互换性指同一规格的零部件不需要作任何挑选、调整或修配，就能装配到机器上去，且符合使用要求的特性。例如，打印机、汽车、手表等机器或仪表的零部件坏了，买一个相同规格的新零件换上即可。互换性在产品的设计、制造和使用等方面有很重要的实际意义。

从设计方面看，按互换性进行设计，可以最大限度地采用标准件、通用件，大大减少计算、绘图等工作量，缩短设计周期，并有利于产品品种的多样化和计算机辅助设计。从制造方面看，互换性有利于组织大规模专业化生产；有利于采用先进工艺和高效率的专用设备，以至用计算机辅助制造；有利于实现加工和装配过程的机械化、自动化，从而减轻工人的劳动强度，提高生产率，保证产品质量，降低生产成本。从使用方面看，零部件具有互换性，可以及时更换那些已经磨损或损坏了的零部件，因此减少了机器的维修时间和费用，保证机器能连续而持久地运转，提高设备的利用率。

综上所述，互换性对保证产品质量、提高生产效率和增加经济效益具有重大的意义。不仅在大批量生产中，而且在单件小批量生产中，也常常采用已标准化了的具有互换性的零部件。因此，互换性已成为现代机械制造业中一个普遍遵守的原则。

标准是对重复性事物和概念所作的统一的规定，即为达到产品的互换性，对产品的型号、规格(尺寸)、材料和质量等统一制定出强制性的规定和要求。标准以科学、技术和实践经验的综合成果为基础，经协商一致，由主管部门批准，以特定形式发布，作为共同遵守的准则和依据。标准代表了先进的生产力，对生产具有特别重要的意义。

现代化大生产的特点是大规模、多品种和多协作。为使社会生产有序地进行，必须通过标准化使产品规格品种简单化，使分散的、局部的生产环节相互协调统一。标准化是组织现代化大生产的重要手段，是实现互换性的必要条件。

标准有不同的级别。我国的标准分为国家标准，代号为 GB；行业标准，如机械标准代号为 JB；地方标准，代号为 DB；企业标准，代号为 QB。为加强各国的交流与协作，在国际上也制定有统一的国际标准 ISO。

与标准化密切相关的是通用化、系列化。通用化是指尽量减少和合并产品品种、形式、尺寸等，使同一零部件尽可能在不同的机械产品中通用。例如，螺钉、铆钉、弹簧、轴承、联轴器等，是在各类机器中通用的零部件。

4.1.2　极限的基本术语和定义

1. 尺寸的基本术语和定义

1）尺寸

尺寸是带有特定单位的表示两点之间距离的数值。如轴的半径、直径，零件的长、宽、高等。

2）基本尺寸

基本尺寸是设计给定的尺寸，用 D 和 d 表示。D 表示孔的基本尺寸，d 表示轴的基本尺寸。基本尺寸的大小是根据使用要求，通过强度计算或类比的方法按标准尺寸圆整后得到的。

图 4-1 中 ϕ20 mm 及 30 mm 分别为圆柱销直径和长度的基本尺寸。

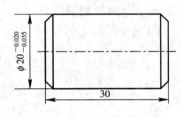

图 4-1　圆柱销

3）实际尺寸

实际尺寸是通过测量所得的尺寸，用 D_a 和 d_a 表示。由于加工误差的存在，按同一图纸要求加工的零件，其实际尺寸往往不相同。即使是同一零件的不同位置、不同方向的实际尺寸也往往不相同。所以，实际尺寸是实际零件上某一位置的测量值，且测量时还存在误差，故实际尺寸并非真值。

4）极限尺寸

极限尺寸是指允许尺寸变化范围的两个界限值（以基本尺寸为基准点）。两个界限值中较大的一个称为最大极限尺寸（$D_{\max}$，$d_{\max}$），较小的一个称为最小极限尺寸（$D_{\min}$，$d_{\min}$）。如图 4-2 所示。

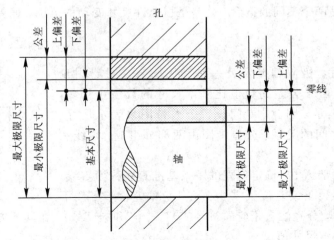

图 4-2　公差配合示意图

2. 公差与偏差的基本术语和定义

1）尺寸偏差（偏差）

尺寸偏差是指某一尺寸减去其基本尺寸所得的代数差。其值可为正、负或零。偏差包括实际偏差和极限偏差。

实际偏差：实际尺寸减去基本尺寸所得的代数差。

$$实际偏差 = D_a - D \quad （或\ d_a - d）$$

极限偏差：极限尺寸减基本尺寸所得的代数差。最大极限尺寸减其基本尺寸所得的代数差称为上偏差。最小极限尺寸减其基本尺寸所得的代数差称为下偏差。用以下代号表示所得的代数差：

ES——孔的上偏差；

es——轴的上偏差；

EI——孔的下偏差；

ei——轴的下偏差。

$$\left. \begin{array}{ll} ES = D_{max} - D, & EI = D_{min} - D \\ es = d_{max} - d, & ei = d_{min} - d \end{array} \right\} \quad (4-1)$$

2）尺寸公差（公差）

尺寸公差是允许尺寸变动的量，用 T_h 表示孔公差，用 T_s 表示轴公差，其值等于最大极限尺寸与最小极限尺寸代数差的绝对值，也等于上偏差与下偏差的代数差的绝对值。公差值永远为正值。

孔公差

轴公差

$$\left. \begin{array}{l} T_h = D_{max} - D_{min} = ES - EI \\ T_s = d_{max} - d_{min} = es - ei \end{array} \right\} \quad (4-2)$$

【例 4-1】 已知轴的基本尺寸为 $\phi 40$ mm，最大极限尺寸为 $\phi 40.008$ mm，最小极限尺寸为 $\phi 39.992$ mm，求上、下偏差及公差。

解 上偏差　　$es = d_{max} - d = 40.008 - 40 = +0.008$

下偏差　　$ei = d_{min} - d = 39.992 - 40 = -0.008$

公差　　$T_s = d_{max} - d_{min} = es - ei = +0.008 - (-0.008) = 0.016$

公差与偏差是两个不同的概念。公差是指允许尺寸变动的范围，偏差是指相对于基本尺寸的偏离量。

3）公差带图

上述有关尺寸、极限偏差及公差是利用图 4-2 进行讨论的。从图中可见，由于公差的数值比基本尺寸的数值小得多，不便用同一比例表示。因此，专门设置公差带图来表示尺寸、极限偏差及公差之间的关系。公差带图由两部分组成，零线和公差带，见图 4-3。

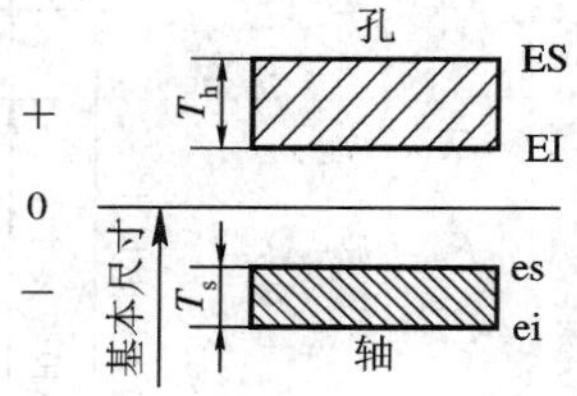

零线：在公差带图中，确定偏差的一条基准直线称为零线。它是偏差的起始线。正偏差位于零线上方，负偏差位于零线下方。画公差带图时，分别注上相应的符号（"0"、"＋"和"－"号），在其下方画上带单箭头的尺寸线，并注上基本尺寸值。

图 4-3　公差带图

公差带：在公差带图中，由代表上、下偏差的两条直线所限定的区域称为公差带。在公差带图中，垂直于零线方向的宽度代表公差值，尺寸单位为 mm 时可省略不写。

在公差与配合中，公差带是一个很重要的概念，应用公差带图能直观地分析、计算和表达公差与配合的关系。

4）标准公差

标准公差是指国家标准 GB/T 1800.3—1998 所规定的已标准化的公差值，它规定了公差带的大小，见表 4-1。

表 4-1 标准公差数值（摘自 GB/T 1800.3—1998）

基本尺寸 /mm		公 差 等 级																		
大于	至	IT01	IT0	IT1	IT2	IT3	IT4	IT5	IT6	IT7	IT8	IT9	IT10	IT11	IT12	IT13	IT14	IT15	IT16	IT17	IT18
							μm										mm				
—	3	0.3	0.5	0.8	1.2	2	3	4	6	10	14	25	40	60	0.10	0.14	0.25	0.40	0.60	1.0	1.4
3	6	0.4	0.6	1	1.5	2.5	4	5	8	12	18	30	48	75	0.12	0.18	0.30	0.48	0.75	1.2	1.8
6	10	0.4	0.6	1	1.5	2.5	4	6	9	15	22	36	58	90	0.15	0.22	0.36	0.58	0.90	1.5	2.2
10	18	0.5	0.8	1.2	2	3	5	8	11	18	27	43	70	110	0.18	0.27	0.43	0.70	1.10	1.8	2.7
18	30	0.6	1	1.5	2.5	4	6	9	13	21	33	52	84	130	0.21	0.33	0.52	0.84	1.30	2.1	3.3
30	50	0.6	1	1.5	2.5	4	7	11	16	25	39	62	100	160	0.25	0.39	0.62	1.00	1.60	2.5	3.9
50	80	0.8	1.2	2	3	5	8	13	19	30	46	74	120	190	0.30	0.46	0.74	1.20	1.90	3.0	4.6
80	120	1	1.5	2.5	4	6	10	15	22	35	54	87	140	220	0.35	0.54	0.87	1.40	2.20	3.5	5.4
120	180	1.2	2	3.5	5	8	12	18	25	40	63	100	160	250	0.40	0.63	1.00	1.60	2.50	4.0	6.3
180	250	2	3	4.5	7	10	14	20	29	46	72	115	185	290	0.46	0.72	1.15	1.85	2.90	4.6	7.2
250	315	2.5	4	6	8	12	16	23	32	52	81	130	210	320	0.52	0.81	1.30	2.10	3.20	5.2	8.1
315	400	3	5	7	9	13	18	25	36	57	89	140	230	360	0.57	0.89	1.40	2.30	3.60	5.7	8.9
400	500	4	6	8	10	15	20	27	40	63	97	155	250	400	0.63	0.97	1.55	2.50	4.00	6.3	9.7

注：基本尺寸小于 1 mm 时，无 IT14～IT18。

表 4-1 列出的是国家标准制定出的一系列标准公差数值，称为标准公差系列。标准公差系列包含三项内容：基本尺寸分段、公差等级和公差单位。下面主要介绍公差等级。

公差等级：确定尺寸精确程度的等级。

为满足各种机器零件的设计和制造所需的不同精确要求，并减少刀具和量具的规格，国家标准规定了 20 个公差等级，用 IT01，IT0，IT1，IT2，…，IT17，IT18 来表示。其公差等级由高到低，标准公差数值由小到大，加工由难到易。属同一公差等级的公差，对所有基本尺寸，虽数值不同，但被认为具有同等的精确程度。

5）基本偏差

基本偏差：指用以确定公差带相对于零线位置的上偏差或下偏差（见图 4-4）。

标准规定，以靠近零线的那个极限偏差作为基本偏差。图 4-4 是孔的公差带图，当公差带在零线上方或靠近零线上方时，其下偏差 EI 为基本偏差；当公差带在零线下方或靠近零线下方时，其上偏差 ES 为基本偏差；当公差带对称地分布在零线上、下方时，其上、下偏差中的任何一个都能作为基本偏差。

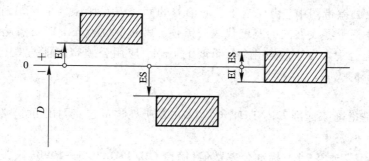

图 4 - 4　基本偏差

4.2　配合的基本概念

4.2.1　配合的基本术语和定义

　　配合是指基本尺寸相同的、相互结合的孔和轴的公差带之间的关系。间隙或过盈是孔的尺寸减去相配合的轴的尺寸所得的代数差，其值为正时称为间隙，其值为负时称为过盈。

1. 间隙配合

　　间隙配合是指孔的公差带位于轴的公差带之上，具有间隙（包括最小间隙为零）的配合（如图 4 - 5 所示）。

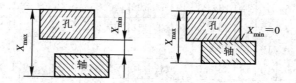

图 4 - 5　间隙配合

　　由于孔、轴的实际尺寸是变动的，因此配合的间隙也是变动的。

　　最大间隙 $X_{\max}$：孔的最大极限尺寸减轴的最小极限尺寸所得的代数差，或孔的上偏差减轴的下偏差所得的代数差，即

$$X_{\max} = D_{\max} - d_{\min} = \text{ES} - \text{ei} \qquad (4-3)$$

　　最小间隙 $X_{\min}$：孔的最小极限尺寸减轴的最大极限尺寸所得的代数差，或孔的下偏差减轴的上偏差所得的代数差，即

$$X_{\min} = D_{\min} - d_{\max} = \text{EI} - \text{es} \qquad (4-4)$$

　　平均间隙 X_{av}：最大间隙与最小间隙的算术平均值，即

$$X_{\text{av}} = \frac{X_{\max} + X_{\min}}{2} \qquad (4-5)$$

2. 过盈配合

　　过盈配合是指孔的公差带位于轴的公差带之下，具有过盈（包括最小过盈为零）的配合（如图 4 - 6 所示）。

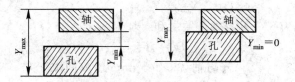

图 4 - 6　过盈配合

由于孔、轴的实际尺寸是变动的，因此配合的过盈也是变动的。

最小过盈 Y_{min}：孔的最大极限尺寸减轴的最小极限尺寸所得的代数差，或孔的上偏差减轴的下偏差所得的代数差，即

$$Y_{min} = D_{max} - d_{min} = ES - ei \qquad (4-6)$$

最大过盈 Y_{max}：孔的最小极限尺寸减轴的最大极限尺寸所得的代数差，或孔的下偏差减轴的上偏差所得的代数差。

$$Y_{max} = D_{min} - d_{max} = EI - es \qquad (4-7)$$

平均过盈 Y_{av}：最大过盈与最小过盈的算术平均值。

$$Y_{av} = \frac{Y_{max} + Y_{min}}{2} \qquad (4-8)$$

3. 过渡配合

过渡配合是指孔的公差带与轴的公差带相互交叠，可能具有间隙或过盈的配合，如图 4-7 所示。它是介于间隙配合与过盈配合之间的一类配合，但其间隙或过盈都不大。

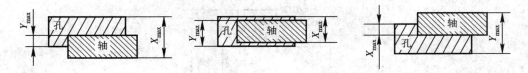

图 4 - 7　过渡配合

过渡配合的性质用最大间隙 X_{max}、最大过盈 Y_{max} 和平均间隙 X_{av} 或平均过盈 Y_{av} 来表示，其计算式如下：

$$X_{max} = D_{max} - d_{min} = ES - ei$$

$$Y_{max} = D_{min} - d_{max} = EI - es$$

$$X_{av} = \frac{X_{max} + Y_{max}}{2}$$

$$Y_{av} = \frac{X_{max} + Y_{max}}{2}$$

4.2.2　配合公差

配合公差是指允许间隙或过盈的变动量，用 T_f 表示。它表示配合精度，是评定配合质量的一个重要指标，其大小计算如下：

对于间隙配合　　　　　　　　$T_f = \left| X_{max} - X_{min} \right|$ 　　　　　　　　　$(4-9)$

对于过盈配合　　　　　　　　$T_f = \left| Y_{max} - Y_{min} \right|$ 　　　　　　　　　$(4-10)$

对于过渡配合 $\qquad T_f = |X_{\max} - Y_{\max}|$ $\qquad\qquad$ (4-11)

配合公差另一表达式为孔公差与轴公差之和，即

$$T_f = T_h + T_s \qquad\qquad (4-12)$$

【例 4-2】 孔 $\phi 25^{+0.021}_{0}$ mm 与轴 $\phi 25^{-0.020}_{-0.033}$ mm 组成间隙配合，求最大、最小间隙，平均间隙及配合公差。

解 间隙计算如下：

最大间隙

$$X_{\max} = ES - ei = +0.021 - (-0.033) = +0.054 \ (mm)$$

最小间隙

$$X_{\min} = EI - es = 0 - (-0.020) = +0.020 \ (mm)$$

平均间隙

$$X_{av} = \frac{1}{2}(X_{\max} + X_{\min}) = \frac{1}{2}(0.054 + 0.020) = +0.037 \ (mm)$$

配合公差

$$T_f = X_{\max} - X_{\min} = (+0.054) - (+0.020) = +0.034 \ (mm)$$

或

$$T_f = T_h + T_s = (+0.021 - 0) + [(-0.020) - (-0.033)]$$
$$= 0.021 + 0.013 = 0.034 \ (mm)$$

其公差带图如图 4-8 所示。

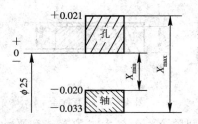

图 4-8 间隙配合公差带图

【例 4-3】 孔 $\phi 25^{+0.021}_{0}$ mm 与轴 $\phi 25^{+0.015}_{+0.002}$ mm 组成过渡配合，求其最大间隙、最大过盈、平均间隙（过盈）及配合公差。

解 计算如下：

最大间隙

$$X_{\max} = ES - ei = (+0.021) - (+0.002) = +0.019 \ (mm)$$

最大过盈

$$Y_{\max} = EI - es = 0 - (+0.015) = -0.015 \ (mm)$$

因为 $|X_{\max}| > |Y_{\max}|$，所以

$$X_{av} = \frac{1}{2}(X_{\max} + Y_{\max}) = \frac{1}{2}(+0.019 - 0.015) = +0.002 \ (mm)$$

配合公差

$$T_f = X_{\max} - Y_{\max} = (+0.019) - (-0.015) = 0.034 \ (mm)$$

或

$$T_f = T_h + T_s = (+0.021 - 0) + [(+0.015) - (+0.002)]$$
$$= 0.021 + 0.013 = 0.034 \text{ (mm)}$$

其公差带图如图 4-9 所示。

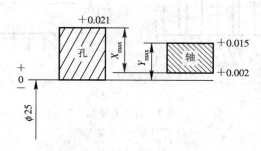

图 4-9　过渡配合公差带图

4.2.3　孔与轴

孔是指圆柱形内表面，也包括其他形状内表面由单一尺寸确定的部分。轴是指圆柱形外表面，也包括其他形状外表面由单一尺寸确定的部分。孔与轴如图 4-10 所示。

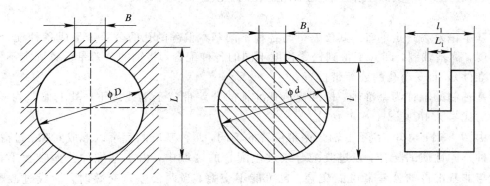

图 4-10　孔与轴

从定义可知，孔与轴的定义是广义的。孔与轴并不单指圆形，也包括方孔、凹槽等。如图 4-10 中，内表面中由单一尺寸 B、ϕD、L、B_1、L_1 所确定的部分都称为孔；外表面中由单一尺寸 ϕd、l、l_1 所确定的部分都称为轴。

孔与轴的区别：从配合角度看，孔是包容面，轴是被包容面；从加工过程看，孔的尺寸由小变大，轴的尺寸由大变小；从尺寸标注来看，无材料的尺寸为孔，有材料的尺寸为轴。

1. 基准制

基准制是以两个相配合的零件之一为基准，选定标准公差带，通过改变另一零件（非标准）的公差带位置而形成各种配合的一种制度。

国家标准对配合规定了两种基准制：基孔制与基轴制，并且优先采用基孔制。基准制如图 4-11 所示。

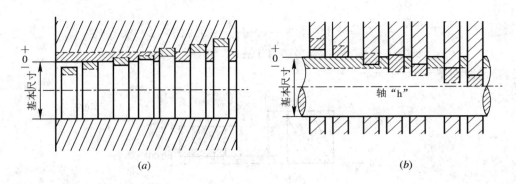

图 4 - 11　基准制

(a) 基孔制；(b) 基轴制

1) 基孔制

基本偏差为一定的孔，其公差带与各种不同基本偏差的轴的公差带形成各种配合的一种制度，称基孔制，即为了得到松紧程度不同的各种配合，将孔的公差带位置固定不变（作为基准件），而变动轴的公差带位置。

基孔制的孔称为基准孔，标准规定基准孔的公差带位于零线之上，其下偏差为零。基准孔的代号为 H。实际工作中优先采用基孔制（见图 4 - 11(a)）。

2) 基轴制

基本偏差为一定的轴，其公差带与各种不同基本偏差的孔的公差带形成各种配合的一种制度，称基轴制，即为了得到松紧程度不同的各种配合，将轴的公差带位置固定不变（作为基准件），而变动孔的公差带位置。

基轴制的轴称为基准轴，标准规定基准轴的公差带位于零线之下，其上偏差为零。基准轴的代号为 h（见图 4 - 11(b)）。

由图 4 - 11 可知，随孔、轴公差带位置的不同，两种基准制都可以形成间隙、过盈和过渡三种不同性质的配合。在过渡配合或过盈配合的区域中，由于基准件公差带大不相同，因此与非基准件的公差带可能交叠，也可能不交叠。当两公差带交叠时，形成过渡配合；不交叠时，形成过盈配合。

由上可知，各种配合是由孔、轴公差带之间的关系决定的，而公差带的大小和位置则分别由标准公差和基本偏差所决定。

2. 基本偏差系列

基本偏差指用以确定公差带相对于零线位置的上偏差或下偏差，是公差带位置标准化的具体体现。基本偏差的数量决定配合种类的数量。国家标准对孔和轴分别规定了 28 种基本偏差，以满足松紧程度不同的各种配合要求，以利互换。这 28 种基本偏差分别用拉丁字母表示，其中孔用大写字母表示，轴用小写字母表示。28 种基本偏差代号，由 26 个拉丁字母中去掉 5 个易与其他参数相混淆的字母 I、L、O、Q、W(i、l、o、q、w)后，剩下的 21 个字母加上 7 个双写字母 CD、EF、FG、JS、ZA、ZB、ZC(cd、ef、fg、js、za、zb、zc)组成。这 28 种基本偏差代号反映了 28 种公差带的位置，构成了基本偏差系列，如图 4 - 12 所示。

在孔的基本偏差中，A～G 的基本偏差是下偏差 EI(正值)；H 的基本偏差 EI＝0，是基准孔；J～ZC 的基本偏差是上偏差 ES(除 J 和 K 外，其余皆为负值)；JS 的基本偏差是

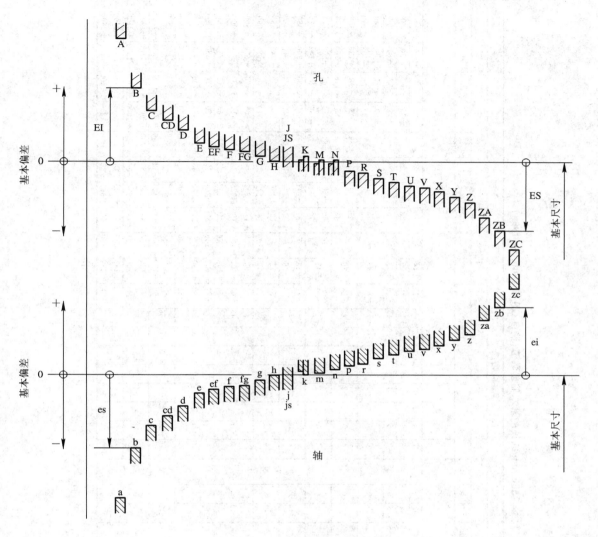

图 4 – 12　基本偏差系列

ES＝＋IT/2 或 EI＝－IT/2。

　　在轴的基本偏差中，a～g 的基本偏差是上偏差 es（负值）；h 的基本偏差 es＝0，是基准轴；j～zc 的基本偏差是下偏差 ei（除 j 和 k 外，其余皆为正值）；js 的基本偏差为 es＝＋IT/2或 ei＝－IT/2。

　　基本偏差系列图中仅绘出了公差带的一端，未绘出公差带的另一端，它取决于公差大小。因此，任何一个公差代号都由基本偏差代号和公差等级数联合表示，如 H7，h6，G8，p6 等。

　　基本偏差是公差带位置标准化的唯一参数，除去 JS 和 js 以及 J、j、K、k、M、N 以外，原则上基本偏差和公差等级无关。

　　在实际工作中，为方便使用，编制了轴和孔的基本偏差数值表，以供直接查用。如表 4－2 为轴的基本偏差数值表；表 4－3 为孔的基本偏差数值表。由于孔比轴加工困难，为使孔和轴在工艺上等价，国标规定，在高精度等级的配合中，孔比轴的公差等级低一级；在低精度等级的配合中，孔与轴采用相同的公差等级。

表 4-2　尺寸≤500 mm 的轴的基本偏差数值（摘自 GB/T 1800.3—1998）

单位见标题　基本偏差/μm

基本尺寸/mm	上偏差 es（所有公差等级）												下偏差 ei（所有公差等级）																		
	a	b	c	cd	d	e	ef	f	fg	g	h	js	j 5~6	j 7	j 8	k 4~7	k ≤3 >7	m	n	p	r	s	t	u	v	x	y	z	za	zb	zc
≤3	-270	-140	-60	-34	-20	-14	-10	-6	-4	-2	0	±IT/2	-2	-4	-6	0	0	+2	+4	+6	+10	+14	—	+18	—	+20	—	+26	+32	+40	+60
>3~6	-270	-140	-70	-46	-30	-20	-14	-10	-6	-4	0	±IT/2	-2	-4	—	+1	0	+4	+8	+12	+15	+19	—	+23	—	+28	—	+35	+42	+50	+80
>6~10	-280	-150	-80	-56	-40	-25	-18	-13	-8	-5	0	±IT/2	-2	-5	—	+1	0	+6	+10	+15	+19	+23	—	+28	—	+34	—	+42	+52	+67	+97
>10~14	-290	-150	-95	—	-50	-32	—	-16	—	-6	0	±IT/2	-3	-6	—	+1	0	+7	+12	+18	+23	+28	—	+33	—	+40	—	+50	+64	+90	+130
>14~18	-290	-150	-95	—	-50	-32	—	-16	—	-6	0	±IT/2	-3	-6	—	+1	0	+7	+12	+18	+23	+28	—	+33	+39	+45	—	+60	+77	+108	+150
>18~24	-300	-160	-110	—	-65	-40	—	-20	—	-7	0	±IT/2	-4	-8	—	+2	0	+8	+15	+22	+28	+35	—	+41	+47	+54	+63	+73	+98	+136	+188
>24~30	-300	-160	-110	—	-65	-40	—	-20	—	-7	0	±IT/2	-4	-8	—	+2	0	+8	+15	+22	+28	+35	+41	+48	+55	+64	+75	+88	+118	+160	+218
>30~40	-310	-170	-120	—	-80	-50	—	-25	—	-9	0	±IT/2	-5	-10	—	+2	0	+9	+17	+26	+34	+43	+48	+60	+68	+80	+94	+112	+148	+200	+274
>40~50	-320	-180	-130	—	-80	-50	—	-25	—	-9	0	±IT/2	-5	-10	—	+2	0	+9	+17	+26	+34	+43	+54	+70	+81	+97	+114	+136	+180	+242	+325
>50~65	-340	-190	-140	—	-100	-60	—	-30	—	-10	0	±IT/2	-7	-12	—	+2	0	+11	+20	+32	+41	+53	+66	+87	+102	+122	+144	+172	+226	+300	+405
>65~80	-360	-200	-150	—	-100	-60	—	-30	—	-10	0	±IT/2	-7	-12	—	+2	0	+11	+20	+32	+43	+59	+75	+102	+120	+146	+174	+210	+274	+360	+480
>80~100	-380	-220	-170	—	-120	-72	—	-36	—	-12	0	±IT/2	-9	-15	—	+3	0	+13	+23	+37	+51	+71	+91	+124	+146	+178	+214	+258	+335	+445	+585
>100~120	-410	-240	-180	—	-120	-72	—	-36	—	-12	0	±IT/2	-9	-15	—	+3	0	+13	+23	+37	+54	+79	+104	+144	+172	+210	+256	+310	+400	+525	+690
>120~140	-460	-260	-200	—	-145	-85	—	-43	—	-14	0	±IT/2	-11	-18	—	+3	0	+15	+27	+43	+63	+92	+122	+170	+202	+248	+300	+365	+470	+620	+800
>140~160	-520	-280	-210	—	-145	-85	—	-43	—	-14	0	±IT/2	-11	-18	—	+3	0	+15	+27	+43	+65	+100	+134	+190	+228	+280	+340	+415	+535	+700	+900
>160~180	-580	-310	-230	—	-145	-85	—	-43	—	-14	0	±IT/2	-11	-18	—	+3	0	+15	+27	+43	+68	+108	+146	+210	+252	+310	+380	+465	+600	+780	+1000
>180~200	-660	-340	-240	—	-170	-100	—	-50	—	-15	0	±IT/2	-13	-21	—	+4	0	+17	+31	+50	+77	+122	+166	+236	+284	+350	+425	+520	+670	+880	+1150
>200~225	-740	-380	-260	—	-170	-100	—	-50	—	-15	0	±IT/2	-13	-21	—	+4	0	+17	+31	+50	+80	+130	+180	+258	+310	+385	+470	+575	+740	+960	+1250
>225~250	-820	-420	-280	—	-170	-100	—	-50	—	-15	0	±IT/2	-13	-21	—	+4	0	+17	+31	+50	+84	+140	+196	+284	+340	+425	+520	+640	+820	+1050	+1350
>250~280	-920	-480	-300	—	-190	-110	—	-56	—	-17	0	±IT/2	-16	-26	—	+4	0	+20	+34	+56	+94	+158	+218	+315	+385	+475	+580	+710	+920	+1200	+1550
>280~315	-1050	-540	-330	—	-190	-110	—	-56	—	-17	0	±IT/2	-16	-26	—	+4	0	+20	+34	+56	+98	+170	+240	+350	+425	+525	+650	+790	+1000	+1300	+1700
>315~355	-1200	-600	-360	—	-210	-125	—	-62	—	-18	0	±IT/2	-18	-28	—	+4	0	+21	+37	+62	+108	+190	+268	+390	+475	+590	+730	+900	+1150	+1500	+1900
>355~400	-1350	-680	-400	—	-210	-125	—	-62	—	-18	0	±IT/2	-18	-28	—	+4	0	+21	+37	+62	+114	+208	+294	+435	+530	+660	+820	+1000	+1300	+1650	+2100
>400~450	-1500	-760	-440	—	-230	-135	—	-68	—	-20	0	±IT/2	-20	-32	—	+5	0	+23	+40	+68	+126	+232	+330	+490	+595	+740	+920	+1100	+1450	+1850	+2400
>450~500	-1650	-840	-480	—	-230	-135	—	-68	—	-20	0	±IT/2	-20	-32	—	+5	0	+23	+40	+68	+132	+252	+360	+540	+660	+820	+1000	+1250	+1600	+2100	+2600

注：① 基本尺寸小于 1 mm 时，各级的 a 和 b 均不采用。

② js 的数值：对于 IT7~IT11，若 IT 的数值（μm）为奇数，则取 js=±$\dfrac{IT-1}{2}$。

表 4-3　尺寸≤500 mm 孔的基本偏差数值（摘自 GB/T 1800.3—1998）

偏差单位：μm

说明：A~H 为下偏差 ES（所有的公差等级）；J~ZC 为上偏差 ES；JS 的偏差等于 ±IT/2；P~ZC 栏，在大于 7 级的相应数值上增加一个 Δ 值；K、M、N 栏含 ≤IT8（≤8）与 >IT8（>8）两种情况；右侧 Δ 栏按 IT3、IT4、IT5、IT6、IT7、IT8 给出。

基本尺寸/mm	A	B	C	CD	D	E	EF	F	FG	G	H	JS	J6	J7	J8	K(≤8)	K(>8)	M(≤8)	M(>8)	N(≤8)	N(>8)	P	R	S	T	U	V	X	Y	Z	ZA	ZB	ZC	Δ(IT3)	Δ(IT4)	Δ(IT5)	Δ(IT6)	Δ(IT7)	Δ(IT8)
≤3	+270	+140	+60	+34	+20	+14	+10	+6	+4	+2	0	±IT/2	+2	+4	+6	0	0	−2	−2	−4	−4	−6	−10	−14	—	−18	—	−20	—	−26	−32	−40	−60	—	—	—	—	—	—
>3~6	+270	+140	+70	+46	+30	+20	+14	+10	+6	+4	0	±IT/2	+5	+6	+10	−1+Δ	—	−4+Δ	−4	−8+Δ	0	−12	−15	−19	—	−23	—	−28	—	−35	−42	−50	−80	1	1.5	1	3	4	6
>6~10	+280	+150	+80	+56	+40	+25	+18	+13	+8	+5	0	±IT/2	+5	+8	+12	−1+Δ	—	−6+Δ	−6	−10+Δ	0	−15	−19	−23	—	−28	—	−34	—	−42	−52	−67	−97	1	1.5	2	3	6	7
>10~14	+290	+150	+95	—	+50	+32	—	+16	—	+6	0	±IT/2	+6	+10	+15	−1+Δ	—	−7+Δ	−7	−12+Δ	0	−18	−23	−28	—	−33	—	−40	—	−50	−64	−90	−130	1	2	3	3	7	9
>14~18	+290	+150	+95	—	+50	+32	—	+16	—	+6	0	±IT/2	+6	+10	+15	−1+Δ	—	−7+Δ	−7	−12+Δ	0	−18	−23	−28	—	−33	−39	−45	—	−60	−77	−108	−150	1	2	3	3	7	9
>18~24	+300	+160	+110	—	+65	+40	—	+20	—	+7	0	±IT/2	+8	+12	+20	−2+Δ	—	−8+Δ	−8	−15+Δ	0	−22	−28	−35	—	−41	−47	−54	−63	−73	−98	−136	−188	1.5	2	3	4	8	12
>24~30	+300	+160	+110	—	+65	+40	—	+20	—	+7	0	±IT/2	+8	+12	+20	−2+Δ	—	−8+Δ	−8	−15+Δ	0	−22	−28	−35	−41	−48	−55	−64	−75	−88	−118	−160	−218	1.5	2	3	4	8	12
>30~40	+310	+170	+120	—	+80	+50	—	+25	—	+9	0	±IT/2	+10	+14	+24	−2+Δ	—	−9+Δ	−9	−17+Δ	0	−26	−34	−43	−48	−60	−68	−80	−94	−112	−148	−200	−274	1.5	3	4	5	9	14
>40~50	+320	+180	+130	—	+80	+50	—	+25	—	+9	0	±IT/2	+10	+14	+24	−2+Δ	—	−9+Δ	−9	−17+Δ	0	−26	−34	−43	−54	−70	−81	−95	−114	−136	−180	−242	−325	1.5	3	4	5	9	14
>50~65	+340	+190	+140	—	+100	+60	—	+30	—	+10	0	±IT/2	+13	+18	+28	−2+Δ	—	−11+Δ	−11	−20+Δ	0	−32	−41	−53	−66	−87	−102	−122	−144	−172	−226	−300	−400	2	3	5	6	11	16
>65~80	+360	+200	+150	—	+100	+60	—	+30	—	+10	0	±IT/2	+13	+18	+28	−2+Δ	—	−11+Δ	−11	−20+Δ	0	−32	−43	−59	−75	−102	−120	−146	−174	−210	−274	−360	−480	2	3	5	6	11	16
>80~100	+380	+220	+170	—	+120	+72	—	+36	—	+12	0	±IT/2	+16	+22	+34	−3+Δ	—	−13+Δ	−13	−23+Δ	0	−37	−51	−71	−91	−124	−146	−178	−214	−258	−335	−445	−585	2	4	5	7	13	19
>100~120	+410	+240	+180	—	+120	+72	—	+36	—	+12	0	±IT/2	+16	+22	+34	−3+Δ	—	−13+Δ	−13	−23+Δ	0	−37	−54	−79	−104	−144	−172	−210	−254	−310	−400	−525	−690	2	4	5	7	13	19
>120~140	+460	+260	+200	—	+145	+85	—	+43	—	+14	0	±IT/2	+18	+26	+41	−3+Δ	—	−15+Δ	−15	−27+Δ	0	−43	−63	−92	−122	−170	−202	−248	−300	−365	−470	−620	−800	3	4	6	7	15	23
>140~160	+520	+280	+210	—	+145	+85	—	+43	—	+14	0	±IT/2	+18	+26	+41	−3+Δ	—	−15+Δ	−15	−27+Δ	0	−43	−65	−100	−134	−190	−228	−280	−340	−415	−535	−700	−900	3	4	6	7	15	23
>160~180	+580	+310	+230	—	+145	+85	—	+43	—	+14	0	±IT/2	+18	+26	+41	−3+Δ	—	−15+Δ	−15	−27+Δ	0	−43	−68	−108	−146	−210	−252	−310	−380	−465	−600	−780	−1000	3	4	6	7	15	23
>180~200	+660	+340	+240	—	+170	+100	—	+50	—	+15	0	±IT/2	+22	+30	+47	−4+Δ	—	−17+Δ	−17	−31+Δ	0	−50	−77	−122	−166	−236	−284	−350	−425	−520	−670	−880	−1150	3	4	6	9	17	26
>200~225	+740	+380	+260	—	+170	+100	—	+50	—	+15	0	±IT/2	+22	+30	+47	−4+Δ	—	−17+Δ	−17	−31+Δ	0	−50	−80	−130	−180	−258	−310	−385	−470	−575	−740	−960	−1250	3	4	6	9	17	26
>225~250	+820	+420	+280	—	+170	+100	—	+50	—	+15	0	±IT/2	+22	+30	+47	−4+Δ	—	−17+Δ	−17	−31+Δ	0	−50	−84	−140	−196	−284	−340	−425	−520	−640	−820	−1050	−1350	3	4	6	9	17	26
>250~280	+920	+480	+300	—	+190	+110	—	+56	—	+17	0	±IT/2	+25	+36	+55	−4+Δ	—	−20+Δ	−20	−34+Δ	0	−56	−94	−158	−218	−315	−385	−475	−580	−710	−920	−1200	−1550	4	4	7	9	20	29
>280~315	+1050	+540	+330	—	+190	+110	—	+56	—	+17	0	±IT/2	+25	+36	+55	−4+Δ	—	−20+Δ	−20	−34+Δ	0	−56	−98	−170	−240	−350	−425	−525	−650	−790	−1000	−1300	−1700	4	4	7	9	20	29
>315~355	+1200	+600	+360	—	+210	+125	—	+62	—	+18	0	±IT/2	+29	+39	+60	−4+Δ	—	−21+Δ	−21	−37+Δ	0	−62	−108	−190	−268	−390	−475	−590	−730	−900	−1150	−1500	−1900	4	5	7	11	21	32
>355~400	+1350	+680	+400	—	+210	+125	—	+62	—	+18	0	±IT/2	+29	+39	+60	−4+Δ	—	−21+Δ	−21	−37+Δ	0	−62	−114	−208	−294	−435	−530	−660	−820	−1000	−1300	−1650	−2100	4	5	7	11	21	32
>400~450	+1500	+760	+440	—	+230	+135	—	+68	—	+20	0	±IT/2	+33	+43	+66	−5+Δ	—	−23+Δ	−23	−40+Δ	0	−68	−126	−232	−330	−490	−595	−740	−920	−1100	−1450	−1850	−2400	5	5	7	13	23	34
>450~500	+1650	+840	+480	—	+230	+135	—	+68	—	+20	0	±IT/2	+33	+43	+66	−5+Δ	—	−23+Δ	−23	−40+Δ	0	−68	−132	−252	−360	−540	−660	−820	−1000	−1250	−1600	−2100	−2600	5	5	7	13	23	34

注：① 基本尺寸小于 1 mm 时，各级的 A 和 B 及大于 IT8 级的 N 均不采用。

② JS 的数值，对 IT7~IT11，若 IT 的数值（μm）为奇数，则取 JS=±(IT−1)/2。

③ 特殊情况：当基本尺寸大于 250 mm 至 315 mm 时，M6 的 ES 等于 −9（不等于 −11）。

④ 对小于或等于 IT8 的 K、M、N 和小于等于 IT7 的 P 至 ZC，所需 Δ 值从表内右侧栏选取。例如：大于 6 mm 至 10 mm 的 P6，Δ=3，所以 ES=−15+3=−12 μm。

【例 4 - 4】 用查表法确定 $\phi20\mathrm{H7}/\mathrm{p6}$ 和 $\phi20\mathrm{P7}/\mathrm{h6}$ 的孔和轴的极限偏差，绘制公差与配合图解，写出极限偏差标注，并指出各是什么配合。

解 （1）确定孔和轴的标准公差。

查表 4 - 1 得 IT6＝13 μm，IT7＝21 μm。

（2）确定孔和轴的基本偏差。

查表 4 - 2 得 h 的基本偏差 es＝0，p 的基本偏差 ei＝＋22 μm；

查表 4 - 3 得 H 的基本偏差 EI＝0，P 的基本偏差 ES＝－22＋Δ＝－22＋8＝－14 μm。

（3）计算孔、轴的另一极限偏差。

轴 h6 的另一极限偏差 ei＝es－IT6＝0－13＝－13 μm；

轴 p6 的另一极限偏差 es＝ei＋IT6＝＋22＋13＝35 μm；

孔 H7 的另一极限偏差 ES＝EI＋IT7＝0＋21＝＋21 μm；

孔 P7 的另一极限偏差 EI＝ES－IT7＝－14－21＝－35 μm。

（4）作公差与配合图（见图 4 - 13）。

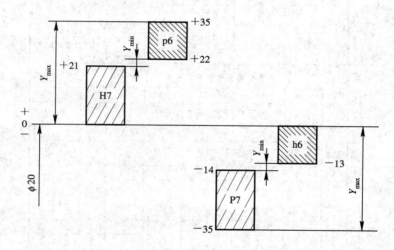

图 4 - 13 公差与配合图

（5）极限偏差标注。

$$\phi20\ \frac{\mathrm{H7}^{+0.021}_{\ \ 0}}{\mathrm{p6}^{+0.035}_{+0.022}}\qquad\qquad \phi20\ \frac{\mathrm{P7}^{-0.014}_{-0.035}}{\mathrm{h6}^{\ \ 0}_{-0.013}}$$

可见 $\phi20\ \dfrac{\mathrm{H7}}{\mathrm{p6}}$ 与 $\phi20\ \dfrac{\mathrm{P7}}{\mathrm{h6}}$ 配合性质相同。

4.2.4 极限与配合应用简介

1. 常用和优先的公差带与配合

国家标准提供了轴常用的公差带 59 个，孔常用的公差带 44 个；孔和轴优先选用的公差带 13 个。国家标准在上述基础上，还推荐了孔、轴公差带的配合，对基孔制规定有 59 种常用配合，13 种优先配合；对基轴制规定有 47 种常用配合，13 种优先配合。如表 4 - 4 和表 4 - 5 所示。

表 4-4　基孔制优先、常用配合(摘自 GB/T 1801—1999)

基准孔	轴																				
	a	b	c	d	e	f	g	h	js	k	m	n	p	r	s	t	u	v	x	y	z
	间隙配合								过渡配合				过盈配合								
H6						$\frac{H6}{f5}$	$\frac{H6}{g5}$	$\frac{H6}{h5}$	$\frac{H6}{js5}$	$\frac{H6}{k5}$	$\frac{H6}{m5}$	$\frac{H6}{n5}$	$\frac{H6}{p5}$	$\frac{H6}{r5}$	$\frac{H6}{s5}$	$\frac{H6}{t5}$					
H7						$\frac{H7}{f6}$	$\frac{H7}{g6}$	$\frac{H7}{h6}$	$\frac{H7}{js6}$	$\frac{H7}{k6}$	$\frac{H7}{m6}$	$\frac{H7}{n6}$	$\frac{H7}{p6}$	$\frac{H7}{r6}$	$\frac{H7}{s6}$	$\frac{H7}{t6}$	$\frac{H7}{u6}$	$\frac{H7}{v6}$	$\frac{H7}{x6}$	$\frac{H7}{y6}$	$\frac{H7}{z6}$
H8					$\frac{H8}{e7}$	$\frac{H8}{f7}$	$\frac{H8}{g7}$	$\frac{H8}{h7}$	$\frac{H8}{js7}$	$\frac{H8}{k7}$	$\frac{H8}{m7}$	$\frac{H8}{n7}$	$\frac{H8}{p7}$	$\frac{H8}{r7}$	$\frac{H8}{s7}$	$\frac{H8}{t7}$	$\frac{H8}{u7}$				
H8				$\frac{H8}{d8}$	$\frac{H8}{e8}$	$\frac{H8}{f8}$		$\frac{H8}{h8}$													
H9			$\frac{H9}{c9}$	$\frac{H9}{d9}$	$\frac{H9}{e9}$	$\frac{H9}{f9}$		$\frac{H9}{h9}$													
H10			$\frac{H10}{c10}$	$\frac{H10}{d10}$				$\frac{H10}{h10}$													
H11	$\frac{H11}{a11}$	$\frac{H11}{b11}$	$\frac{H11}{c11}$	$\frac{H11}{d11}$				$\frac{H11}{h11}$													
H12		$\frac{H12}{b12}$						$\frac{H12}{h12}$													

注：① $\frac{H6}{n5}$、$\frac{H7}{p6}$ 在基本尺寸小于或等于 3 mm 和 $\frac{H8}{r7}$ 在小于或等于 100 mm 时，为过渡配合。

② 标注 ▼ 的配合为优先配合。

表 4-5　基轴制优先、常用配合(摘自 GB/T 1801—1999)

基准孔	轴																				
	a	b	c	d	e	f	g	h	js	k	m	n	p	r	s	t	u	v	x	y	z
	间隙配合								过渡配合				过盈配合								
H6						$\frac{H6}{f5}$	$\frac{H6}{g5}$	$\frac{H6}{h5}$	$\frac{H6}{js5}$	$\frac{H6}{k5}$	$\frac{H6}{m5}$	$\frac{H6}{n5}$	$\frac{H6}{p5}$	$\frac{H6}{r5}$	$\frac{H6}{s5}$	$\frac{H6}{t5}$					
H7						$\frac{H7}{f6}$	$\frac{H7}{g6}$	$\frac{H7}{h6}$	$\frac{H7}{js6}$	$\frac{H7}{k6}$	$\frac{H7}{m6}$	$\frac{H7}{n6}$	$\frac{H7}{p6}$	$\frac{H7}{r6}$	$\frac{H7}{s6}$	$\frac{H7}{t6}$	$\frac{H7}{u6}$	$\frac{H7}{v6}$	$\frac{H7}{x6}$	$\frac{H7}{y6}$	$\frac{H7}{z6}$
H8					$\frac{H8}{e7}$	$\frac{H8}{f7}$	$\frac{H8}{g7}$	$\frac{H8}{h7}$	$\frac{H8}{js7}$	$\frac{H8}{k7}$	$\frac{H8}{m7}$	$\frac{H8}{n7}$	$\frac{H8}{p7}$	$\frac{H8}{r7}$	$\frac{H8}{s7}$	$\frac{H8}{t7}$	$\frac{H8}{u7}$				
H8				$\frac{H8}{d8}$	$\frac{H8}{e8}$	$\frac{H8}{f8}$		$\frac{H8}{h8}$													
H9			$\frac{H9}{c9}$	$\frac{H9}{d9}$	$\frac{H9}{e9}$	$\frac{H9}{f9}$		$\frac{H9}{h9}$													
H10			$\frac{H10}{c10}$	$\frac{H10}{d10}$				$\frac{H10}{h10}$													
H11	$\frac{H11}{a11}$	$\frac{H11}{b11}$	$\frac{H11}{c11}$	$\frac{H11}{d11}$				$\frac{H11}{h11}$													
H12		$\frac{H12}{b12}$						$\frac{H12}{h12}$													

注：标注 ▼ 的配合为优先配合。

2. 公差与配合的应用实例

在工程机械中，优先选用基孔制。这主要是从工艺上考虑的。

若与标准件（零部件）配合，应以标准件为基准件来决定是采用基孔制还是基轴制。例如用冷拔钢材、光轧成型的钢丝等直接做轴，采用基轴制经济些。再如滚动轴承是标准部件，其外圈与机座孔配合应采用基轴制；内圈与轴配合时应采用基孔制。有配合尺寸的零件公差等级通常选 IT5，IT6，…，IT12 级。图 4-14 所示为基准制配合示例。

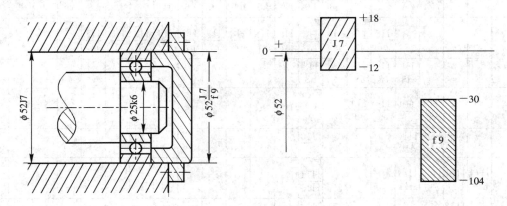

图 4-14　基准制配合示例

为便于学习理解，下面举例说明某些配合在实际中的应用。

1）间隙配合的选用

基准孔 H 与相应公差等级的轴 a~h 形成间隙配合，其中 H/a 组成的配合间隙最大，H/h 组成的配合间隙最小，其最小间隙为零。

H/a、H/b、H/c 配合：这三种配合的间隙很大，不常使用。一般使用在工作条件较差，且要求灵活动作的机械上；或用于受力变形大，轴在高温下工作需保证有较大间隙的场合。如内燃机的排气阀和导管，见图 4-15。

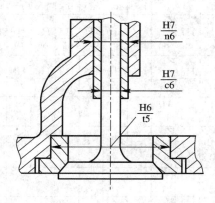

图 4-15　内燃机的排气阀和导管

H/d、H/e 配合：这两种配合的间隙较大，用于要求不高易于转动的支承。其中 H/d 适用于较松的转动配合，如密封盖、滑轮和空转带轮等与轴的配合，也适用于大直径滑动轴承的配合，如球磨机、轧钢机等重型机械的滑动轴承，适用于 IT7~IT11 级。滑轮与轴的配合如图 4-16 所示。H/e 适用于要求有明显间隙、易于转动的支承配合，如大跨度支承、多支点支承等配合，也适用于大的、高速、重载的支承，如蜗轮发电机、大电动机的支承以及凸轮轴的支承等。

H/f 配合：这个配合的间隙适中，多用于 IT7～IT9 的一般转动配合，如齿轮箱、小电动机、泵等转轴及滑动轴承的配合。图 4-17 所示为齿轮轴套与轴的配合。

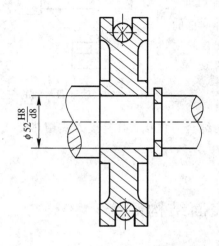
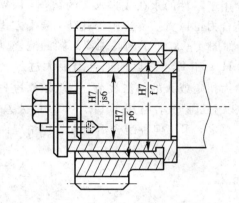

图 4-16　滑轮与轴的配合　　　　　图 4-17　齿轮轴套与轴

2）过渡配合的选用

基准孔 H 与相应公差等级的轴 j～n 形成过渡配合。

H/j、H/js 配合：这两种过渡配合适用于间隙比 h 小并略有过盈的定位配合，如带轮与轴的配合（见图 4-18）。

H/k 配合：获得的平均间隙接近于零，定心好，装配后零件接触应力较小，能够拆卸，该配合适用于如刚性联轴器的配合（见图 4-19）。这几种过渡配合多用于 IT4～IT7 级，常见于联轴器、齿圈与刚制轮毂及滚动轴承与箱体的配合等。

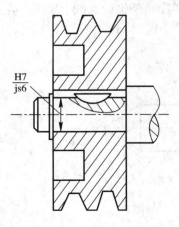
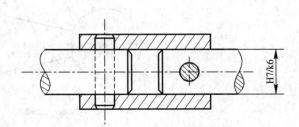

图 4-18　带轮与轴的配合　　　　　图 4-19　刚性联轴器的配合

3）过盈配合的选用

基准孔 H 与相应公差等级的轴 p～zc 形成过盈配合。

H/p、H/r：这两种配合属于小过盈量的配合，它们主要用于定心精度高、零件有足够的刚性、受到冲击载荷的定位配合，装配方式用锤打或压力机。如图 4－17 中齿轮与轴套的配合。

H/s、H/t：这两种配合属于中过盈量的配合，它们主要用于零件的永久或半永久的结合。依靠过盈配合产生的结合力可以直接传递中等载荷，装配方式用热套或冷轴法。如图 4－20 所示的联轴器与轴的配合。

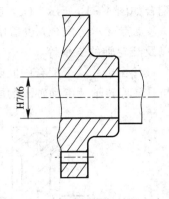

图 4－20　联轴器与轴的配合

H/s 和 H/t 之后的配合属更大过盈量的配合，适于传递大扭矩或大的冲击载荷，完全依靠过盈产生的结合力连接。其装配方式用热套或冷轴法。以上过盈配合常用于 IT6～IT8 的公差等级。

总之，采用何种配合需根据具体情况而定。

4.3　形位公差与表面结构简介

4.3.1　形位公差

为了满足零部件的互换性和装配要求，一个零件除了应控制尺寸公差外，还需控制形状和位置误差。形状误差影响连接强度和刚度、耐磨性，位置误差影响机械运动的平稳性和使用寿命等。为合理确定这两种误差，国家标准规定了形状误差和位置误差，即形位公差。

1. 基本概念

1）要素

要素是构成零件几何特征的点、线、面，它是考虑对零件规定形位公差的具体对象。如图 4－21 所示，零件的要素有：球心、锥（顶）点；圆柱和圆锥的素线、轴线；端平面、球面、圆锥面、圆柱面等。

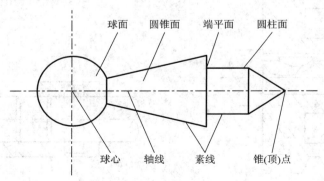

图 4－21　零件的要素

2）理想要素和实际要素

具有几何意义的要素称为理想要素，如直线、平面、圆柱面、圆等。零件上实际存在的要素称为实际要素，它是通过测量反映出来的要素。由于测量误差是不可避免的，故实际要素并非加工后的真实要素。

3）单一要素和关联要素

单一要素规定形状公差的具体对象，它可以是一个平面、一个圆柱面、一个球面、两个平行面等。

关联要素规定位置公差的具体对象。如图 4 - 21 中，若圆锥面对圆柱面的轴线有跳动要求，则为关联要素。

4）被测要素和基准要素

被测要素是指图样上给出形状或位置公差要求的要素，是检测的对象。基准要素是指用来确定被测要素方向或位置的要素。

2. 形状公差和位置公差

形状公差是单一实际要素的形状所允许的变动全量。合格零件的形状误差必须在规定的公差范围内。形状公差包括直线度、平面度、圆度、圆柱度、线轮廓度和面轮廓度等六项。

位置公差是关联实际要素的位置和方向对基准所允许的变动全量。合格零件的位置误差必须在规定的公差范围内。位置公差包括平行度、垂直度、倾斜度、同轴度、对称度、位置度、圆跳动度及全跳动度等八项。

3. 形位公差的特征符号及标注

1）特征符号

国家标准规定的形位公差特征符号为 14 种，其名称及符号如表 4 - 6 所示。

表 4 - 6　形位公差特征符号（摘自 GB/T 1182—1996）

公　差		特　征	符　号	有或无基准要求	公　差		特　征	符　号	有或无基准要求
形　状	形状	直线度	——	无	位　置	定向	平行度	//	有
		平面度	▱	无			垂直度	⊥	有
		圆度	○	无			倾斜度	∠	有
		圆柱度	⌀/	无		定位	位置度	⊕	有或无
							同轴(同心)度	◎	有
	轮廓	线轮廓度	⌒	有或无			对称度	═	有
		面轮廓度	⌒	有或无		跳动	圆跳动度	↗	有
							全跳动度	↗↗	有

2）标注方法

形位公差在图纸上用框格的形式标注（见图4-22）。公差框格应水平或垂直绘制，其线型为细实线。

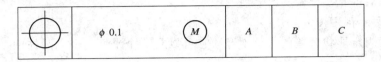

图4-22 形位公差框格

框格内容包括：特征符号、公差值及相关符号、基准字母及相关符号。特征符号、公差值及相关符号可由国家相关标准表查出。基准字母由大写英文字母 A、B、C 等（E、I、J、M 等不可用）表示。单一基准由一个字母表示；基准体系由两个或三个字母表示，分别为第Ⅰ基准、第Ⅱ基准和第Ⅲ基准。形位公差标注示例见图4-23。

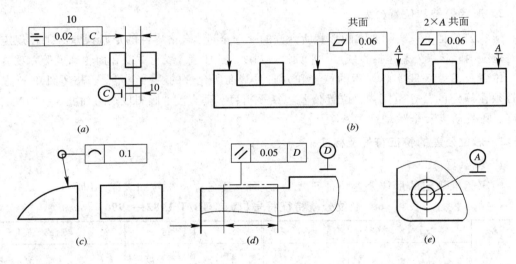

图4-23 形位公差标注示例

3）形位公差数值选择

各种形位公差数值见表4-7～表4-10（摘自 GB/T 1184—1996）。

表4-7 直线度、平面度公差值 单位：μm

主参数 L /mm	公 差 等 级											
	1	2	3	4	5	6	7	8	9	10	11	12
≤10	0.2	0.4	0.8	1.2	2	3	5	8	12	20	30	60
>10～16	0.25	0.5	1	1.5	2.5	4	6	10	15	25	40	80
>16～25	0.3	0.6	1.2	2	3	5	8	12	20	30	50	100
>25～40	0.4	0.8	1.5	2.5	4	6	10	15	25	40	60	120
>40～63	0.5	1	2	3	5	8	12	20	30	50	80	150
>63～100	0.6	1.2	2.5	4	6	10	15	25	40	60	100	200

注：主参数 L 系轴、直线、平面的长度。

表 4 - 8　圆度、圆柱度公差值　　　　单位：μm

主参数 $d(D)$ /mm	公差等级												
	0	1	2	3	4	5	6	7	8	9	10	11	12
≤3	0.1	0.2	0.3	0.5	0.8	1.2	2	3	4	6	10	14	25
>3~6	0.1	0.2	0.4	0.6	1	1.5	2.5	4	5	8	12	18	30
>6~10	0.12	0.25	0.4	0.6	1	1.5	2.5	4	6	9	15	22	36
>10~18	0.15	0.25	0.5	0.8	1.2	2	3	5	8	11	18	27	43
>18~30	0.2	0.3	0.6	1	1.5	2.5	4	6	9	13	21	33	52
>30~50	0.25	0.4	0.6	1	1.5	2.5	4	7	11	16	25	39	62
>50~80	0.3	0.5	0.8	1.2	2	3	5	8	13	19	30	46	74

注：主参数 $d(D)$ 系轴(孔)的直径。

表 4 - 9　平行度、垂直度、倾斜度公差值　　　　单位：μm

主参数 L、$d(D)$ /mm	公差等级											
	1	2	3	4	5	6	7	8	9	10	11	12
≤10	0.4	0.8	1.5	3	5	8	12	20	30	50	80	120
>10~16	0.5	1	2	4	6	10	15	25	40	60	100	150
>16~25	0.6	1.2	2.5	5	8	12	20	30	50	80	120	200
>25~40	0.8	1.5	3	6	10	15	25	40	60	100	150	250
>40~63	1	2	4	8	12	20	30	50	80	120	200	300
>63~100	1.2	2.5	5	10	15	25	40	60	100	150	250	400

注：① 主参数 L 为给定平行度时轴线或平面的长度，或给定垂直度、倾斜度时被测要素的长度；
　　② 主参数 $d(D)$ 为给定面对线垂直度时，被测要素的轴(孔)直径。

表 4 - 10　同轴度、对称度、圆跳动度和全跳动度公差值　　　　单位：μm

主参数 $d(D)$、B、L /mm	公差等级											
	1	2	3	4	5	6	7	8	9	10	11	12
≤1	0.4	0.6	1.0	1.5	2.5	4	6	10	15	25	40	60
>1~3	0.4	0.6	1.0	1.5	2.5	4	6	10	20	40	60	120
>3~6	0.5	0.8	1.2	2	3	5	8	12	25	50	80	150
>6~10	0.6	1	1.5	2.5	4	6	10	15	30	60	100	200
>10~18	0.8	1.2	2	3	5	8	12	20	40	80	120	250
>18~30	1	1.5	2.5	4	6	10	15	25	50	100	150	300
>30~50	1.2	2	3	5	8	12	20	30	60	120	200	400
>50~120	1.5	2.5	4	6	10	15	25	40	80	150	250	500

注：① 主参数 $d(D)$ 为给定同轴度时的轴直径，或给定圆跳动度、全跳动度时的轴(孔)直径；
　　② 圆锥体斜向圆跳动公差的主参数为平均直径；
　　③ 主参数 B 为给定对称度时槽的宽度；
　　④ 主参数 L 为给定两孔对称度时的孔心距。

4.3.2　表面结构要求

1. 基本概念

表面结构即旧标准的表面粗糙度。在实际工程中，不管是用机械加工还是用其他方法获得的零件表面，都不可能是绝对光滑的。零件表面总会存在着由较小的间距和峰谷组成的微量高低不平的痕迹。它是一种微观几何形状误差，也称为微观不平度。这种微观几何特性可用表面粗糙度来表示。表面粗糙度越小，表面越光滑。表面粗糙度反映了零件表面微观几何形状误差，是评定零件表面质量的一项重要指标。

表面粗糙度应与形状误差（宏观几何形状误差）和表面波度区别开，它们三者之间通常可按相邻波峰和波谷之间的距离（波距）加以区分：波距在 1 mm 以下属表面粗糙度范围，波距在 1~10 mm 之间属表面波度范围，波距在 10 mm 以上属形状误差范围，如图 4 - 24 所示。

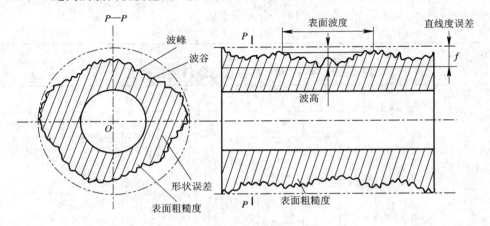

图 4 - 24　形状误差、表面粗糙度、表面波度

表面粗糙度对机械零件的耐磨性、抗腐蚀性、稳定性、疲劳强度和刚度等都有很大的影响。例如，粗糙表面凹凸不平，易积聚腐蚀性物质，造成表面锈蚀；易在周期性交变载荷下产生疲劳裂纹，降低材料的疲劳强度。

2. 表面结构（表面粗糙度）评定指标

为了满足表面不同功能的要求，国家标准 GB/T 1031—1995 规定了相应的评定参数。下面是两个常用的评定参数。

1）轮廓算术平均偏差

轮廓算术平均偏差指在取样长度内，轮廓线上各点至轮廓中线距离（Y_1，Y_2，…，Y_n）的绝对值的算术平均值，见图 4 - 25，用公式表示为

$$R_a = \frac{1}{n} \sum_{i=1}^{n} |Y_i|$$

2）微观不平度（十点高度）

微观不平度指在取样长度内，五个最大的轮廓峰高的平均值与五个最大的轮廓谷深的平均值之和，见图 4 - 26，用公式表示为

$$R_z = \frac{1}{5} \left(\sum_{i=1}^{5} Y_{pi} + \sum_{i=1}^{5} Y_{vi} \right)$$

式中，Y_{pi} 为第 i 个最大的轮廓峰高；Y_{vi} 为第 i 个最大的轮廓谷深。

3. 表面结构的符号、标注方法

GB/T 131—2006/ISO 1302:2002 代替 GB/T 131—1993，对表面结构的符号、代号及标注作出了规定。表面结构的符号、代号及标注见表 4 - 11 和表 4 - 12。

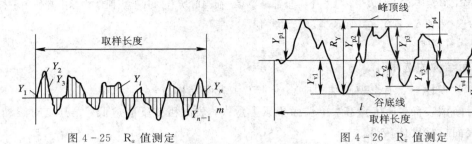

图 4-25 R_a 值测定   图 4-26 R_z 值测定

表 4-11 表面结构的符号

符号	意义	符号	意义
① ∨	基本符号，用任何方法获得	④	a——第一个表面结构的要求（传输带/取样长度/参数代号/数值）
② ∨	用去除材料的方法获得，如车、铣、钻、磨、抛光、电火花、冲裁等		b——第二个表面结构的要求（传输带取样长度/参数代号/数值）补充要求；
			c——加工方法（车、铣、磨、涂镀等）
③ ∨	用不去除材料的方法获得，如铸、锻、压弯、压延、拉伸等		d——表面纹理和方向
			e——加工余量

表 4-12 表面结构要求的图形标注的演变

GB/T 131 的版本			
1983（第一版）①	1993（第二版）②	2006（第三版）③	说明主要问题的示例
1.6	1.6 1.6	$Ra1.6$	Ra 只采用"16%规则"
$R_y3.2$	$R_y3.2$	$Rz3.2$	除了 Ra"16%规则"的参数
④	1.6 max	$Ra\ max\ 1.6$	"最大规则"
1.6 / 0.8	1.6 / 0.8	$-0.8/Ra1.6$	Ra 加取样长度
④	④	$0.025-0.8/Ra1.6$	传输带
$R_y3.2$ / 0.8	$R_y3.2$ / 0.8	$-0.8/Rz6.3$	除 Ra 外其他参数及取样长度
1.6 $R_y6.3$	1.6 $R_y6.3$	$Ra1.6$ $Rz6.3$	Ra 及其他参数
④	$R_y3.2$	$Rz3\ 6.3$	评定长度中的取样长度个数如果不是5
④	④	$LRa1.6$	下限值
3.2 1.6	3.2 1.6	$URa3.2$ $LRa1.6$	上、下限值

注：① 既没有定义默认值，也没有其他的细节，尤其是无默认评定长度；无默认取样长度；无"16%规则"或"最大规则"。

② 在 GB/T 3505—1983 和 GB/T 10610—1989 中定义的默认值和规则仅用于参数 Ra、R_y 和 Rz（十点高度）。此外，GB/T 131—1993 中存在着参数代号书写不一致问题、标准正文要求参数代号第二个字

母标注为下标，但在所有的图表中，第二个字母都是小写，而当时所有的其他表面结构标准都使用下标。

③ 新的 R_z 为原 R_y 的定义，原 R_y 的符号不再使用。

④ 表示没有该项。

4. 表面结构的选用

（1）同一零件上，工作表面结构应小于非工作表面结构。

（2）对摩擦表面，速度愈高，单位面积压力愈大，表面粗糙度应愈低。尤其是对滚动摩擦表面，表面粗糙度应较低。

（3）受交变荷载时，特别是在零件圆角、沟槽处，粗糙度应较低。

（4）要求配合性质稳定可靠时，粗糙度应较低。对间隙配合，间隙愈低，粗糙度应愈低；对过盈配合，当用压入法装配时，为了保证连接强度和可靠性，粗糙度也应较低。间隙配合表面粗糙度应低于过盈配合。

（5）配合性质相同，公差等级相同时，小尺寸比大尺寸的粗糙度要低，轴比孔的粗糙度要低；表面粗糙度与尺寸公差 T 之间有以下近似关系：

$$R_z \leqslant 0.025T$$

但也有例外，如手轮、手柄尺寸公差很大，表面却要求粗糙度较低。还有像散热器（片）以及模具中需要粘接的部位等要求表面越粗糙越好，表面粗糙度可选高些。

形位公差与表面粗糙度标注示例见图 4 - 27。

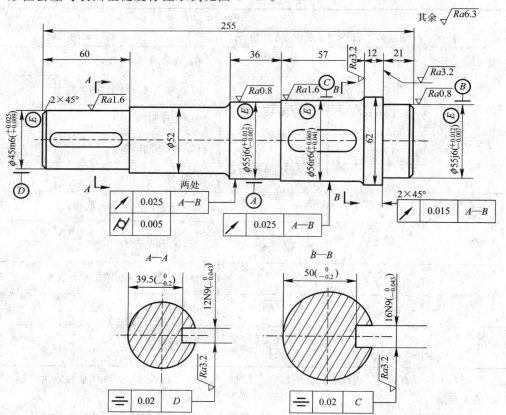

图 4 - 27　轴上形位公差与表面粗糙度标注示例

习　题　4

4-1　什么叫互换性？什么叫标准？

4-2　上偏差与下偏差是否是极限偏差？实际意义如何？

4-3　公差与配合有何区别？配合有几种？

4-4　下列三对孔和轴组成配合，计算它们的间隙（或过盈）、平均间隙（或平均过盈）及配合公差，画出公差带图；指出它们各属于哪一类性质的配合。

(1) 孔 $\phi 30^{+0.021}_{0}$　　　　轴 $\phi 30^{+0.035}_{+0.022}$；

(2) 孔 $\phi 40^{+0.034}_{+0.009}$　　　　轴 $\phi 40^{0}_{-0.016}$；

(3) 孔 $\phi 50^{+0.025}_{0}$　　　　轴 $\phi 50^{+0.008}_{-0.008}$。

4-5　查表确定下列各孔、轴的极限偏差，并按尺寸标注规定写出来；画出公差带图，说明它们各属于哪种基准制，哪类配合。

(1) $\phi 20H8/f7$；　　(2) $\phi 30F8/h7$；　　(3) $\phi 50K8/h7$；

(4) $\phi 45JS6/h5$；　　(5) $\phi 40H7/t6$；　　(6) $\phi 60M8/h7$。

4-6　试解释题 4-6 图中标注的各项形位公差（被测要素、基准要素、公差带形状、大小和方向）。

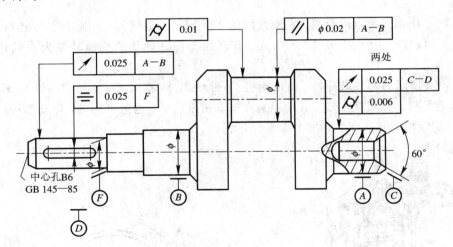

题 4-6 图

第 5 章　平面机构运动

提要　在日常生活和生产实践中，人们经常使用或见到很多机器。机器的种类很

多，而机构是机器的主要组成部分。为了便于讨论机器与机构的运动，需要将复杂的机器

或机构抽象成简单的运动学模型并绘制为机构运动简图，工程中常用的机构大多属于平面

机构。本章将介绍机器的组成、平面机构运动简图的画法和平面机构有确定的运动必需满

足的条件。

5.1　机器的组成

图 5-1 所示为单缸内燃机，它由汽缸体 1、活塞 2、进气阀 3、排气阀 4、连杆 5、曲轴

6、凸轮 7、顶杆 8、齿轮 9 和 10 等组成。其功用是使其燃烧的热能转变为曲轴转动的机

械能。

图 5-2 所示为颚式破碎机，由电动机 1、带轮 2、V 带 3、带轮 4、偏心轴 5、动颚板 6、

肘板 7、定颚板 8 及机架组成。其功用是在电动机带动下，通过带传动，使动颚板产生平面

运动，与定颚板一起压碎物料。

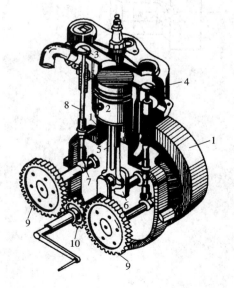

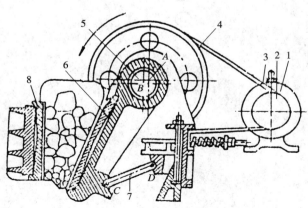

图 5-1　单缸内燃机　　　　　　　　　　　　　图 5-2　颚式破碎机

通过上述例子可知，尽管机器类型很多，结构形式、性能和用途也各不相同，但是都具有以下三个共同特征：

（1）是由若干实物组合而成的；

（2）各实物之间具有确定的相对运动；

（3）能实现能量转换或完成有用的机械功。

同时具有这三个特征就称为机器，即一台完整的机器一般都是由原动部分（图 5 - 2 中的电动机）、传动部分（图 5 - 2 中的带轮机构、连杆机构）、执行部分（图 5 - 2 中的动颚板运动）所组成。仅具有前两个特征的称为机构。工程上人们习惯把机械作为机器与机构的总称。

机构是多个实物的组合，这个"实物"是指组成机构的运动个体，称为构件。构件可以是单一的零件（如图 5 - 1 中的曲轴），也可以是由几个零件组成的刚性结构（如图 5 - 1 中的连杆是由螺栓、螺母、杆件等零件组成的）。零件是机械中不可拆卸的制造个体。构件与零件二者的区别是，构件是运动的单元，零件是制造的单元。图 5 - 1 所示的内燃机中的齿轮机构、凸轮机构和连杆机构都有其确定的相对运动，其作用是实现运动形式或运动速度的变换。同样，图 5 - 2 所示的颚式破碎机中的带轮机构和连杆机构也都有确定的相对运动，其作用也是实现运动形式或运动速度的变换。

零件可分为两类：一类是通用零件，指在各种机器中普遍使用的零件，如螺栓、螺母、轴承等；另一类是专用零件，指仅在特定类型机器中使用的零件，如活塞、曲轴等。

从上述分析中可以看出，一台机器的完善与可靠性的保证，在很大程度上取决于机构的性能和零件的质量。因此，无论是设计和制造新机器，还是使用和改造现有的机器，都必须将机构和零件作为基础进行研究。

5.2　运动副及机构运动简图

5.2.1　平面机构的运动副

1. 运动副的概念

构件组成机构时，两个构件或两个以上构件直接接触，并且构件之间能产生一定的相对运动的连接，称为运动副。在平面机构中，由于组成运动副的两构件或两个以上构件的运动均为平面运动，故称该运动副为平面运动副。

2. 运动副的分类

根据两构件接触形式的不同，可将平面运动副分为低副和高副两大类。

1）低副

两构件通过面接触所构成的运动副称为低副。平面低副按其相对运动形式的不同分为转动副和移动副。

（1）转动副：两构件间只能产生相对转动的运动副称为转动副，或称铰链。如图 5 - 3(a)所示。

（2）移动副：两构件间只能产生相对移动的运动副称为移动副。如图 5 - 3(b)所示。

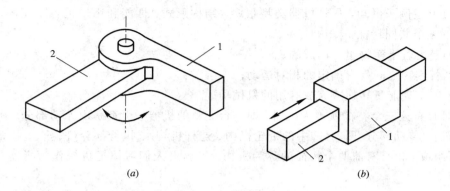

图 5-3　低副

2）高副

两构件通过点或线接触所构成的运动副称为高副。如图 5-4 所示，凸轮与从动件（见图 5-4(a)）、轮齿与轮齿（见图 5-4(b)）在接触处 A 处分别组成高副。

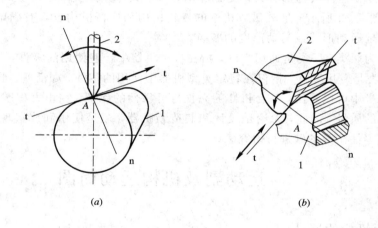

图 5-4　高副

5.2.2　机构运动简图

为了便于研究机构的运动，将机构中那些与运动无关的实际外形和具体结构略去，只需用一些简单线条表示构件、用简单的规定符号表示运动副的类型，按一定比例确定出各运动副的相对位置及与运动有关的尺寸，这种表示机构各构件间相对运动关系的简单图形称为机构运动简图。

机构运动简图与它所表示的实际机构具有完全相同的运动特性。从机构运动简图中可以了解机构中构件的类型和数目、运动副的类型和数目、运动副的相对位置。利用机构运动简图可以表达一部复杂机器的传动原理，可以进行机构的运动和动力分析。

1. 平面机构的组成

机构中的构件可分为三类：

（1）机架：机构中相对固定的构件称为机架，它的作用是支承运动构件。

（2）主动件：给定运动规律的构件称为主动件，一般主动件与机架相连。

（3）从动件：机构中除主动件以外的全部活动件都称为从动件。

2. 机构运动简图的符号

常用机构运动简图的符号见表 5-1。

表 5-1 机械运动简图符号

名　　称		简 图 符 号	名　　称		简 图 符 号
构 件	轴，杆			基本符号	
	三副元素构件	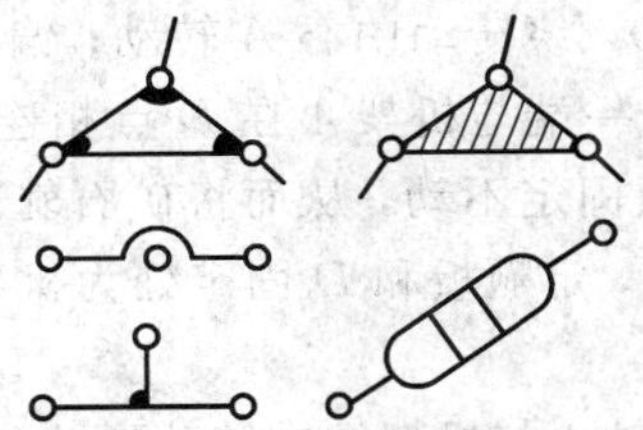	机 架	机架是转动副的一部分	
		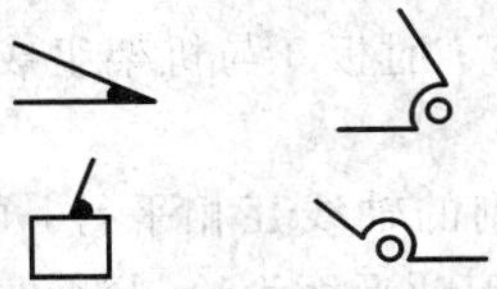		机架是移动副的一部分	
	构件的永久连接		平 面 高 副	齿轮副外啮合	
		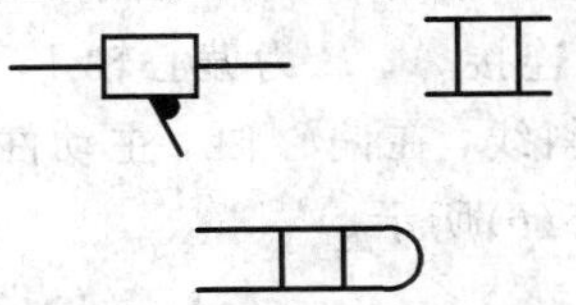		齿轮副内啮合	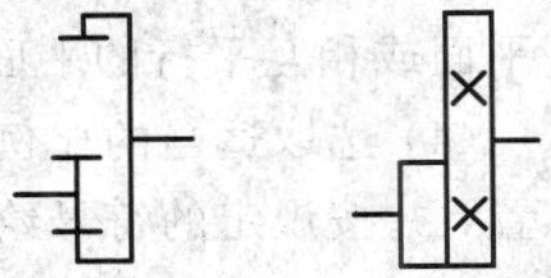
平面低副	转动副			凸轮副	
	移动副				

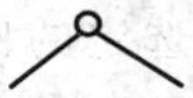

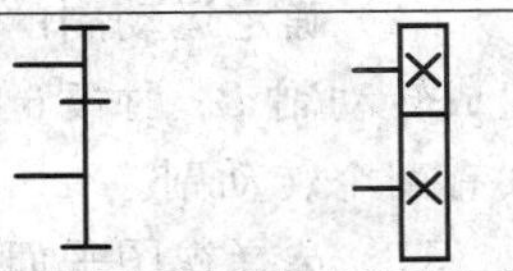

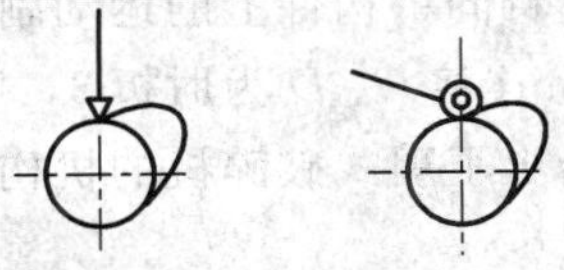

注：其他运动简图符号可查阅 GB 4460—84。

3. 平面机构运动简图的绘制

绘制平面机构运动简图的方法和步骤是：

（1）分析机构的组成和运动情况。

观察机构的运动情况，找出主动件、从动件和机架。从主动件开始，沿着传动路线分析各构件间的相对运动关系，确定机构中构件的数目。

（2）确定运动副的类型及数目。

根据相连两构件间的相对运动性质和接触情况，确定机构中运动副的类型、数目及各运动副的相对位置。

（3）选择视图平面。

为了能够清楚地表明各构件间的运动关系，对于平面机构，通常选择与各构件运动平面相平行的平面作为视图平面。

（4）选取适当的比例尺 μ_l，绘制机构运动简图。

根据机构实际尺寸和图纸大小确定适当的长度比例尺，按照各运动副间的距离和相对位置，用规定的符号和线条将各运动副连起来，即为所要画的机构运动简图。图中各运动副顺次标以大写英文字母，各构件标以阿拉伯数字，用箭头标明主动件。

绘制机构运动简图的比例尺 μ_l 为

$$\mu_l = \frac{\text{实际长度(mm)}}{\text{图示长度(mm)}}$$

下面举例说明机构运动简图绘制的方法和步骤。

【例 5 - 1】 绘制图 5 - 5(a)所示颚式破碎机的机构运动简图。

解 （1）分析机构的组成及运动情况。机构运动是由电动机将运动传递给带轮 5 输入，而带轮 5 和偏心轴 1 连成一体（属同一构件），绕转动中心 A 转动；偏心轴 1 带动动颚板 2 运动；肘板 3 的一端与动颚板 2 相连接，另一端与机架 4 在 D 点相连。这样，当偏心轴 1 转动时便带动动颚板 2 作平面运动，定颚板固定不动，从而将矿石轧碎。由此可知，偏心轴 1 为主动件，动颚板 2 和肘板 3 为从动件，定颚板和 D 固定处为机架；该机构由机架和三个活动构件组成。

（2）确定运动副的类型及其数目。偏心轴 1 与机架组成转动副 A；偏心轴 1 与动颚板 2 组成转动副 B；肘板 3 与动颚板 2 组成转动副 C；肘板 3 与机架组成转动副 D。可见该机构共有四个转动副。

（3）选择视图平面。由于该机构中各运动副的轴线互相平行，即所有活动构件均在同一平面或相互平行的平面内运动，故选构件的运动平面为绘制简图的平面。

（4）选取适当的比例尺，绘制机构运动简图。按选定的比例尺，确定各运动副的相对位置，并按规定的符号绘出运动副，如图 5 - 5(b)中的四个转动副 A、B、C、D。然后用线段将同一构件上的运动副连接起来代表构件。连接 A、B 为偏心轴 1，连接 B、C 为动颚板 2，连接 C、D 为肘板 3，并在图中机架上加画斜线，在偏心轴 1 主动件上标出箭头。这样便绘出了颚式破碎机的机构运动简图，如图 5 - 5(b)所示。

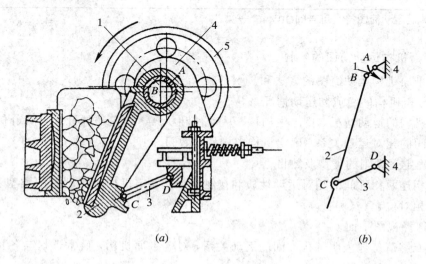

(a)　　　　　　　　　　　　　　(b)

图 5 - 5　颚式破碎机运动简图

5.3　平面机构的自由度

5.3.1　构件的自由度及其约束

由理论力学可知，一个构件做平面运动时，具有三个独立的运动：沿 x 轴和 y 轴的移动以及绕垂直于 xOy 平面的 A 轴的转动，如图 5-6 所示。构件的独立运动称为构件的自由度。所以，一个做平面运动的自由构件具有三个自由度。

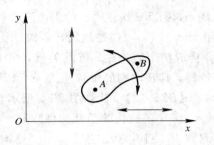

图 5-6　平面运动构件的自由度

当两个构件组成运动副之后，它们之间的相对运动就受到了限制，相应的自由度数也随之减少。这种对构件独立运动所加的限制称为约束。构件每增加一个约束，便减少一个自由度，即自由度减少的个数等于增加的约束的数目。

运动副所引入的约束的数目与其类型有关。图 5-3(a) 所示的转动副约束了两个移动的自由度，只保留了一个相对转动的自由度；图 5-3(b) 所示的移动副约束了沿 y 轴的移动和转动两个自由度，只保留了沿 x 轴移动的自由度。因此，一个低副引入两个约束，使构件减少两个自由度。图 5-4 所示的高副，只约束了沿接触点 A 处公法线 n-n 方向移动的自由度，保留了转动和沿接触处公切线 t-t 方向移动的两个自由度。因此，一个高副引入一个约束，使构件减少一个自由度。

5.3.2　平面机构自由度的计算

设一个平面机构由 N 个构件组成，其中必有一个构件是机架，因机架为固定件，其自由度为零，故活动构件数 $n = N-1$。这 n 个活动构件在没有通过运动副连接时，共有 $3n$ 个自由度，当用运动副将构件连接起来组成机构之后，其自由度就要减少。当引入一个低副时，自由度就减少两个；当引入一个高副时，自由度就减少一个。若机构中有 P_L 个低副和 P_H 个高副，则共减少 $2P_L + P_H$ 个自由度。于是，平面机构的自由度 F 为

$$F = 3n - 2P_L - P_H \qquad\qquad (5-1)$$

式中，n——活动构件数，$n = N-1$，其中 N 为机构中的构件总数；

　　　P_L——机构中的低副数目；

　　　P_H——机构中的高副数目。

【例 5-2】　求图 5-7 所示连杆机构的自由度。

解　该机构的活动构件数 $n = 3$，低副数 $P_L = 4$，高副数 $P_H = 0$，则该连杆机构的自由度为

$$F = 3n - 2P_L - P_H = 3 \times 3 - 2 \times 4 - 0 = 1$$

此机构的运动副全部是低副（转动副），所以又称为低副机构。

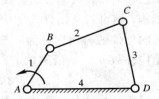

图 5-7　连杆机构运动简图

5.3.3　计算平面机构自由度时应注意的问题

应用式(5-1)计算平面机构的自由度，则会应注意以下几种特殊情况。

1. 复合铰链

两个以上的构件形成同轴线的转动副称为复合铰链。如图5-8(a)所示的是由三个构件组成的复合铰链，由图5-8(b)可清楚地看出，构件1分别与构件2、构件3构成两个转动副。依此类推，由m个构件组成的复合铰链，其转动副的个数应为$m-1$。

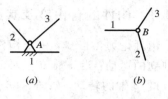

图5-8　复合铰链

【例5-3】　计算图5-9所示直线机构的自由度。

解　该机构的活动构件数$n=7$，A、B、D、E点为复合铰链，有两个转动副，所以，低副数$P_L=10$，高副数$P_H=0$，则该机构的自由度为

$$F = 3n - 2P_L - P_H = 3 \times 7 - 2 \times 10 - 0 = 1$$

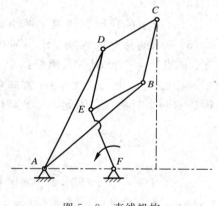

图5-9　直线机构

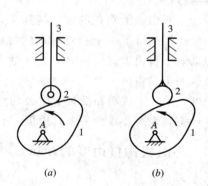

图5-10　凸轮机构引入的局部自由度

2. 局部自由度

机构中某些自由度不影响整个机构运动的自由度，称为局部自由度。在计算机构自由度时应将局部自由度除去不算。

如图5-10(a)所示的凸轮机构，为了减小高副处的摩擦，变滑动摩擦为滚动摩擦，常在从动件3上装一滚子2。当主动凸轮1绕固定轴A转动时，从动件3在导路中上下往复运动。滚子2和从动件3组成一个转动副，显然，滚子2转动的快慢，对整个机构运动无任何影响，即可将从动件3与滚子2看成一体(见图5-10(b))。由此可见，这种与机构运动无关的构件的自由度称为局部自由度，在计算机构自由度时应除去不计。此时，该机构的活动构件数$n=2$，低副数$P_L=2$，高副数$P_H=1$，则该机构的自由度为

$$F = 3n - 2P_L - P_H = 3 \times 2 - 2 \times 2 - 1 = 1$$

局部自由度虽不影响机构的运动规律，但可以将高副接触处的滑动摩擦变为滚动摩擦，改善机构的工作状况，因此在机械中常有局部自由度存在。

3. 虚约束

在运动副引入的约束中，有些约束所起的限制作用是重复的，这种重复的不起独立限制作用的约束称为虚约束。在计算机构自由度时，也应将虚约束除去不计。

如图 5-11(a)所示的平行四边形机构，其自由度 F=1。若在构件 1 和 3 之间铰接一个与构件 2 长度相等且平行的构件 5(见图 5-11(b))，对机构的运动并无影响。但若按式(5-1)计算机构的自由度，则会出现

$$F = 3n - 2P_L - P_H = 3 \times 4 - 2 \times 6 = 0$$

显然，计算结果与实际情况不符。这是因为加入的构件 5 的运动情况与构件 2、4 完全相同。虽然多了三个自由度，却因增加了两个转动副而引入了四个约束，多出的一个约束对机构运动不起限制作用，为虚约束。在计算机构的自由度时，应将产生虚约束的构件 5 除去不计。

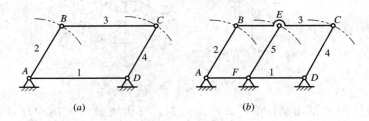

图 5-11　运动轨迹重合引入虚约束

虚约束是在特定的几何条件下出现的。平面机构中的虚约束常出现在下列场合：

1) 重复移动副

两构件之间组成几个导路互相平行或重合的移动副，只有一个移动副起约束作用，其他处则为虚约束，如图 5-12 所示。计算自由度时，只按一个移动副计算。

2) 重复转动副

两构件之间组成几个轴线互相平行或重合的转动副，只有一个转动副起约束作用，其他处则为虚约束，如图 5-13 所示。计算自由度时，只按一个转动副计算。

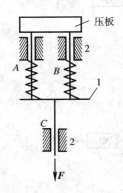

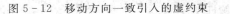

图 5-12　移动方向一致引入的虚约束

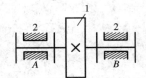

图 5-13　轴线重合引入的虚约束

3) 重复轨迹

机构中两构件相连，连接前被连接件上连接点的轨迹和连接后连接件上连接点的轨迹

重合，则此连接引入的约束为虚约束，如图 5-11(b)所示。

4）重复高副

机构中对传递运动不起独立作用的对称部分（指高副）为虚约束。如图 5-14 所示的行星轮系，为了受力均衡，采用了三个行星轮 2、2′、2″对称布置，它们所起的作用完全相同，从运动的角度来看，只需要一个行星轮即可满足要求。因此其中只有一个行星轮组成的运动副为有效约束。

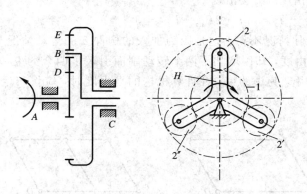

图 5-14　重复高副引入的虚约束

对于重复轨迹和重复高副，在计算自由度时，将构成虚约束的构件及其运动副一起除去。

机构中引入的虚约束，并不影响机构的运动，主要是为了改善机构的受力情况或增加机构的刚度。

【例 5-4】 计算图 5-15(a)所示大筛机构的自由度。

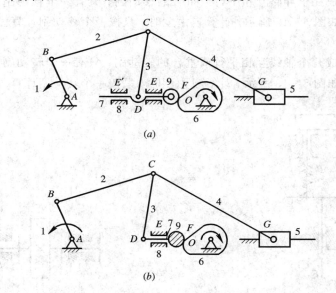

图 5-15　大筛机构

解　机构中滚子自转为一个局部自由度。顶杆 7 与机架 8 在 E 和 E′组成两个导路重合的移动副，其中之一为虚约束。C 处是复合铰链。现将滚子与顶杆看成一体，除去虚约

束 E'，如图 5-15(b)所示。该机构的活动构件数 $n=7$，低副数 $P_L=9$(7 个转动副和 2 个移动副)，高副数 $P_H=1$，则该大筛机构的自由度为

$$F = 3n - 2P_L - P_H = 3 \times 7 - 2 \times 9 - 1 = 2$$

5.3.4　平面机构具有确定运动的条件

机构是由若干个构件通过运动副连接而成的，机构要实现预期的运动传递和变换，必需使其运动具有可能性和确定性。所谓机构具有确定运动，是指该机构中所有构件，在任一瞬时的运动都是完全确定的。由于不是任何构件系统都能实现确定的相对运动，因此也就不是任何构件系统都能成为机构。构件系统能否成为机构，可以用是否具有确定运动为条件来判别。

如图 5-16 所示，机构的自由度等于零($F=3n-2P_L-P_H=3\times2-2\times3=0$)，各构件之间不可能产生任何相对运动，故这样的构件组合不是机构。因此，机构具有相对运动的条件是自由度 $F>0$。

$F>0$ 的条件只表明机构能够运动，并不能说明机构运动是否确定。

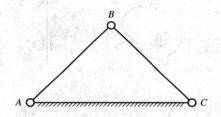

图 5-16　桁架

图 5-17 所示的五杆机构，其自由度为

$$F = 3n - 2P_L - P_H = 3 \times 4 - 2 \times 5 - 0 = 2$$

$F>0$，说明机构能够运动。若仅给定一个主动件，例如构件 1 绕 A 点均匀转动，当构件 1处于 AB 位置时，构件 2、3、4 可处于不同的位置(图示出两个位置)，即这三个构件的运动并不确定。但若给定两个主动件，如构件 1 和 4 分别绕 A 点和 E 点转动，则构件 2、3 的运动就能完全确定。

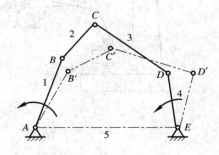

图 5-17　五杆铰链机构

由此可知，机构具有确定运动的条件是：

(1) $F>0$；

(2) F 等于机构主动件的个数。

在例 5-4 中，大筛机构的自由度等于 2，有两个主动件，故该机构具有确定的相对运动；否则，机构的运动不能确定。

习 题 5

5-1　机器与机构的共同特征有哪些？它们的区别是什么？

5-2　家用缝纫机、自行车、机械式手表是机器还是机构？

5-3　什么是构件？什么是零件？它们之间有什么关系？区别是什么？

5-4　什么是运动副？运动副的作用是什么？高副与低副的区别是什么？

5-5　计算题 5-5 图中所示各机构的自由度，并指出各机构具有确定运动需要有几个主动件。

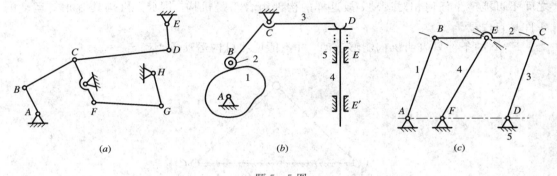

| (a) | (b) | (c) |

题 5-5 图

5-6　绘制题 5-6 图中所示各机构的运动简图，并计算其自由度。

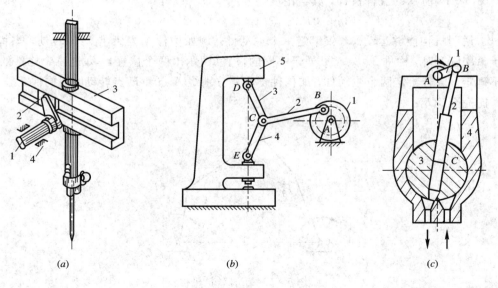

| (a) | (b) | (c) |

题 5-6 图

第 6 章　平面连杆机构

提要　　在平面机构中，只用低副连接的机构称为平面连杆机构（又称为平面低副机构）。连杆机构形式繁多，最常见的是由四个构件组成的四杆机构。本章主要介绍平面四杆机构的类型、特性和简单的设计方法。

6.1　铰链四杆机构

6.1.1　铰链四杆机构的组成

铰链四杆机构是由转动副连接而成的封闭四杆系统（即四构件系统），其中一个杆固定，如图 6-1 所示。在此机构中，固定不动的杆 4 称为机架；与机架相连的杆 1 和杆 3 称为连架杆；不与机架相连的杆 2 称为连杆。凡能做整周回转的连架杆称为曲柄，只能在小于 360°的范围内做往复摆动的连架杆称为摇杆。

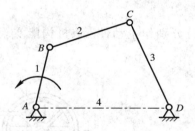

图 6-1　铰链四杆机构

6.1.2　铰链四杆机构的基本类型及应用

根据铰链四杆机构有无曲柄，铰链四杆机构可分为如下三种基本类型。

1. 曲柄摇杆机构

铰链四杆机构的两连架杆中一个为曲柄，另一个为摇杆时，称为曲柄摇杆机构。

图 6-2 所示的雷达天线调整机构即为曲柄摇杆机构。天线固定在摇杆 3 上，当主动件曲柄 1 回转时，通过连杆 2 使摇杆 3（天线）摆动，并要求摇杆 3 的摆动达到一定的摆角，以保证天线具有指定的摆角。

图 6-3 所示的是某些汽车前窗刮雨器，当主动曲柄 AB 回转时，通过连杆 BC 使从动摇杆 CD 做往复摆动，利用摇杆 CD 的延长部分实现刮雨动作。

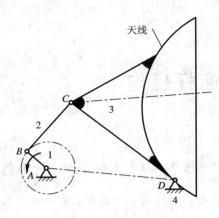

图 6-2 雷达天线调整机构

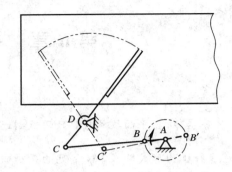

图 6-3 汽车前窗刮雨器

在曲柄摇杆机构中，通常曲柄作等速转动，摇杆作变速往复摆动。曲柄和摇杆可分别作主动件。当曲柄为主动件时，可将曲柄的整周连续转动变为摇杆的往复摆动（如第 5 章中图 5-2 所示的颚式破碎机）；当摇杆为主动件时，可将摇杆的往复摆动变为曲柄的整周连续转动。

2. 双曲柄机构

铰链四杆机构的两连架杆均为曲柄时，称为双曲柄机构。

图 6-4 所示的惯性筛分机中的四杆机构 $ABCD$ 即为双曲柄机构。当主动曲柄 AB 作等速回转时，从动曲柄 CD 作变速回转，使筛子 EF 获得加速度，从而达到筛分材料的目的。

双曲柄机构中的两曲柄可分别作主动件。该机构能实现等速转动和变速转动之间的转换。

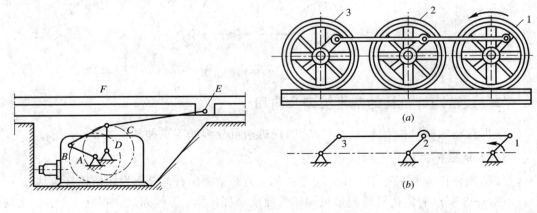

图 6-4 惯性筛机构

图 6-5 机车车轮联动机构

在双曲柄机构中，仅当两曲柄等长且连杆与机架等长时，两曲柄的角速度才在任何瞬时都相等。这种双曲柄机构称为平行双曲柄机构。图 6-5 所示的蒸汽机车车轮联动机构，是平行双曲柄机构的应用实例。平行双曲柄机构在两个曲柄与机架共线时，可能会因某些偶然因素的影响而使两个曲柄反向回转，机车车轮联动机构采用三个曲柄的目的就是为了防止其反转(中间的杆 2 为虚约束)。

3. 双摇杆机构

铰链四杆机构的两连架杆均为摇杆时，称为双摇杆机构。

图 6-6 所示的飞机起落架收放机构即为双摇杆机构。飞机起飞后，需将轮 5 收起；飞机着陆前，要把轮 5 放下。这些动作是由主动摇杆 1 通过连杆 2、从动摇杆 3 带动着陆轮 5 实现的。

双摇杆机构中的两摇杆可分别作主动件。该机构能实现不同的往复摆动之间的转换。

在双摇杆机构中，若两摇杆长度相等，则称为等腰梯形机构，如图 6-7 所示的汽车前轮转向机构就是这种双摇杆机构。

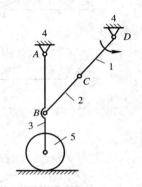

图 6-6　飞机起落架收放机构

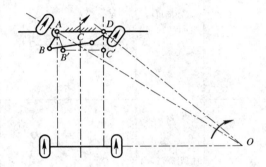

图 6-7　汽车前轮转向机构

6.1.3　铰链四杆机构有曲柄的条件

铰链四杆机构三种基本形式的区别在于机构中是否有曲柄存在。通过理论证明(可参见有关资料)，机构在什么条件下存在曲柄，与该机构中各构件相对尺寸的大小以及取哪个构件为机架有关，即铰链四杆机构有曲柄的条件(杆长之和条件)如下：

(1) 最短杆与最长杆的长度之和小于或等于其他两杆的长度之和；

(2) 连架杆或机架中必有一杆是最短杆。

以上的两个条件必须同时满足，否则机构中不存在曲柄。但对铰链四杆机构三种基本形式的具体判别，除了满足铰链四杆机构有曲柄的条件外，还与固定不同杆作机架有关，根据以上内容综合归纳可知：

(1) 当最短杆与最长杆的长度之和大于其他两杆的长度之和时，只能是双摇杆机构。

(2) 当最短杆与最长杆的长度之和小于或等于其他两杆的长度之和时，

① 最短杆为机架时，是双曲柄机构；

② 最短杆相邻杆为机架时，是曲柄摇杆机构；

③ 最短杆的对面杆为机架时，是双摇杆机构。

铰链四杆机构的主要基本形式见表 6-1，其中还有含一个移动副的四杆机构，将在下一节中讲到。

表 6 - 1　两种四杆机构的主要形式对比

表6-1　两种四杆机构的主要形式对比

固定构件	铰链四杆机构		含一个移动副的四杆机构(e＝0)	
4	曲柄插杆机构	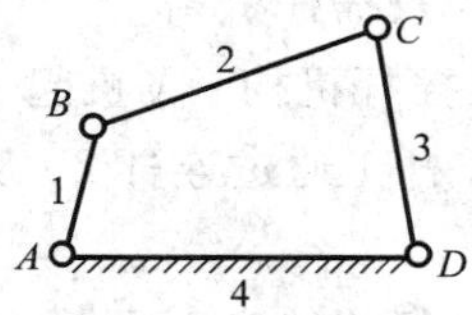	曲柄滑块机构	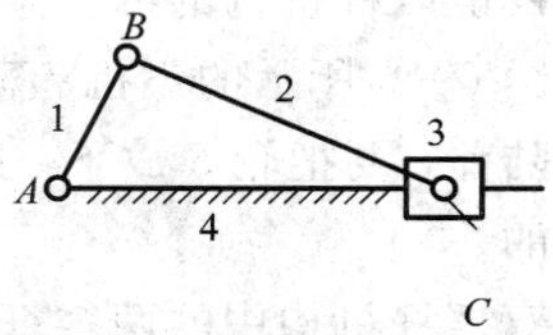
1	双曲柄机构		转动导杆机构	
			摆动导杆机构	
2	曲柄摇杆机构	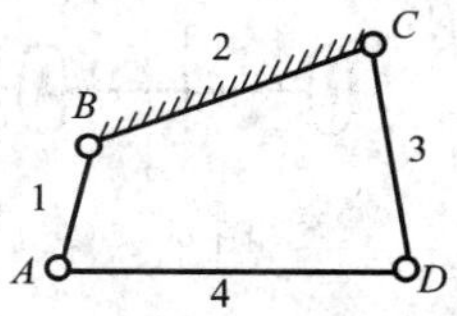	摇块机构	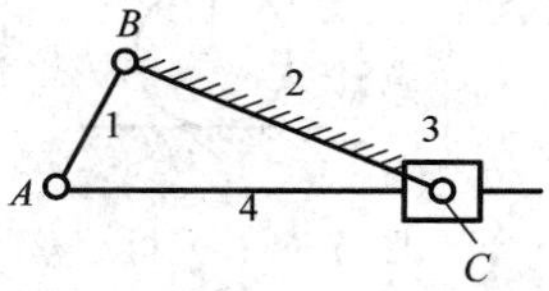
3	双摇杆机构	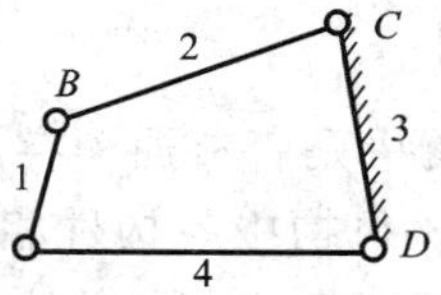	定块机构	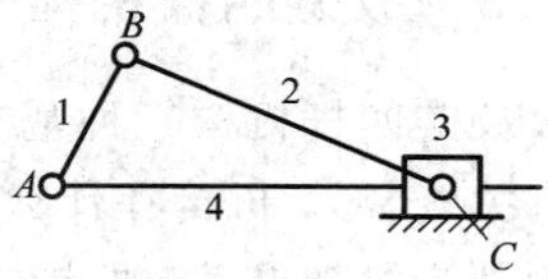

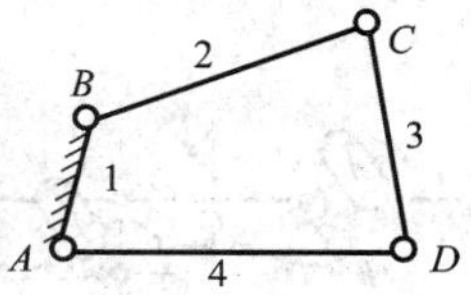

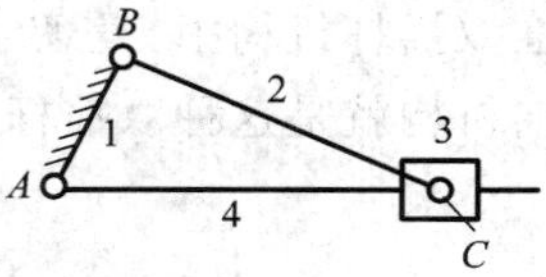

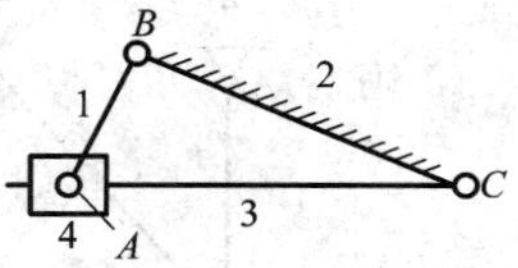

6.2　含有一个移动副的平面四杆机构

在实际生产和生活中广泛应用的各种形式的四杆机构，都可以看成是从铰链四杆机构演化而来的。下面通过实例介绍平面四杆机构的演化方法和演化后的几种含有一个移动副的平面四杆机构形式。

6.2.1　曲柄滑块机构

图 6 - 8(a) 所示的曲柄摇杆机构中，构件 1 为曲柄，构件 3 为摇杆。现将其曲柄摇杆机构中点 D 转动副扩大，杆 4 做成一个环形槽，点 D 为槽所在圆的圆心，而杆 3 做成一个弧形滑块，在环形槽内运动，如图 6 - 8(b) 所示。因杆 3 仅在环形槽的一部分摆动，所以可将

一部分的环形槽去掉。这时，尽管点 D 的转动副形状发生了变化，但其相对运动的性质与原曲柄摇杆机构完全相同。如果再将环形槽半径扩大为无穷大，即点 D 在无穷远处，则环形槽变成了直槽，转动副变成了移动副，如图 6-8(c) 所示。此时，曲柄摇杆机构演化成偏置曲柄滑块机构。图中的 e 为曲柄转动中心 A 至直槽之间的垂直距离，称为偏距。当 $e \neq 0$ 时，这种形式的机构称为偏置曲柄滑块机构；当 $e = 0$ 时，这种形式的机构则称为对心曲柄滑块机构，如图 6-8(d) 所示。

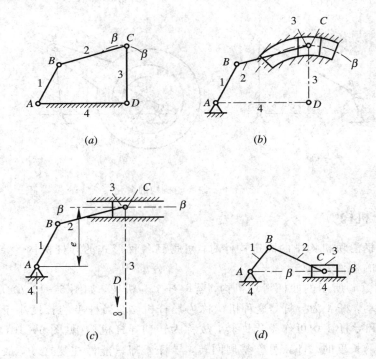

图 6-8　曲柄滑块机构

在曲柄滑块机构中，曲柄和滑块可分别作主动件。当曲柄为主动件时，此机构可将曲柄的连续转动变为滑块的往复移动。活塞式水泵、冲床等机器中所应用的主传动机构即为其实例。当滑块为主动件时，此机构可将滑块的往复移动转变为曲柄的连续转动。内燃机、蒸汽机中由活塞（滑块）、连杆与曲轴组成的主传动机构即为其实例。

6.2.2　偏心轮机构

如图 6-9(a) 所示的对心曲柄滑块机构中，AB 为曲柄，若将转动副 B 的半径扩大，使其超过曲柄 AB 的长度，则曲柄 AB 演化为一个几何中心 B 与转动中心 A 不重合的圆盘（见图 6-9(b)），该圆盘称为偏心轮。偏心轮转动中心 A 与几何中心 B 之间的距离就等于曲柄 AB 的长度，称为偏心距，这种机构称为偏心轮机构。同理，也可将曲柄摇杆机构演变为偏心轮机构，如图 6-9(c) 和图 6-9(d) 所示。通常是在曲柄长度很短和需利用偏心轮惯性时，采用此种形式的机构。

偏心轮机构广泛应用于剪床、冲床、颚式破碎机、内燃机等机械中。

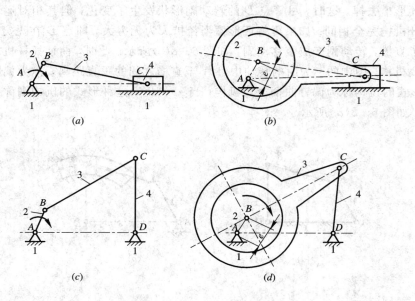

图 6 - 9 偏心轮机构的演化

6.2.3 导杆机构

当改变曲柄滑块机构中的固定构件时，可得到各种形式的导杆机构。导杆为能在滑块中做相对移动的构件。

如图 6 - 10(a)所示的曲柄滑块机构，若取杆 1 为机架，如图 6 - 10(b)所示，滑块 3 在杆 4 上往复移动，杆 4 为导杆，这种机构称为导杆机构。当杆 1 的长度小于或等于杆 2 的长度时，杆 2 和导杆 4 均可作整周回转，故称为转动导杆机构(见图 6 - 10(b))；当杆 1 的长度大于杆 2 的长度时，杆 2 可作整周回转，导杆 4 却只能做往复摆动，故称为摆动导杆机构(见图 6 - 10(c))。

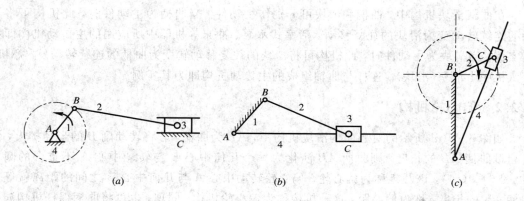

图 6 - 10 导杆机构的演化

图 6 - 11 所示为某插床的主机构示意图，其中 AB 为机架，并且 AB 的长度小于 BC 的长度，因此杆 BC 和导杆 AC 都可作整周回转，即 ABCD 为一转动导杆机构。这是由转动导杆机构 ABC 发展而成的六杆机构的应用实例。

图 6‑12 所示为电气开关机构。图中杆 1 为机架，杆 1 的长度大于杆 2 的长度，此时，杆 2 可以做整周转动，而导杆 4 只能做一定角度的摆动，这是摆动导杆机构在电气开关中的具体应用。

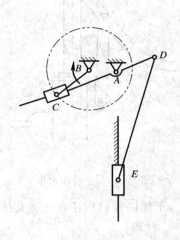

图 6‑11　插床机构

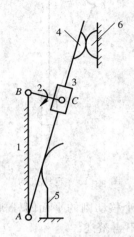

图 6‑12　电气开关机构

6.2.4　摇块机构和定块机构

1. 摇块机构

当取曲柄滑块机构中的连杆 2 为机架时，则成为摇块机构（见图 6‑13）。这种机构常应用于各种液压和气动装置上。图 6‑14 所示的自卸卡车的翻斗机构即为一例，油缸 3 能绕定轴 C 摆动，活塞杆 4 在油压的作用下推动车厢 1，使其绕 B 点转动而倾斜，从而达到自动卸料的目的。

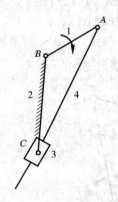

图 6‑13　摇块机构

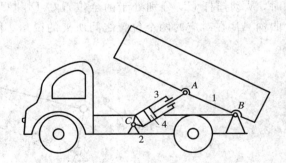

图 6‑14　自卸卡车的翻斗机构

2. 定块机构

在图 6‑15 中，当取曲柄滑块机构中的滑块 3 为机架时，杆 1 可作整周回转，杆 4 作往复移动，故称为定块机构。这种机构常用于老式的手动抽水机（见图 6‑16）和抽油泵中。

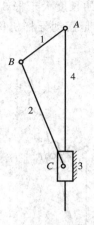

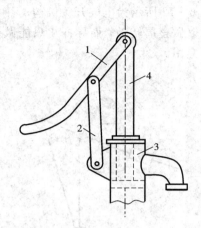

图 6 - 15　定块机构　　　　　　　　　　　　图 6 - 16　手动抽水机

　　含有一个移动副的平面四杆机构形式可见表 6 - 1。平面四杆机构还有许多其他形式的机构,此处不再赘述。

　　在实际应用中,常将多个平面四杆机构组合在一起,构成平面多杆机构,以满足各种不同的工作要求。

6.3　平面四杆机构的工作特性

6.3.1　急回特性

　　在图 6 - 17 所示的曲柄摇杆机构中,设曲柄 AB 为主动件,摇杆 CD 为从动件。曲柄 AB 作等速转动,其回转一周,摇杆 CD 往复摆动一次。曲柄 AB 在回转一周的过程中,有两次与连杆 BC 共线,可得曲柄 AB 与连杆 BC 重叠和延伸的两个位置 $B_1 A C_1$、$A B_2 C_2$,这时,从动摇杆 CD 分别处于两个位置 $C_1 D$ 和 $C_2 D$,称为极限位置,ψ 称为最大摆角。主动曲柄 AB 在对应的两个位置之间所夹的锐角 θ 称为极位夹角。

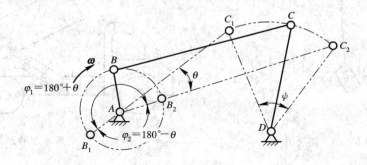

图 6 - 17　曲柄摇杆机构

　　若曲柄 AB 以等角速度 $\boldsymbol{\omega}$ 顺时针转动,当曲柄 AB 由 AB_1 位置转过($180° + \theta$)角至 AB_2 位置时,摇杆 CD 自 $C_1 D$ 摆过 ψ 角至 $C_2 D$,所需时间为 t_1,则点 C 的平均速度 $v_1 = \overparen{C_1 C_2}/t_1$;当曲柄 AB 由 AB_2 位置继续转过($180° - \theta$)角到达 AB_1 位置时,摇杆自 $C_2 D$

摆回至 C_1D，所需时间为 t_2，则点 C 的平均速度 $v_2 = \overarc{C_1C_2}/t_2$。由于 $(180°+\theta) > (180°-\theta)$，因此 $t_1 > t_2$，则 $v_1 < v_2$。由此可见，当曲柄等速回转时，摇杆来回摆动的平均速度不同。这种主动件等速回转时，从动件返回行程的平均速度大于其工作行程的平均速度的特性称为急回特性。颚式破碎机、往复式运输机等机械就是利用急回特性来缩短非生产时间以提高生产率的。

从动件作往复运动时急回的程度，常用 v_1 与 v_2 的比值 K 来表示，K 称为行程速比系数，即

$$K = \frac{v_2}{v_1} = \frac{\overarc{C_1C_2}/t_2}{\overarc{C_1C_2}/t_1} = \frac{t_1}{t_2} = \frac{\varphi_1}{\varphi_2} = \frac{180°+\theta}{180°-\theta} \tag{6-1}$$

由式(6-1)可知，平面四杆机构有无急回作用取决于极位夹角 θ。若 $\theta \neq 0$，则 $K > 1$，表明机构有急回特性，且 θ 越大，K 值就越大，机构的急回特性就越显著；若 $\theta = 0$，则 $K = 1$，表明机构没有急回特性。

由式(6-1)可得

$$\theta = 180° \times \frac{K-1}{K+1} \tag{6-2}$$

设计机构时，可根据该机构的急回要求预先给定 K 值，然后由式(6-2)算出极位夹角 θ 的大小，再确定各构件的尺寸。

6.3.2　压力角和传动角

在生产实践中，连杆机构不仅要能满足变换运动的要求，而且还应具有良好的传力性能以提高机械效率。压力角则是判断一个连杆机构传力性能优劣的重要标志。在图 6-18 所示的曲柄摇杆机构中，若忽略各杆的质量、惯性力和运动副中的摩擦，则主动曲柄 1 通过连杆 2 作用在从动摇杆 3 上的力 $\boldsymbol{F}$ 是沿杆 BC 方向的。从动摇杆 3 所受的力 $\boldsymbol{F}$ 与力作用点 C 的速度 $\boldsymbol{v}_C$ 间所夹的锐角 α 称为压力角。力 $\boldsymbol{F}$ 沿 $\boldsymbol{v}_C$ 方向的分力 $\boldsymbol{F}_t$ 称为有效分力，它推动摇杆 CD 绕 D 转动，做有用功；而沿摇杆 CD 方向的分力 $\boldsymbol{F}_r$ 称为有害分力，它不但不能做有用功，而且还增大了运动副中的摩擦阻力。

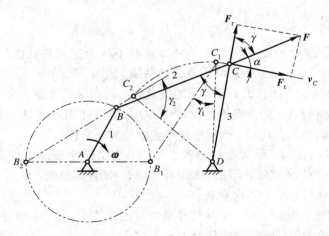

图 6-18　曲柄摇杆机构的压力角和传动角

由图 6 - 18 可知：

$$F_t = F \cos\alpha, \qquad F_r = F \sin\alpha$$

显然，压力角 α 越小，F_t 越大，所做的有用功也越大，传力性能越好。在实用中，为度量方便，常用压力角 α 的余角 γ（即连杆 2 与摇杆 3 之间所夹的锐角）来判断连杆机构的传力性能，γ 角称为传动角。因 $\gamma = 90° - \alpha$，所以，α 越小，γ 越大，说明机构的传力性能越好。

在机构运转过程中，传动角 γ 的大小是变化的。为了确保机构能正常工作，应使一个运动循环中最小传动角不小于某规定数值。通常取 $\gamma_{min} \geqslant (40° \sim 50°)$。具体数值根据传递功率的大小而定。传递功率大时，$\gamma_{min}$ 应取大些，如颚式破碎机、冲床等，可取 $\gamma_{min} \geqslant 50°$。

为了便于检验，必须找出机构在什么位置可能会出现最小传动角 γ_{min}。图 6 - 18 中的曲柄摇杆机构的最小传动角 γ_{min} 必出现在曲柄 AB 与机架 AD 的两个共线位置 AB_1 或 AB_2 处，即 γ_1 或 γ_2。比较这两个位置的传动角 γ_1 和 γ_2，其值较小者即为最小传动角 γ_{min}。

图 6 - 19 所示为偏置曲柄滑块机构，设曲柄为主动件，滑块为从动件时，其传动角 γ 为连杆与导路垂线所夹的锐角。当曲柄处于与偏距方向相反的一侧且垂直于导路的位置时，将出现最小传动角 γ_{min}。

图 6 - 20 中的摆动导杆机构，曲柄为主动件，因滑块对导杆的作用力总是垂直导杆的，所以其传动角 γ 恒等于 $90°$。这说明摆动导杆机构具有良好的传力性能。

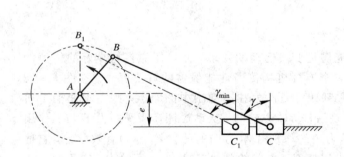

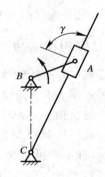

图 6 - 19　偏置曲柄滑块机构最小传动角　　　　图 6 - 20　摆动导杆机构的传动角

6.3.3　死点位置

在图 6 - 21(a) 所示的曲柄摇杆机构中，摇杆 CD 为主动件，当其处于两极限位置 C_1D、C_2D 时，连杆 BC 与曲柄 AB 将出现两次共线。这时，从动曲柄 AB 上的 B_1、B_2 处的传动角 $\gamma = 0$，压力角 $\alpha = 90°$。如不计各杆的质量和运动副中的摩擦，则主动摇杆 CD 通过连杆 BC 传给从动曲柄 AB 的力必通过铰链中心 A。因该作用力对 A 点的力矩为零，故无论作用力多大，曲柄都不会转动。机构的这种位置称为死点位置。

机构处于死点位置时，除从动件会被卡死外，还会发生转向不确定的现象。例如图 6 - 21(a) 中，摇杆由 C_2D 位置开始摆动时，位于 AB_2 位置的曲柄，稍受干扰就可能按顺时针方向转动，也可能按逆时针方向转动。

四杆机构有无死点位置，取决于从动件是否与连杆共线。图 6 - 21(b) 所示的曲柄滑块机构，如以滑块为主动件，则从动曲柄与连杆有两个共线位置，因此该机构存在死点。在上述两例中，当曲柄为主动件时，就不存在死点位置。

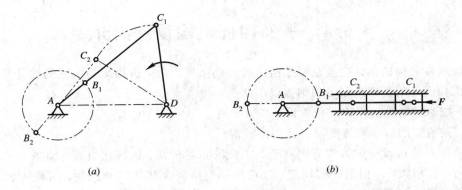

图 6-21　死点位置

对于传动机构，为了保证其正常运转，设计时必须考虑机构顺利通过死点的问题。通常可采用安装飞轮加大惯性或机构错位排列的方法。图 6-22 所示的缝纫机踏板机构就是借助于安装在曲柄上的飞轮的惯性，使机构顺利通过死点位置。图 6-23 所示车轮联动机构，则是采用两组机构错位排列的方法，使两组机构不同时处于死点位置，以便于启动和克服运动的不确定状态。

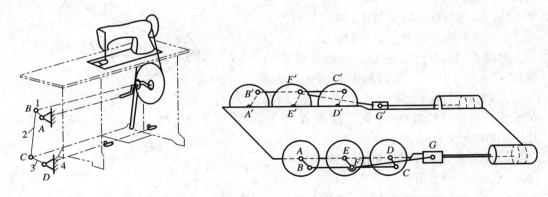

图 6-22　缝纫机踏板机构　　　　　　　　　　图 6-23　车轮联动机构

工程上有时也利用机构的死点位置来满足某些工作要求。如图 6-24 所示的夹具机构，当在手柄(连杆 2)上加力 **F** 夹紧工件时，杆 BC 和杆 CD 成一直线，即共线，机构处于死点位置；而当去掉力 **F** 后，构件 AB 在工件反力的作用下，无论工件反力有多大，夹具都不会自行松脱。当需要卸下工件时，向上扳动手柄，即能松开夹具。

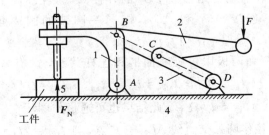

图 6-24　夹具机构

*6.4 平面四杆机构设计简介

平面四杆机构的设计主要是根据给定的运动条件,确定机构运动简图的尺寸参数。平面四杆机构设计的基本问题可归纳为以下两类:

(1) 按给定的运动规律或位置设计四杆机构;

(2) 按给定的运动轨迹要求设计四杆机构。

铰链四杆机构设计的方法有图解法、实验法和解析法。图解法直观、清晰,一般比较简单易行,应用较广,但精确度较差,且这种误差事前无法估算和控制;实验法也有类似缺点,且工作比较繁琐;解析法可以得到精确的结果,但比较抽象,直观性较差,而且求解过程较繁杂。随着计算机技术的发展与普及,解析法的应用将会日益广泛。这里着重用图解法介绍第一类问题。

6.4.1 按给定的行程速比系数设计四杆机构

设计四杆机构时,先按给定的 K 值计算出极位夹角 θ,再按机构在极限位置的几何关系,结合给定的有关辅助条件,确定各构件的尺寸。现将具体方法和步骤介绍如下。

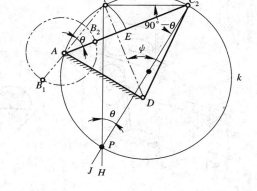

如图 6-25 所示,已知曲柄摇杆机构中摇杆 CD 的长度 l_{CD} 及其两个位置 C_1D 和 C_2D,摇杆的摆角为 φ,行程速比系数为 K,试设计该曲杆摇杆机构(即确定曲柄 AB、连杆 BC 和机架 AD 的长度)。

(1) 由给定的行程速比系数 K,用式 (6-2)算出极位夹角 θ。

图 6-25 按给定的行程速比系数设计四杆机构

(2) 任选一固定铰链点 D,选取长度比例尺 μ_l,并按摇杆长 l_{CD} 和摆角 φ 作出摇杆的两个极限位置 C_1D 和 C_2D,如图 6-25 所示。

(3) 连接 C_1、C_2 两点,并自 C_1(或 C_2)作 C_1C_2 的垂线 C_1H(或 C_2H)。

(4) 作 $\angle C_1C_2J = 90° - \theta$,直线 C_2J 与 C_1H 相交于 P 点。在直角三角形 C_1PC_2 中,$\angle C_1PC_2 = \theta$。

(5) 以 C_2P 为直径作直角三角形 C_1PC_2 的外接圆 k,在圆周上任取一点 A 作为曲柄 AB 的固定铰链中心,连接 AC_1 和 AC_2。因同一圆弧的圆周角相等,故 $\angle C_1AC_2 = \angle C_1PC_2 = \theta$。

(6) 由图可知,摇杆在两极限位置时曲柄和连杆共线,故有各构件长度关系:$l_{AC_1} = l_{B_1C_1} - l_{AB_1}$ 和 $l_{AC_2} = l_{B_2C_2} + l_{AB_2}$。结合 $l_{AB_1} = l_{AB_2} = l_{AB}$,$l_{B_1C_1} = l_{B_2C_2} = l_{BC}$,可得曲柄长 $l_{AB} = (l_{AC_2} - l_{AC_1})/2$;连杆 $l_{BC} = (l_{AC_1} + l_{AC_2})/2$。此结果也可通过作图法在图上直接求出,方法是:以 A 为圆心,AC_1 为半径作圆弧交直线 AC_2 于 E 点,则 $l_{EC_2} = 2l_{AB}$。然后,再以 A 为圆心,以 $l_{EC_2}/2$ 为半径作圆分别交 C_1A 的延长线和 C_2A 于 B_1 和 B_2 点,则 $l_{AB_1} = l_{AB_2} = l_{AB}$ 即为曲

柄长，$l_{B_1C_1}=l_{B_2C_2}=l_{BC}$ 即为连杆长，AD 为机架，铰链四杆机构 AB_1C_1D 即为所求。

（7）各构件实际长度为

$$L_{AB}=\mu_l l_{AB}; \quad L_{BC}=\mu_l l_{BC}; \quad L_{AD}=\mu_l l_{AD}$$

由于 A 点是在 $\triangle C_1PC_2$ 的外接圆上任选的，而 C_1CC_2 所对的圆周角皆为 θ，因此铰链中心 A 选在 C_1PC_2 的任意位置上都满足极位夹角为 θ，所以此题有无穷多个解。但 A 点位置不同，机构传动角大小也不同。为了获得较好的传力性能，可按最小传动角或另给附加条件确定 A 点位置。

6.4.2　按给定连杆的两个或三个位置设计四杆机构

设已给定连杆 BC 的长度 l_{BC} 及其两个位置 B_1C_1 和 B_2C_2，如图 6-26 所示，试设计一铰链四杆机构。

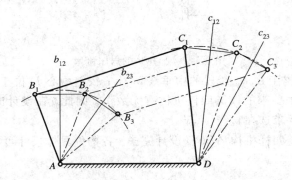

图 6-26　给定连杆位置设计四杆机构

由于连杆上的铰链中心 B 和 C 分别在各自的圆弧上运动，因此，只需找出两个圆弧的中心并作为固定铰链中心即可求得四杆机构。作图步骤如下：

（1）连接 B_1B_2 和 C_1C_2 并分别作它们的垂直平分线 b_{12} 和 c_{12}。

（2）在 b_{12} 上任取一点 A，在 c_{12} 上任取一点 D 作为该铰链四杆机构的固定铰链中心。分别连接 AB_1、B_1C_1 和 C_1D，则铰链四杆机构 AB_1C_1D 即为所求。

由于 A、D 可分别在 b_{12} 和 c_{12} 上任取，故有无穷多解。若再给定辅助条件，则可得唯一确定的解（可在图上测得设计确定的机构各构件的长度，并结合比例尺计算出其实际长度）。

若给定连杆的三个位置，则可同样用上述方法进行设计。但由于连杆有三个确定位置，其铰链点 B_1、B_2、B_3（或 C_1、C_2、C_3）三点通过的圆周只有一个，因此，固定铰链中心 A（或 D）的位置只有唯一确定的解。

【例 6-1】　图 6-27 所示为加热炉的启闭机构，设已知炉门即连杆 BC 的长度 l_{BC} 及其开启的两个位置 B_1C_1 和 B_2C_2，试设计此机构。

解　按上述原理作图，步骤如下：

（1）取长度比例尺 μ_l，按给定位置作 B_1C_1 和 B_2C_2。

（2）连接 B_1B_2、C_1C_2 并分别作它们的垂直平分线 b_{12}、c_{12}。

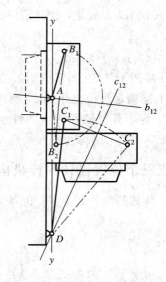

图 6-27 加热炉的启闭机构

（3）铰链中心 A 位于 B_1B_2 线段的中垂线 b_{12} 上；铰链中心 D 位于 C_1C_2 线段的中垂线 c_{12} 上，即满足炉门开关要求的铰链四杆机构有无数个。因此，在设计时必须考虑其他附加条件，这里根据安装要求选在直线 y-y 上。

（4）炉门启闭铰链四杆机构 $ABCD$ 设计完毕。各构件具体尺寸可在图中量取。

习 题 6

6-1 铰链四杆机构有哪些类型？它们的特点是什么？

6-2 由铰链四杆机构演化的其他机构有哪些？

6-3 试根据题 6-3 图所示各机构注明的构件尺寸，判断各机构的类型。

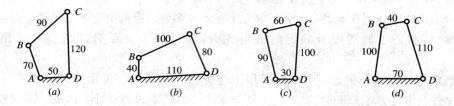

题 6-3 图

6-4 机构的急回特性有何作用？判断四杆机构有无急回特性的根据是什么？

6-5 何为平面连杆机构的压力角和传动角？它们的大小说明什么？为什么？

6-6 平面四杆机构在什么情况下出现死点？试举例说明如何克服机构出现的死点。

6-7 已知题 6-7 图所示曲柄摇杆机构的曲柄长度 $l_{AB}=15$ mm，连杆长度 $l_{BC}=35$ mm，摇杆长度 $l_{CD}=35$ mm，机架长度 $l_{AD}=40$ mm。试用图解法：（1）求摇杆 CD 的摆角 ψ；（2）求极位夹角 θ 并计算机构的行程速比系数 K；（3）校验最小传动角 $\gamma_{\min}$（要求

$\gamma_{\min} > 40°$）；（4）该机构以何构件为主动件时有死点位置？作出其死点位置。

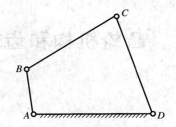

题 6-7 图

6-8　一铰链四杆机构，已知摇杆 $l_{CD} = 0.05$ m，摆角 $\psi = 45°$，行程速比系数 $K = 1.4$，机架 $l_{AD} = 0.038$ m。求曲柄和连杆的长度。

6-9　试设计一脚踏轧棉机的曲柄摇杆机构，如题 6-9 图所示。要求踏板 CD 在水平位置上下各摆动 $10°$，$l_{CD} = 500$ mm，$l_{AD} = 1000$ mm。试用图解法求曲柄 AB 和连杆 BC 的长度。

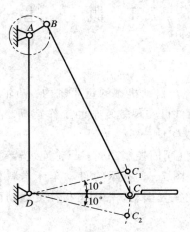

题 6-9 图

第7章　凸轮机构和齿轮机构

提要　凸轮机构由于结构紧凑，能使工作件实现较复杂的运动，因此在机械、电子、自动控制、计算机等许多领域中被广泛地采用。

本章讨论凸轮机构的组成、分类，从动件的常用运动规律，简单凸轮轮廓曲线的设计，以及凸轮的材料、加工及固定方法。本章还简单介绍齿轮机构的基本知识。

7.1　概　　述

7.1.1　凸轮机构的组成

凸轮机构是自动控制系统与自动机械的重要机构。凸轮机构由凸轮、从动件及机架组成，通常凸轮为主动件，从动件可实现较复杂的工作运动。凸轮机构能将凸轮的连续转动或移动转换成从动件的移动或摆动。

图 7-1 所示为内燃机配气阀门控制凸轮，凸轮连续转动时，从动件(气门)做断续往复运动，从而控制气门的开闭；图 7-2 所示为自动车床送料机构，当圆柱形凸轮连续转动时，从动杆(摆动杆)做间歇式往复摆动，带动滑板往复摆动而完成送料动作。

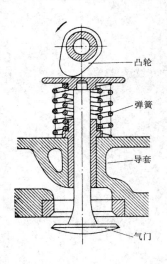

图 7-1　内燃机配气机构

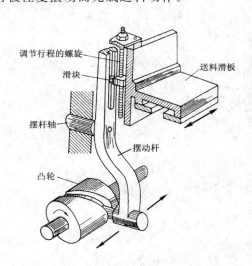

图 7-2　自动车床送料机构

凸轮机构为高副机构，其主要优点是：只要设计出合适的凸轮轮廓，就能使从动件得到任意给定的运动规律；结构简单紧凑；设计方便，广泛用于各种自动机械及自动控制中。

其缺点是从动件与凸轮接触处易磨损，故承受载荷不能太大，多作为控制及调节机构。

7.1.2　凸轮机构的分类

凸轮机构的种类很多，通常按以下标准分类。

1. 按凸轮形状分

（1）盘形凸轮。凸轮为变化半径的盘状零件，如图 7-1 所示。工作时，从动件随凸轮半径的变化而在垂直于凸轮轴线的平面内运动；或随凸轮做往复摆动或移动。

（2）移动凸轮。由盘形凸轮演变而来，凸轮作往复移动（如图 7-3 所示），从而使从动件上下运动。

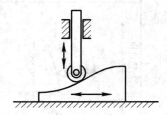

（3）圆柱凸轮。由移动凸轮演变而来，如图 7-2 所示，凸轮作空间回转运动。

2. 按从动件的运动方式分

（1）移动从动件，见图 7-1 和图 7-3。

（2）摆动从动件，见图 7-2。

图 7-3　移动凸轮机构

3. 按从动件端部结构分

（1）尖顶从动件。这种从动件结构简单，能与复杂的凸轮轮廓曲线保持紧密接触，故可实现复杂的运动规律。但尖顶易磨损，只能用于轻载低速场合，如图 7-4(a)所示。

（2）滚子从动件。这种凸轮机构不易磨损，应用较广，如图 7-4(b)所示。

（3）平底从动件。这种凸轮机构在传动中利于润滑，且在从动件高速运动中可形成油膜，从而减小摩擦和磨损，但凸轮轮廓不能有凹形，如图 7-4(c)所示。

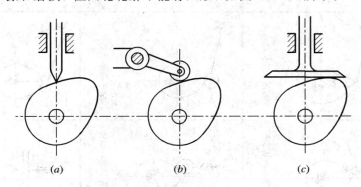

图 7-4　从动件与凸轮锁合形式

4. 按锁合方式分

锁合指保持从动件与凸轮的接触。凸轮机构按锁合方式可分为以下几种：

（1）力锁合。力锁合又称外力锁合，是利用弹簧力（见图 7-1）或从动件的重量（见图 7-4）达到锁合目的。

（2）形锁合。形锁合又称几何锁合，是利用凸轮的沟槽形状与从动件保持接触（见图 7-2）。

凸轮机构的形式与分类见表 7-1。

表7-1　凸轮机构的形式与分类

盘形凸轮机构		
尖顶对心移动从动件	滚子对心移动从动件	平底对心移动从动件
尖顶偏置移动从动件	滚子偏置移动从动件	平底偏置移动从动件
尖顶摆动从动件	滚子摆动从动件	平底摆动从动件

圆柱凸轮机构		
移动从动件	摆动从动件	移动从动件

移动凸轮机构		
尖顶移动从动件	滚子移动从动件	滚子摆动从动件

锁合方式	
形锁合	力锁合

7.2　从动件的常用运动规律

从动件的运动规律由凸轮的轮廓曲线所决定，它是指在凸轮作用下从动件所产生的位移 s、速度 v、加速度 a 等随凸轮转角 δ 或时间 t 而变化的关系，并把这种关系用函数或直角坐标系的线图表示。当用线图表示时，横坐标为 δ 或 t，纵坐标分别为 s、v、a，这些线图通称为运动线图。

在一般的机械中，从动件工作行程（又称推程）的运动规律由机器工作过程的要求来决定；而在空行程（又称回程）时，从动件的运动规律可根据机械的动力性能或缩短空回时间的要求来确定。

当从动件的运动规律确定之后，再按比例绘制出从动件的运动线图，在此基础上进行凸轮轮廓的设计。可见，从动件的运动线图是凸轮轮廓曲线设计的依据。因此，在设计凸轮机构之前，必须首先了解从动件的运动规律。

图 $7-5(a)$ 所示为尖顶对心移动从动件盘形凸轮机构。该凸轮的轮廓是根据图 $7-5(b)$ 中从动件的位移线图（s-δ 图）绘制的。在图 $7-5$ 中，以凸轮最小半径 r_b 为半径所作的圆称为基圆，当凸轮按逆时针方向转过 δ_1 角时，从动件被推到最高位置，这个行程称为推程，角 δ_1 为推程角，从动件上升的最大位移通常以 h 表示。轮廓的 BC 段为圆弧，凸轮转过这段弧时从动件停止不动，这个行程称为远停程，对应的凸轮转角 δ_1' 称为远停程角。经过轮廓的 CD 段，从动件由最高位置回到最低位置，这个行程称为回程，凸轮的转角 δ_2 也称为回程角。从动件经过圆弧 DA 段又静止不动，DA 称为近停程，对应的凸轮转角 δ_2' 称为近停程角。

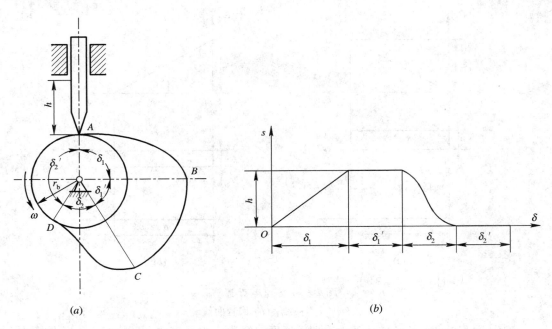

(a)　　　　　　　　　　　　　　　　(b)

图 $7-5$　凸轮机构与位移线图

7.2.1　等速运动规律

在图 7-5(a)所示的凸轮机构中，凸轮以角速度 ω（为一常数）按逆时针方向转动，在凸轮的转角从零增加到 δ_1 的过程中，从动件以速度 v（为一常数）从起始位置上升，行程为 h。

由运动学得知，等速运动中，从动件的位移 s 与时间 t 的关系为 $s=vt$，凸轮的转角 δ 与时间 t 的关系为 $\delta=\omega t$，由两式可得

$$s = \frac{v}{\omega}\delta$$

上式中，由于 v、ω 均为常数，则 s 与 δ 成正比关系。由此函数式可画出从动件的 $s-\delta$ 曲线（从动件位移线），见图 7-5(b)。

当 $\delta=\delta_1$、$s=h$ 时，可得从动件上升时的速度为

$$v = \frac{h}{\delta_1}\omega$$

由此可得从动件推程运动方程为

$$s = \frac{h}{\delta_1}\delta \tag{7-1}$$

$$v = \frac{h}{\delta_1}\omega \tag{7-2}$$

$$a = 0 \tag{7-3}$$

因此得到位移曲线($s-\delta$)、速度曲线($v-\delta$)、加速度曲线($a-\delta$)，如图 7-6 所示。在 $\delta=\omega t$ 中，ω 是常数，所以横坐标 δ 也可看做是时间 t 的函数。由运动学可知，上述各曲线之间存在一次求导的关系。

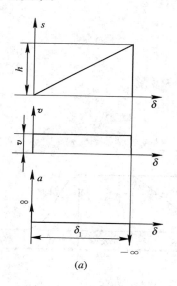　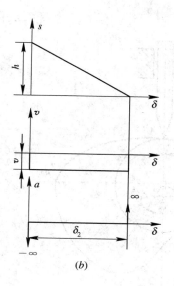

图 7-6　等速运动规律

(a) 推程曲线；(b) 回程曲线

由图 7-6 可知，从动件等速上升时，速度曲线为一水平直线；下降时，速度曲线为一负水平直线。相应的位移曲线的上升段和下降段均为斜直线，但方向不同。

从动件等速运动时，加速度为零。但在开始和终止运动的瞬间，速度突变，加速度趋于无穷大，理论上机构会产生无穷大的惯性力，使从动件与凸轮产生冲击（称刚性冲击）。因此，等速运动规律只适用于低速、轻载的凸轮机构，如图 7-7 所示的自动机床的进刀机构等。

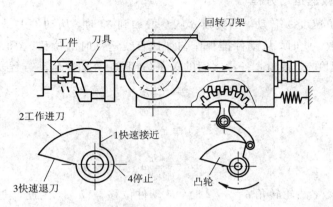

图 7-7　自动机床的进刀机构

实际上，由于材料的弹性变形，加速度和惯性力都不会达到无穷大，但刚性冲击对机构极为不利。为避免刚性冲击，常把如图 7-8(a) 所示的从动件运动开始和终点的一小段时间内的位移曲线修改成如图 7-8(b) 所示的过渡圆弧（过渡圆弧半径 $r \leqslant h$），使速度逐渐增大、逐渐减小，加速度在两处的突变也有所缓和。

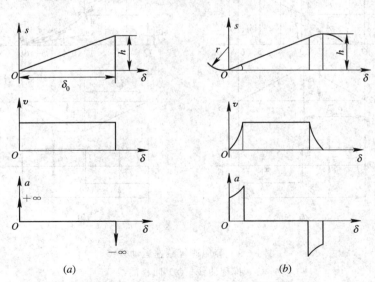

图 7-8　等速运动规律及其修改

(a) 等速运动规律；(b) 等速运动规律的修改

*7.2.2　等加速等减速运动规律

为了使从动件在开始和终止时的速度不发生突变，通常令推程或回程的前半程做等加速运动，后半程做等减速运动，且加速度与减速度的绝对值相等，这种运动规律称为等加速等减速运动规律。凸轮转速较高时，为了避免刚性冲击，可采用等加速等减速运动规律。

1. 等加速等减速运动方程

设凸轮以等角速度 ω 转动，当转角 δ 从 0 增加到 δ_1 时，从动件上升的距离为 h，上升时的加速度为常数。此时，从动件推程作匀加速直线运动时的位移 s、推程 h、加速度 a、凸轮的角速度 ω、速度 v、转角 δ 各量之间的关系（推程的等加速运动方程）为

$$s = \frac{2h}{\delta_1^2}\delta^2 \tag{7-4}$$

$$v = \frac{4h}{\delta_1^2}\omega\delta \tag{7-5}$$

$$a = \frac{4h}{\delta_1^2}\omega^2 \tag{7-6}$$

式中 a、ω 均为常数，凸轮转角 $\delta = \delta_1/2$ 时，从动件位移 $s = h/2$，因此，位移 s 是转角 δ 的二次函数，则 $s\text{-}\delta$ 曲线为一抛物线。速度曲线（$v\text{-}\delta$）为一斜直线，从动件以等加速运动上升到 $h/2$ 的时间内速度逐渐增大，然后 $v\text{-}\delta$ 曲线发生转折。图 7-9 为等加速等减速运动线图。

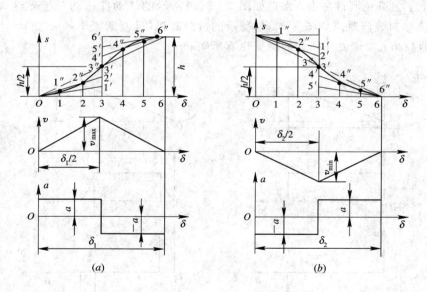

图 7-9 等加速等减速运动规律
（a）推程曲线；（b）回程曲线

再看加速度曲线。从动件在等加速上升时，加速度 a 不变，因此从动件的 $a\text{-}\delta$ 曲线为一水平直线。$a\text{-}\delta$ 曲线在速度转折处发生突变，则惯性力突变，但加速度不再是无穷大，凸轮机构仅产生柔性冲击。

2. 运动线图的绘制

由以上函数式可作 $s\text{-}\delta$ 曲线，即运动线图或位移线图，其绘制步骤为：

（1）选横坐标为 δ，纵坐标为 s，定比例。

（2）δ 和 h 在轴上分别二等分，得 $\delta_1/2$ 点和 $h/2$ 点。

（3）将 $h/2$、$\delta_1/2$ 分成相同的等分，分别得等分点 1，2，3，… 和 $1'$，$2'$，$3'$，…。

（4）作射线 $O1'$，$O2'$，$O3'$，…；过 1，2，3，… 点作 δ 轴的垂线，分别交 $O1'$，$O2'$，$O3'$，$O4'$，… 于 $1''$，$2''$，$3''$，$4''$，…。

（5）连 $1''$，$2''$，$3''$，$4''$，… 成光滑曲线，则得推程的 s-δ 曲线（见图 7-9(a)）。

同样可作回程的等加速等减速段的 s-δ 曲线（见图 7-9(b)）。

7.3　凸轮轮廓曲线的设计

凸轮轮廓曲线的设计是凸轮机构设计的主要内容。如从动件的规律已知，则可作出位移曲线(s-δ)，再绘制凸轮轮廓曲线。

凸轮轮廓曲线的设计方法有图解法和解析法。解析法精确，而图解法直观、方便。

图解法是利用反转原理：设凸轮角速度为 ω，假如给整个机构加上一个角速度为 $-\omega$ 的反向转动，则凸轮处于相对静止状态。从动件一方面随机架以 $-\omega$ 的角速度绕 O 点转动，另一方面按给定的运动规律做往复运动或摆动。

对于尖顶从动件，由于它的尖端始终与凸轮轮廓保持接触，所以反转过程中从动件尖端的轨迹就是凸轮轮廓。因此，凸轮轮廓曲线的设计，就是假设凸轮固定，找出从动件尖端相对于凸轮的运动轨迹，再在凸轮上与凸轮转角 δ 相对应的位置量出从动件的位移，连各点成光滑曲线，并乘以比例，即得凸轮轮廓曲线。

兹举例说明几种凸轮轮廓曲线的设计。

7.3.1　尖顶对心直动从动件盘形凸轮

如图 7-10(a)所示的尖顶从动件盘形凸轮机构中，从动件导路中线通过凸轮回转中心，称为对心直动从动件盘形凸轮机构；否则称为偏心直动从动件盘形凸轮机构。

设计一尖顶对心直动从动件盘形凸轮轮廓。已知从动件的 s-δ 线图（见图 7-10(b)）和凸轮的基圆半径 r_b，凸轮以等角速 ω 顺时针转动，其凸轮轮廓作图步骤如下：

（1）取适当比例，作 s-δ 曲线。

（2）在 s-δ 线图上将推程角 δ_0 和回程角 δ_0' 分成若干等分（图中各为 6 等分），得分点 1，2，3，…，n，并过各分点作 δ 轴的垂线。

（3）以 O 为圆心、r_b 为半径（按比例 μ_s）画圆（即基圆），定从动件初始位置 A_0。

（4）将基圆划分成与 δ 相同的等分，自 OA_0 开始，沿 $-\omega$ 转向，得 A_1，A_2，A_3，… 各点，连 OA_1，OA_2，…。

（5）在 OA_1 线上量取 $A_1A_1' = 11'$，$A_2A_2' = 22'$，…，得到从动件在凸轮反转时的各相应轨迹 A_1'，A_2'，…。

（6）连 A_0，A_1'，…，A_6' 和 A_7'，A_8'，… 成光滑曲线（见图 7-10(a)），此曲线即为凸轮轮廓曲线。

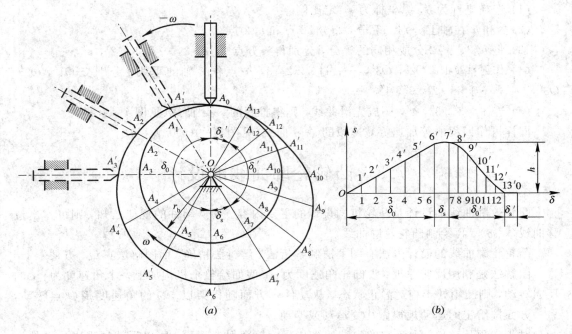

图 7-10 尖顶对心从动件盘形凸轮

7.3.2 对心滚子移动从动件盘形凸轮

滚子从动件与尖顶从动件的不同点，只是从动件端部不是尖顶，而是装了半径为 r_g 的小滚子。由于滚子的中心是从动件上的一个定点，因此此点的运动就是从动件的运动。在应用反转法绘制凸轮轮廓曲线时，滚子中心的轨迹与尖顶从动件尖端的轨迹完全相同，可参照前述方法绘制凸轮轮廓。

(1) 把滚子中心看做尖顶从动件的尖顶，照前法画凸轮轮廓曲线，称理论轮廓曲线(见图 7-11)。

(2) 在已画出的理论轮廓曲线上选取一系列圆心，以滚子半径(按比例)为半径作若干个滚子小圆。

(3) 作上述系列滚子小圆的内包络线，此包络线即为滚子凸轮的实际轮廓曲线。

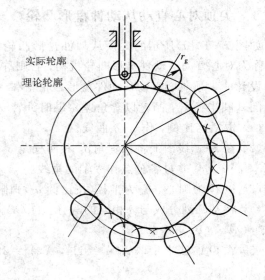

图 7-11 对心滚子移动从动件盘形凸轮

由上可见，滚子移动从动件盘形凸轮的基圆，仍然是理论轮廓的基圆，即以凸轮的理论轮廓的最小向径为半径所作的基圆。

7.3.3　摆动从动件盘形凸轮

图 7-12(a)所示为一摆动从动件盘形凸轮机构，凸轮以等角速度逆时针转动，摆动从动件将在 AB 到 AB″ 范围内摆动。当凸轮转过角 δ 时，图中的径向线 OA_1 转到与 OA 重合的位置(如图 7-12(b)所示)，而摆动件将摆到 AB′，摆角为 φ。因此摆动从动件凸轮机构的位移曲线应为 φ-δ 曲线。

设计时，摆杆长度 $L=d_{AB}$ 和基圆半径 r_b(或摆杆在最低位置时与连心线的夹角 α)确定后，可根据 φ-δ 曲线画出凸轮的轮廓。

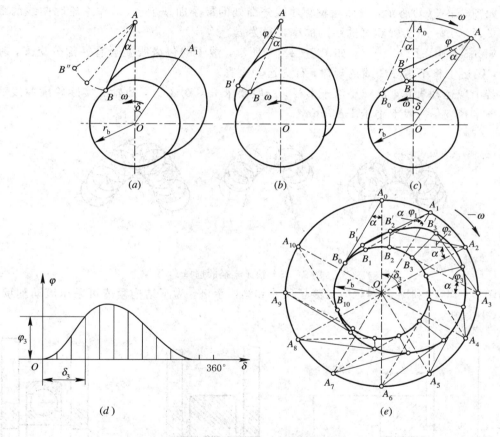

图 7-12　摆动从动件盘形凸轮

作图步骤如下：

(1) 选定比例，作出 φ-δ 曲线(见图 7-12(d))，在 δ 轴上取等分。

(2) 选定圆心 O，按比例，以 r_b 为半径画基圆，再以 O 为圆心、OA 为半径作一圆；以 A_0 为圆心、摆杆长 $L=d_{A_0B_0}$ 为半径作圆弧，交基圆于 B_0，如图 7-12(c)所示。

(3) 连 A_0B_0，即为摆杆的最低位置，夹角 α 可算出或从图上量出。

(4) 沿 −ω 方向、按 δ 轴上的等分点等分以 OA_0 为半径的圆周，得 A_1，A_2，…，见图 7-12(e)。

(5) 作 $\angle OA_1B_1'=\alpha+\varphi_1$，$\angle OA_2B_2'=\alpha+\varphi_2$，…，使 $l_{A_1B_1'}=l_{A_2B_2'}=\cdots=L$。

（6）将 B_0，B_1'，B_2'，…各点连成光滑曲线，即得凸轮的理论轮廓曲线。

当采用滚子从动件时，用上面的方法作出的同样是理论轮廓曲线，再仿图 7 - 10 的方法，画滚子小圆的包络线，即可得到凸轮的实际轮廓曲线。

7.3.4 凸轮机构设计中的几个问题

1. 滚子半径

滚子从动件有摩擦及磨损小的优点，若仅从强度和耐磨性考虑，滚子的半径宜大些，但滚子的半径 r_g 受到凸轮轮廓曲线曲率半径的限制。

如图 7 - 13（a）所示，设凸轮轮廓曲线外凸处的最小曲率半径（即理论轮廓曲线的最小曲率半径）为 ρ_{min}，实际轮廓曲线的曲率半径为 ρ_s。

如 ρ_{min} 太小，且 $r_g > \rho_{min}$，如图 7 - 13（c）所示，滚子的包络线就会有一部分交叉，称为干涉，则运动将不遵守曲线的规律，称为运动失真。

若出现运动失真，可减小滚子半径。一般要求 $r_g \leqslant 0.8\rho_{min}$，凸轮的实际轮廓曲线的最小曲率半径 ρ_{smin} 一般不小于 $1\sim 5$ mm。

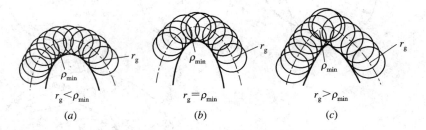

$$r_g < \rho_{min} \qquad r_g = \rho_{min} \qquad r_g > \rho_{min}$$
$$(a) \qquad\qquad (b) \qquad\qquad (c)$$

图 7 - 13 滚子半径的选择

图 7 - 14（a）和图 7 - 14（b）为滚子尺寸和结构示例。为了结构紧凑可采用滚动轴承（见图 7 - 14（c））。

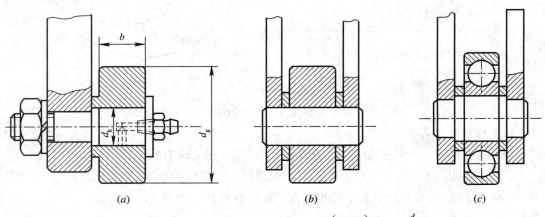

$$(a) \qquad\qquad\qquad (b) \qquad\qquad\qquad (c)$$

注：$d_g \leqslant (0.8\sim 1)d$，$d$ 是凸轮轴的直径，$d_k = \left(\dfrac{1}{3}\sim\dfrac{1}{2}\right)d_g$，$b \geqslant \dfrac{d_g}{4} + 5$ mm

图 7 - 14 滚子的尺寸和结构

2. 压力角

图 7-15 所示为凸轮机构在推程的某个位置。当不计摩擦时，凸轮加给从动件的压力 **P** 沿凸轮的法线 n-n 方向传递。凸轮机构的压力角 α 是指从动件上某点速度 v 与该点的压力 **P** 方向(法线 n-n 方向)所夹的锐角，其意义与前述连杆机构的压力角相同。

将力 **P** 分解成两个分力：与从动件速度 v 方向一致的分力 $P_1 = P\cos\alpha$，与速度 v 方向垂直的分力 $P_2 = P\sin\alpha$。P_1 是推动从动件运动的有效分力。当 α 增大时，P_1 减小，有害分力 P_2 增大，摩擦阻力也增大。当 α 增大到某一数值时，从动件无法运动而被卡住，这种现象称为自锁。因此，设计中常对凸轮机构的压力角的最大值加以限制，推荐值如下：

移动从动件的推程：α≤40°；

摆动从动件的推程：α≤50°。

回程时，从动件靠重力和弹簧力复位，一般不会产生自锁，可取 α=80°。

压力角的检验：凸轮轮廓曲线画出以后，在轮廓曲线较陡、变化较大的地方选取几点，分别作轮廓线的法线和从动件速度方向的直线，用量角器检查其夹角是否超过许用值(如图 7-16 所示)。

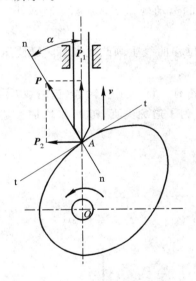

图 7-15　凸轮机构压力角

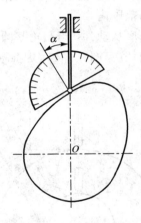

图 7-16　压力角检验

3. 基圆半径

在设计凸轮轮廓时，基圆半径 r_b 可采用初选的办法：

$$r_b \geqslant (1.6 \sim 2)r_s + r_g$$

式中：r_s——凸轮轴半径；

　　　r_g——滚子半径。

按初选的基圆半径 r_b 设计凸轮轮廓，然后校核机构推程的压力角。

移动从动件盘形凸轮机构在推程时，最大压力角 α 一般出现在推程的起始位置，或从动件产生最大速度的位置附近。校核的办法如图 7-17 所示，设 E 为校核点，求作该点的法线：

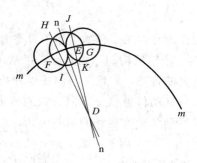

图 7-17　求法线的图解法

（1）以 E 为圆心，任选较小半径 r 作圆，交轮廓线于 F、G 两点；

（2）分别以两交点为圆心，仍以 r 为半径作圆，与中间圆交 H、I、J、K 四点；

（3）连 H、I 和 J、K，两延长线交于 D，D 即为轮廓线上的曲率中心；

（4）连 D、E，即得轮廓曲线的法线；

（5）作该位置从动件的速度线，即可测量最大压力角。

基圆半径的大小会影响压力角的大小。在相同的运动规律下，基圆半径越小，压力角越大（见图 7-18）。

当发现压力角过大时，可加大基圆半径，按原位移曲线重画凸轮轮廓，以使压力角减小到允许的范围内。

对于平底从动件，当凸轮基圆半径过小时，凸轮有一部分工作轮廓（包络线）不能与从动件末端相切（见图 7-19），从而使运动出现失真。为了避免失真，也可采取加大基圆半径的方法。

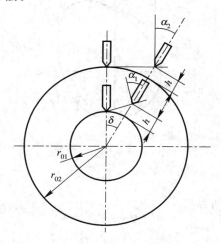

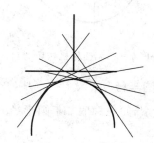

图 7-18　基圆半径与压力角的关系　　　　　图 7-19　平底从动件凸轮的失真

7.3.5　凸轮的材料、加工及固定

1. 凸轮的材料

凸轮机构工作时，一般存在冲击，使凸轮与从动件表面产生磨损。因此对凸轮材料的

要求是表面要有一定的硬度，而芯部韧性要好；从动件尖端或滚子的表面硬度要高。

凸轮和从动件接触端的材料及热处理见表 7 - 2。

表 7 - 2　凸轮和从动件接触端常用材料及热处理

工作条件	凸 轮		从动件接触端	
	材　料	热　处　理	材料	热　处　理
低速轻载	40、45、50	调质 220～260HB	45	表面淬火 40～45HRC
	HT200、HT250 HT300	170～250HB		
	QT500 - 1.5 QT600 - 2	190～270HB	尼龙	
中速中载	45	表面淬火 40～45HRC	20Cr	渗碳淬火，渗碳层深 0.8～1 mm，55～60HRC
	45、40Cr	表面高频淬火 52～58HRC		
	15、20、20Cr 20CrMn	渗碳淬火，渗碳层深 0.8～1.5 mm，56～62HRC		
高速重载或靠模凸轮	40Cr	高频淬火，表面 56～60HRC，芯部 45～50HRC	T8 T10 T12	淬火 58～62HRC
	38CrMoAl 35CrAl	氮化、表面硬度 700～900HV(约 60～67HRC)		

注：对一般中等尺寸的凸轮机构，100 r/min 为低速，100～200 r/min 为中速，200 r/min 以上为高速。

2．凸轮的加工方法

1）划线加工

划线加工采取钳工划线加工，为单件生产，适用于要求不高的凸轮。

2）微小分度法

凸轮每转过一微小角度($0.5°\sim1°$)，改变一次刀具的位置；有时用圆弧来代替其他曲线，以减少操作上的麻烦和误差。

微小分度法比划线加工精度高，但操作起来费时，只适用于单件生产。

3）数控铣床及线切割加工

数控铣床及线切割加工法也是一种微小分度法，操作方便，加工精度较高，适用于小批量生产。

4）运动加工法

如凸轮轮廓曲线为圆弧、阿基米德螺旋线等，可利用机床本身的传动系统，使刀具和凸轮的运动互相配合，实现自动加工该曲线部分。

5）靠模加工法

靠模加工法为先设计并加工出一个高精度的靠模，加工时工件与靠模一起回转和运动。刀具与滚轮的中心距离 a 是固定的(见图 7 - 20(a))，靠模的理论轮廓就是滚轮相对运动轨迹的包络线(见图 7-20(b))。

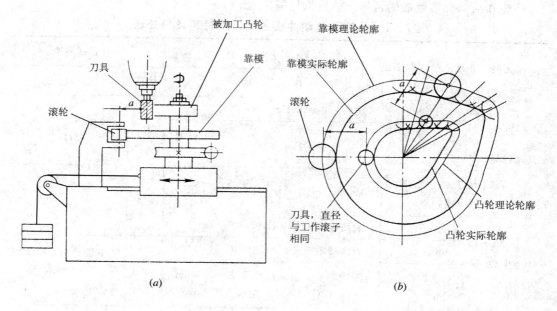

图 7-20　凸轮的加工方法

3. 凸轮的精度

凸轮精度的要求主要包括凸轮公差及表面粗糙度,可参见表 7-3。

表 7-3　凸轮的公差及表面粗糙度

凸轮精度	公差等级或极限偏差/mm			表面粗糙度/μm	
	向径	凸轮槽宽	基准孔	盘形凸轮	凸轮槽
较高	$\pm(0.05\sim0.1)$	H8(H7)	H7	$0.32<R_a\leqslant0.63$	$0.63<R_a\leqslant1.25$
一般	$\pm(0.1\sim0.2)$	H8	H7(H8)	$0.63<R_a\leqslant1.25$	$1.25<R_a\leqslant2.5$
低	$\pm(0.2\sim0.5)$	H9(H10)	H8		

4. 凸轮在轴上的固定

为保证凸轮机构工作的准确性,凸轮在轴上的轴向及周向固定都有一定的要求,尤其是轴向固定。

图 7-21 所示为几种常见的固定形式。图 7-21(a)所示为键固定,不能做周向调整;图 7-21(b)所示为初调时用螺钉固定,然后配钻销孔,用锥销固定,装好后不能调整;图 7-21(c)所示为用齿轮离合器连接,可按齿距调整角度,但此结构较为复杂;图 7-21(d)所示为开槽锥形套筒固定,调整方便,但不能用于受力较大的场合;图 7-21(e)所示为带有圆弧槽孔的法兰盘连接,可做微小角度调整。

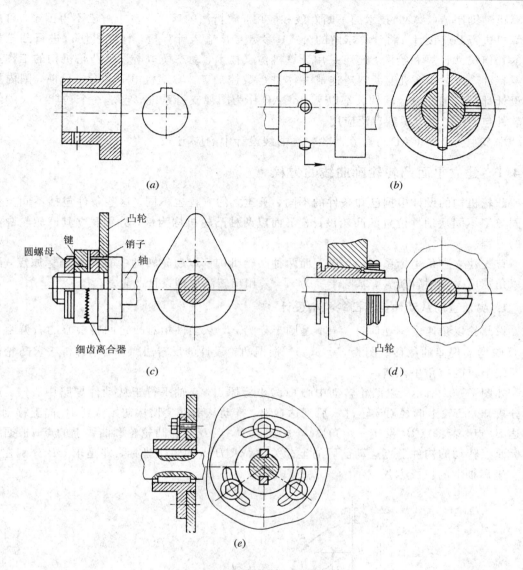

图 7-21 凸轮在轴上的固定方式

* 7.4 CAD 方法在凸轮轮廓曲线设计中的应用

教育技术是对学习过程和学习资源进行设计、开发、利用的理论与实践。教育技术的进步必将为教学手段的现代化创造更加完善的条件。本文的 CAD 方法是根据学生的特性及学习能力制定教学目标，拟定学习凸轮轮廓设计的方法。

凸轮机构设计的传统方法有几何法(图解法)和解析法，这两种设计方法各有特点。几何法直观、清晰、比较简单易行，但几何法本身精度存在限制——即作图误差大，只适用于速度比较低的凸轮机构。对于高速和精度要求高的凸轮机构，则必须用解析法。过去解析法的困难之处在于机构的位置方程有时难以确定，即使能够列出，有时也是相当复杂，计算工作量大，求解麻烦，所以解析法较少采用。随着现代化的计算机辅助设计(CAD)和计算机辅助制造(CAM)技术的不断发展和应用,解析法的繁琐计算求解已不再困难,可用计算机进行凸轮设计。将计算求解的公式、参数直接输入计算机,计算机便可进行凸轮机构的几何尺寸计算和绘图,还可采用计算机仿真技术,动态模拟所设计凸轮机构的工作过程及特性,并与计算机辅助制造连成一体进行数控加工,实现机电一体化。目前,国内机械设计计算机辅助设计软件大都以 AutoCAD 作为图形支持系统,它是一个功能强大的绘图软件包,在工程上得到广泛应用。

　　本节主要介绍 CAD 方法在凸轮轮廓曲线设计中的应用。

7.4.1　建立平面凸轮轮廓曲线的方程

　　凸轮机构的设计根据已知条件的不同,所建立的方程也不同。这些条件包括不同类型及同类型不同从动件位置的凸轮设计。下面以两种凸轮机构为例,分别建立其凸轮轮廓曲线的方程。

　　首先建立直角坐标系 Oxy,设下面两种凸轮机构都以凸轮转动中心 O 为坐标原点,凸轮以角速度 ω 逆时针旋转,基圆半径为 r_b,采用反转法原理设计凸轮。

1. 尖顶直动从动件盘形凸轮机构设计

　　设凸轮以角速度 ω 逆时针旋转,基圆半径为 r_b,从动件相对凸轮回转中心的右偏距为 e,反映运动规律的位移线图为 $S=S(\varphi)$。根据凸轮设计的反转法原理,用解析法求凸轮轮廓曲线上点的直角坐标值。

　　如图 7-22 所示,以凸轮转动中心 O 为坐标原点,y 轴平行于从动件导路中心线。进行分析知,凸轮上向径 OB 转过 φ 后到达 OB_1,推动从动件尖顶从初始位置 B_0 向上移动 S 到达 B_1 点,若将点 B_1 反转一个角度 $(-\varphi)$ 得点 B,点 B 即为凸轮轮廓曲线上的点,根据绕坐标原点转动的构件上点运动前后的坐标关系,求 B 点的轨迹坐标,即是求 OB 分别在 x 和 y 坐标轴上的投影方程。

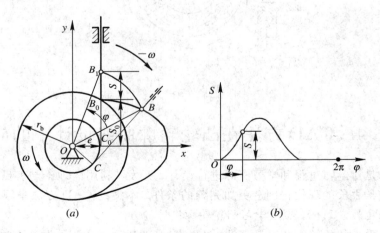

图 7-22　直动从动件盘形凸轮机构

$$l_{OC_0} = l_{OC} = e \tag{7-7}$$

$$l_{B_1 C_0} = l_{BC} = S + S_0 \tag{7-8}$$

$$x_B = l_{OC} \times \cos\varphi + l_{BC} \times \sin\varphi \tag{7-9}$$

$$y_B = -l_{OC} \times \sin\varphi + l_{BC} \times \cos\varphi \tag{7-10}$$

把式(7-7)和式(7-8)代入式(7-9)和式(7-10)，并整理得：

$$x_B = e\cos\varphi + (S_0 + S)\sin\varphi \tag{7-11}$$

$$y_B = -e\sin\varphi + (S_0 + S)\cos\varphi \tag{7-12}$$

式中条件为从动件导路相对凸轮回转中心——坐标原点(0，0)：

(1) 向右偏置，$e > 0$；向左偏置，$e < 0$；不偏置，$e = 0$，在 Oxy 坐标原点。

(2) 凸轮转角 φ 正、负号规定：凸轮逆时针旋转，取正号，$\varphi > 0$；凸轮顺时针旋转，取负号，$\varphi < 0$。

2. 尖顶摆动从动件盘形凸轮机构设计

凸轮转动中心 O 与从动件摆动中心 A 的距离 $l_{OA} = a$，从动件摆杆长度为 L，让 y 轴通过摆杆摆动中心 A，如图 7-23 所示，从动件运动规律为 $\psi = \psi(\varphi)$，则 B 点的轨迹坐标为：

$$x_B = a\sin\varphi + L\sin(\psi_0 + \psi - \varphi) \tag{7-13}$$

$$y_B = a\cos\varphi - L\cos(\psi_0 + \psi - \varphi) \tag{7-14}$$

式中 ψ_0 为从动件的初位角，

$$\cos\psi_0 = \frac{a^2 + L^2 - r_b^2}{2aL} \tag{7-15}$$

当凸轮逆时针旋转时，φ 取正号；当凸轮顺时针旋转时，φ 取负号。摆杆在推程中逆时针旋转时，$(\psi_0 + \psi)$ 为正值；摆杆在推程中顺时针旋转时，$(\psi_0 + \psi)$ 为负值。

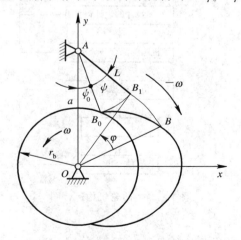

图 7-23　摆动从动件盘形凸轮机构

7.4.2　程序运行及框图

1. CAD 运行框图

用凸轮机构设计 CAD 运行框图，可判断凸轮机构的类型，适用于尖顶直动从动件盘形凸轮机构、尖顶摆动从动件盘形凸轮机构或平底移动从动件盘形凸轮机构等。在每种凸轮机构下又根据具体要求、类型的不同进行细分，比如直动从动件盘形凸轮机构，分为尖顶、滚子、平底移动从动件凸轮机构、摆动从动件凸轮机构,且上述凸轮机构又可分为对心和偏置凸轮机构等。其他类型也可细分。分类后由各已知条件进行原始参数的输入,根据所建立的数学模型进行几何尺寸的设计计算。所设计的机构性能是否良好,还要进行机构的综合和分析,如果不尽如人意,可更改原始参数,重新设计。经过分析、综合所得到的凸轮机构,可在计算机上进行动态、仿真模拟运行,直到获得满意的效果。源程序可采用Visual Basic 编写。运行图如图 7 - 24 所示。

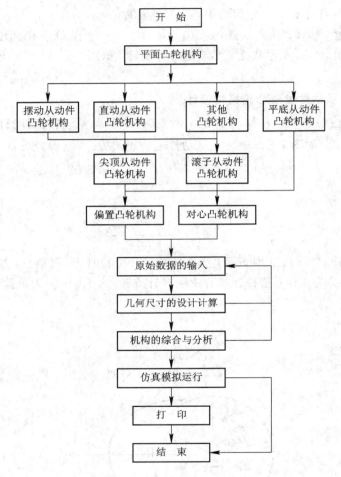

图 7 - 24 凸轮机构运行图

2. 计算机应用实例

对心尖顶直动从动件盘形凸轮的设计的原始参数如下。

凸轮以角速度 ω 逆时针旋转,基圆半径为 $r_b = 20$ mm。从动件运动规律:凸轮转过 120°时,从动件等速上升 20 mm;凸轮继续转过 60°时,从动件停止不动;凸轮再转过 60°时,从动件以等加速等减速下降 20 mm;凸轮转过其余 120°时,从动件又停止不动。

3. 结论

CAD方法可以大大减少凸轮机构设计工作量,并且使设计精度大大提高,整体结构明晰,操作方便,修改容易,便于推广使用。用此方法设计凸轮机构,可通过输入多组数据,进行优化比较,直至满足要求。所得到的凸轮机构可在计算机上进行动画模拟显示、动态性能分析,观察各运动构件的运动轨迹和运动特性,比较明了、直观。

7.5　齿轮机构简介

齿轮机构(gear mechanism)用于传递两轴间的运动和动力,它由主动齿轮、从动齿轮和机架等构件组成。由于两齿轮以高副相连,所以是高副机构。齿轮机构是应用最广泛的一种传动机构,例如许多机器、汽车及玩具中都有齿轮机构应用。

7.5.1　齿轮机构的特点及分类

1. 齿轮机构的特点

齿轮机构的主要优点:能保证瞬时传动比恒定,$i=\omega_1/\omega_2$(主动轮角速度 ω_1 与从动轮角速 ω_2 之比);传递的功率和圆周速度范围广(功率可达 10^5 kW,速度可达 300 m/s);能实现两轴平行、相交和交错的传动;效率较高(一般可达 0.95~0.99);工作可靠,寿命长。

齿轮机构的主要缺点:制造和安装精度要求高,故制造成本较高;不适用于远距离的传动,低精度的齿轮会产生有害的冲击、噪声和振动。

2. 齿轮机构的分类

齿轮机构的类型很多,可按不同的条件加以分类。

(1) 根据两齿轮轴线的相互位置分为:

两轴线平行:直齿圆柱齿轮机构(见图 7-25(a)),斜齿圆柱齿轮机构(见图 7-25(b)),人字齿圆柱齿轮机构(见图 7-25(c));

两轴线相交:直齿圆锥齿轮机构(见图 7-25(f)),斜齿圆锥齿轮机构;

两轴线相错:螺旋齿轮机构(见图 7-25(g)),蜗杆蜗轮机构(见图 7-25(h))。

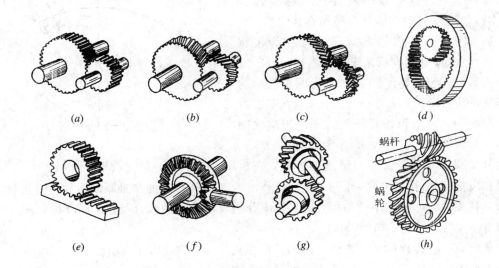

图 7-25　齿轮机构的主要类型

（2）根据两齿轮啮合方式分为：外啮合齿轮机构（图 7 - 25(a)）、内啮合齿轮机构（图 7 - 25(d)）、齿轮齿条机构（图 7 - 25(e)）。

（3）根据齿轮齿廓曲线的形状分为：渐开线齿轮机构、摆线齿轮机构、圆弧齿轮机构。

（4）根据工作条件分为：闭式传动、开式传动。

7.5.2 渐开线齿轮齿廓的形成

设在半径为 r_b 的圆上有一直线 L 与其相切（见图7-26），当直线 L 沿圆周作纯滚动时，直线上一点 K 的轨迹为该圆的渐开线。该圆称为渐开线的基圆，直线 L 称为渐开线的发生线。任意两条反向的渐开线形成渐开线齿廓。

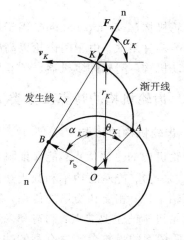

图 7 - 26 渐开线的形成

7.5.3 渐开线齿轮的几何尺寸

1. 渐开线齿轮各部分的名称

图 7 - 27 所示为标准直齿圆柱齿轮的一部分，其各部分名称和符号如下：

齿宽——在齿轮轴线方向量得的齿轮宽度，用 b 表示。

齿槽宽——齿轮相邻两齿之间的空间称为齿槽，一个齿槽的两侧齿廓之间同一圆周上的弧长称为齿槽宽，用 e 表示。

齿厚——在一个齿的两侧端面齿廓之间同一圆周上的弧长称为齿厚，用 s 表示。

齿顶圆——轮齿顶部所在的圆称为齿顶圆，用 r_a 和 d_a 分别表示其半径和直径。

齿根圆——齿槽底部所在的圆称为齿根圆，用 r_f 和 d_f 分别表示其半径和直径。

齿数——齿轮整个圆周上轮齿的总数称为该齿轮的齿数，用 z 表示。

齿距——两个相邻而同侧的端面齿廓之间的弧长称为齿距，用 p 表示，$p = s + e$。

分度圆——为了设计和制造的方便，在齿

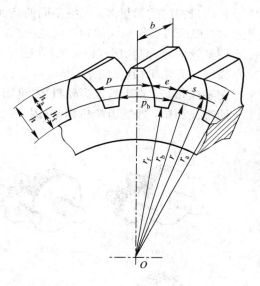

图 7 - 27 齿轮各部分的名称和符号

顶圆和齿根圆之间规定了一个圆，作为计算齿轮各部分尺寸的基准，该圆称为分度圆。分度圆上各参数符号规定不带角标，用 r 和 d 分别表示其半径和直径。在标准齿轮中分度圆上的齿厚 s 与齿槽宽 e 相等。

全齿高——齿顶圆与齿根圆之间的径向距离称为齿高，用 h 表示。

齿顶高——齿顶圆与分度圆之间的径向距离称为齿顶高，用 h_a 表示。

齿根高——齿根圆与分度圆之间的径向距离称为齿根高，用 h_f 表示。

2. 主要参数

1）模数 m

因为分度圆的周长 $\pi d = zp$，所以分度圆的直径为

$$d = \frac{p}{\pi z}$$

式中 π 是一个无理数，使计算和测量不方便，因此工程上把比值 p/π 规定为整数或较完整的有理数，这个比值称为模数，用 m 表示，即

$$m = \frac{p}{\pi}$$

所以

$$d = mz \tag{7-16}$$

模数是齿轮计算中的重要参数，其单位为 mm。显然，模数越大，轮齿的尺寸也越大，轮齿承受载荷的能力也越大。

齿轮的模数在我国已标准化，表 7-4 为我国国家标准模数系列。

表 7-4　标准模数系列表　　　　　　　单位：mm

第一系列	1	1.25	1.5	2	2.5	3	4	5	6	8
	10	12	16	20	25	32	40	50		
第二系列	1.75	2.25	2.75	(3.25)	3.5	(3.75)	4.5	5.5	(6.5)	7
	9	(11)	14	18	22	28	(30)	36	45	

注：① 本表适用于渐开线圆柱齿轮。对斜齿轮是指法面模数。

　　② 选用模数时，应优先采用第一系列，其次采用第二系列，括号内的模数尽可能不用。

2）压力角

如图 7-28 所示，在渐开线上不同点 K_1、K_2、K 的压力角各不相同，接近基圆的渐开线上压力角小，远离基圆的渐开线上压力角大。

为了便于设计、制造和维修，规定分度圆上的压力角 α 为标准值，我国规定标准压力角 $\alpha = 20°$。分度圆的压力角 α 的计算公式为

$$\cos \alpha = \frac{r_b}{r} \tag{7-17}$$

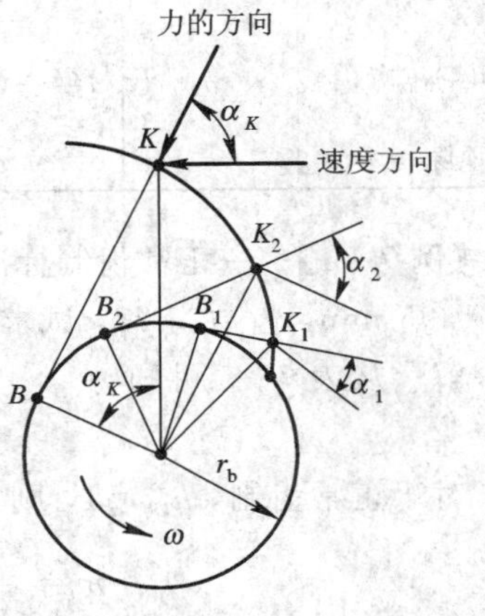

3）齿顶高系数 h_a^* 和顶隙系数 c^*

标准齿轮的尺寸与模数成正比，即

$$h_a = h_a^* m$$

$$h_f = h_a + c^* m = (h_a^* + c^*)m$$

$$h = h_a + h_f = (2h_a^* + c^*)m$$

图 7-28　渐开线齿廓上的压力角

式中：h_a^*——齿顶高系数，标准规定：正常齿制 $h_a^* = 1$，短齿 $h_a^* = 0.8$；

　　　c^*——顶隙系数，正常齿制 $c^* = 0.25$，短齿 $c^* = 0.3$。

顶隙 $c = c^* m$ 是一对齿轮啮合时,一个齿轮的齿顶圆与另一个齿轮的齿根圆之间的径向距离。顶隙有存储润滑油和有利于齿轮传动等作用。

3. 标准直齿圆柱齿轮的几何尺寸的计算公式

当齿轮的模数 m、压力角 α、齿顶高系数 h_a^* 和顶隙系数 c^* 均为标准值,且分度圆处的齿厚与齿槽宽相等,即 $s = e$ 时,称其为标准齿轮。外啮合标准直齿圆柱齿轮的主要几何尺寸计算公式见表 7 - 5。

表 7 - 5　外啮合标准直齿圆柱齿轮的主要几何尺寸计算公式

名　称	符　号	公　式
模数	m	根据轮齿承受载荷、结构条件等定出,选用标准值
压力角	α	选用标准值
分度圆直径	d	$d = mz$
齿顶高	h_a	$h_a = h_a^* m$
齿根高	h_f	$h_f = (h_a^* + c^*)m$
齿全高	h	$h = h_a + h_f$
齿顶圆直径	d_a	$d_a = (z + 2h_a^*)m$
齿根圆直径	d_f	$d_f = (z - 2h_a^* - 2c^*)m$
基圆直径	d_b	$d_b = d \cos \alpha$
周节	p	$p = \pi m$
齿厚	s	$s = \dfrac{\pi m}{2}$
齿间宽	e	$e = \dfrac{\pi m}{2}$
中心距	a	$a = \dfrac{1}{2}(d_1 + d_2) = \dfrac{m}{2}(z_1 + z_2)$
顶隙	c	$c = c^* m$

【例 7 - 1】　一正常齿制标准直齿圆柱齿轮,因轮齿损坏需要更换,现测得齿顶圆直径为 71.95 mm,齿数为 22,试求该齿轮的主要尺寸。

解　从表 7 - 5 可知

$$d_a = (z + 2h_a^*)m$$

对于正常齿制,$h_a^* = 1$,则

$$m = \frac{d_a}{(z + 2h_a^*)} = \frac{71.95}{22 + 2} \approx 2.998 \text{ mm}$$

由表 7 - 4 查得标准模数,该齿轮的模数应为 $m = 3$ mm。

分度圆直径

$$d = mz = 3 \times 22 = 66 \text{ mm}$$

齿顶圆直径

$$d_a = (z + 2h_a^*)m = 24 \times 3 = 72 \text{ mm}$$

7.5.4　渐开线齿轮的传动特点

渐开线齿轮的传动特点如下：

(1) 传动比 $i = \dfrac{\omega_1}{\omega_2} = \dfrac{z_2}{z_1}$，即两齿轮的转速之比等于齿数的反比。

(2) 一对渐开线标准齿轮要正确啮合，必须满足一定的条件，即

$$
\begin{cases}
m_1 = m_2 = m \\
\alpha_1 = \alpha_2 = \alpha
\end{cases}
\tag{7-18}
$$

式(7-18)说明，一对渐开线标准直齿圆柱齿轮正确啮合的条件为：两轮的模数和压力角必须分别相等。

(3) 重合度(一对标准渐开线齿轮连续传动的条件)。从理论上讲，重合度 $\varepsilon = 1$，就能保证齿轮连续传动，但由于齿轮的制造和安装都有误差，因此，实际上必须有 $\varepsilon > 1$。

重合度 ε 表示了同时接触的轮齿对数，ε 愈大，传动愈平稳。对于压力角 $\alpha = 20°$、齿顶高系数 $h_a = 1$ 的直齿圆柱齿轮，$1 < \varepsilon < 2$。

(4) 根切现象与最少齿数。齿轮加工时根部被切除的现象称为根切。直齿圆柱齿轮不发生根切的最少齿数 $z = 17$，所以制造齿轮时最少齿数是 17。

*7.6　其他常用齿轮机构

前面讨论了直齿圆柱齿轮机构的有关问题，它是其他常用齿轮机构的基础。下面将叙述斜齿圆柱齿轮机构和圆锥齿轮机构的基本知识。

7.6.1　斜齿圆柱齿轮机构

1. 齿廓形成与啮合特点

在叙述直齿圆柱齿轮机构的齿廓时是仅就齿轮的端面来讨论的。实际上，齿轮具有宽度，因此，形成渐开线的基圆应是基圆柱，发生线应是发生面。当发生面沿基圆柱作纯滚动时，发生面上与基圆柱母线 NN 平行的任一直线 KK 的轨迹，即渐开线曲面，如图 7-29 所示。

斜齿圆柱齿轮齿廓的形成原理与直齿圆柱齿轮相似，所不同的是发生面上的直线 KK 与基圆柱母线 NN 成一夹角 β_b，如图 7-30 所示。当发生面沿基圆柱作纯滚动时，斜直线 KK 的轨迹为螺旋渐开线曲面，即斜齿轮的齿廓，它与基圆柱的交线 AA 是一条螺旋线，夹角 β_b 称为基圆柱上的螺旋角。齿廓曲面与齿轮端面的交线仍为渐开线。

由齿廓曲面的形成原理可知，直齿圆柱齿轮啮合时，每个瞬间的接触线都是平行于轴线的，所以两轮的轮齿在进入啮合时，是沿着全齿宽同时接触；在退出啮合时，也是沿着全齿宽同时脱开。同样轮齿上的载荷也是突然加上和突然卸下的，故传动的平稳性较差。而斜齿圆柱齿轮啮合时，每个瞬间的接触线都不与轴线平行，而是与轴线相倾斜的。两轮的轮齿开始啮合时，接触线长度由零逐渐增大；当到达某一位置后，接触线长度逐渐缩短，直到脱离啮合。因此，轮齿上的载荷也是逐渐由小到大，再由大到小的，故传动平稳，冲击和噪音较小。另外轮齿是螺旋形的，重合度大，同时参与啮合轮齿的对数多，承载能力强。

斜齿圆柱齿轮适用于高速重载的传动。

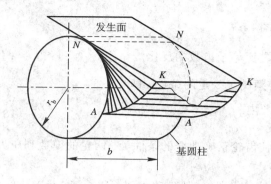

图 7-29 直齿轮齿廓的形成

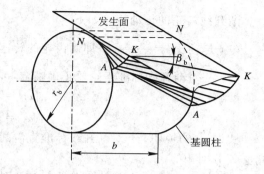

图 7-30 斜齿轮齿廓的形成

2. 基本参数及几何尺寸

1) 基本参数

斜齿圆柱齿轮与直齿圆柱齿轮不同。由于齿向的倾斜，它的主要参数有法面参数和端面参数之分。法面参数在垂直于轮齿方向的平面上度量；端面参数在垂直于齿轮轴线的平面上度量。分别用角标 n、t 以示区别。

（1）螺旋角 β。

螺旋线的切线与平行于轴线的母线所夹的锐角称为螺旋角。在不同的圆柱上有不同的螺旋角，基圆柱上的螺旋角为 β_b。若无特殊说明时，分度圆柱上的螺旋角用 β 表示。如图 7-31 所示，若以 S 表示螺旋线的导程，d、d_b 分别表示分度圆柱直径、基圆柱直径，α_t 表示端面压力角，则

$$\tan\beta = \frac{\pi d}{S} \tag{7-19}$$

$$\tan\beta_b = \frac{\pi d_b}{S} \tag{7-20}$$

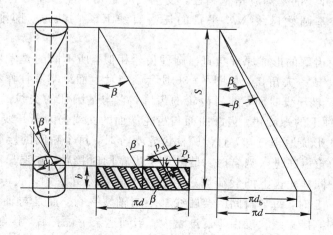

图 7-31 斜齿轮展开图

用式(7-19)除以式(7-20)，得

$$\frac{\tan\beta}{\tan\beta_b} = \frac{d}{d_b} = \frac{1}{\cos\alpha_t}$$

或

$$\tan\beta_b = \tan\beta \cos\alpha_t$$

按轮齿螺旋线的旋向，斜齿圆柱齿轮有左旋和右旋之分，如图7-32所示，其判别方法与螺纹相同。设计时，一般取 $\beta=(8°\sim15°)$。

（2）齿距与模数。

设 p_n、p_t 分别代表法面齿距和端面齿距，m_n、m_t 分别代表法面模数和端面模数，由图7-31可得

$$p_n = p_t \cos\beta \tag{7-21}$$

两边同时除以 π，得

$$m_n = m_t \cos\beta \tag{7-22}$$

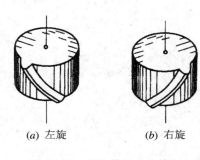

(a) 左旋　　　**(b) 右旋**

图 7-32　斜齿轮轮齿的旋向

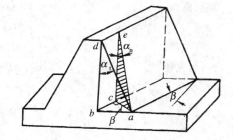

图 7-33　α_t、α_n、β 之间的关系示意图

（3）压力角。

为了便于分析，斜齿轮的法面压力角 α_n 和端面压力角 α_t 的关系用斜齿条来讨论。如图7-33所示，由法面和端面所构成的 $\triangle ace$、$\triangle abd$ 及 $\triangle acb$ 均为直角三角形，其几何关系为

$$\tan\alpha_n = \frac{l_{ac}}{l_{ce}}$$

$$\tan\alpha_t = \frac{l_{ab}}{l_{bd}}$$

$$\cos\beta = \frac{l_{ac}}{l_{ab}}$$

因 $l_{bd}=l_{ce}$，故

$$\tan\alpha_n = \tan\alpha_t \cos\beta \tag{7-23}$$

（4）齿顶高系数和顶隙系数。

斜齿圆柱齿轮在法面和端面上的齿顶高相同，顶隙也相同，即

$$h_{an}^* m_n = h_{at}^* m_t$$

$$c_n^* m_n = c_t^* m_t$$

将式(7-22)代入以上两式得

$$h_{\mathrm{at}}^* = h_{\mathrm{an}}^* \cos\beta \qquad\qquad (7-24)$$

$$c_{\mathrm{t}}^* = c_{\mathrm{n}}^* \cos\beta \qquad\qquad (7-25)$$

加工斜齿圆柱齿轮时，常用滚刀或成形铣刀切齿，这些刀具在切齿时沿着螺旋齿间的方向走刀，因此，齿轮的法面模数 m_{n}、法向压力角 α_{n}、法面齿顶高系数 h_{an}^* 和顶隙系数 c_{n}^* 均为标准值，其值与直齿圆柱齿轮的 m、α、h_{a}^* 和 c^* 一样。

2) 几何尺寸

斜齿圆柱齿轮的几何尺寸的计算方法基本上和直齿圆柱齿轮相同，其分度圆直径 d、节圆直径 d'、基圆直径 d_{b} 和中心距 a 应按端面模数和端面压力角计算。齿顶高和齿根高用法面参数计算较为方便。具体计算公式列于表 7-6 中。

表 7-6　外啮合标准斜齿圆柱齿轮的几何尺寸计算公式

名　　称	代　号	计 算 公 式
分度圆螺旋角	β	$\beta_1 = -\beta_2$，一般取 $8° \sim 25°$
法面模数	m_{n}	由齿轮承载能力计算确定，选取标准值
端面模数	m_{t}	$m_{\mathrm{t}} = m_{\mathrm{n}} / \cos\beta$
法面压力角	α_{n}	$\alpha_{\mathrm{n}} = 20°$，为标准值
端面压力角	α_{t}	$\tan\alpha_{\mathrm{t}} = \tan\alpha_{\mathrm{n}} / \cos\beta$
分度圆直径	d	$d = z m_{\mathrm{n}} / \cos\beta$
齿顶高	h_{a}	$h_{\mathrm{a}} = h_{\mathrm{at}}^* m_{\mathrm{t}} = h_{\mathrm{an}}^* m_{\mathrm{n}}$
齿根高	h_{f}	$h_{\mathrm{f}} = (h_{\mathrm{at}}^* + c_{\mathrm{t}}^*) m_{\mathrm{t}} = (h_{\mathrm{an}}^* + c_{\mathrm{n}}^*) m_{\mathrm{n}}$
全齿高	h	$h = h_{\mathrm{a}} + h_{\mathrm{f}}$
齿顶圆直径	d_{a}	$d_{\mathrm{a}} = d + 2 h_{\mathrm{a}}$
齿根圆直径	d_{f}	$d_{\mathrm{f}} = d - 2 h_{\mathrm{f}}$
基圆直径	d_{b}	$d_{\mathrm{b}} = d \cos\alpha_{\mathrm{t}}$
法面齿距	p_{n}	$p_{\mathrm{n}} = \pi m_{\mathrm{n}}$
端面齿距	p_{t}	$p_{\mathrm{t}} = \pi m_{\mathrm{t}} = \pi m_{\mathrm{n}} / \cos\beta$
标准中心距	a	$a = \dfrac{(d_1 + d_2)}{2} = \dfrac{m_{\mathrm{n}}}{2\cos\beta}(z_1 + z_2)$
当量齿数	z_{v}	$z_{\mathrm{v}} = z / \cos^3\beta$
固定弦齿厚	$\bar{s}_{\mathrm{cn}}$	$\bar{s}_{\mathrm{cn}} = 1.387\, m_{\mathrm{n}}$
固定弦齿高	$\bar{h}_{\mathrm{cn}}$	$\bar{h}_{\mathrm{cn}} = 0.7476 m_{\mathrm{n}}$
最少齿数	$z_{\min}$	$z_{\min} = 17 \cos^3\beta$
公法线长度	w_{n}	$w_{\mathrm{n}} = \bar{s}_{\mathrm{cn}} m_{\mathrm{n}} \left[2.9521(k-0.5) + 0.014 z \dfrac{\mathrm{inv}\,\alpha_{\mathrm{t}}}{\mathrm{inv}\,20°} \right]$
跨齿数	k	$k = 0.111 z \dfrac{\mathrm{inv}\,\alpha_{\mathrm{t}}}{\mathrm{inv}\,20°} z + 0.5$

3. 正确啮合条件

一对外啮合标准斜齿圆柱齿轮要正确啮合必须满足：两齿轮的法面模数和压力角分别相等，螺旋角大小相同、旋向相反，即

$$\begin{cases} m_{n1} = m_{n2} = m_n \\ \alpha_{n1} = \alpha_{n2} = \alpha_n \\ \beta_1 = -\beta_2 \end{cases}$$

4. 当量齿数和最少齿数

用铣刀加工斜齿轮时，铣刀是沿着螺旋线方向进刀的，斜齿轮法向齿形必须与刀具相吻合，即按斜齿轮的法向齿形来选择铣刀。因此，需要确定斜齿轮的法向齿形。

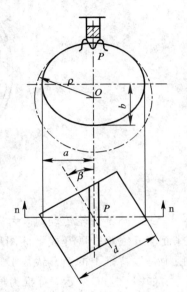

如图 7 - 34 所示，过斜齿轮分度圆螺旋线上的一点 P，作垂直于轮齿的法向截面，该截面为一椭圆，椭圆在 P 点的曲率半径为 ρ。若以 ρ 为分度圆半径，以此斜齿轮的 m_n、α_n 作出一个假想的直齿圆柱齿轮齿形，则其齿形十分近似于该斜齿轮的法向齿形。这个假想的直齿轮称为该斜齿轮的当量齿轮，它的齿数称为当量齿数，用 z_v 表示。z_v 可由下式计算

$$z_v = \frac{z}{\cos^3 \beta} \tag{7-26}$$

式中，z 为斜齿轮的齿数；β 为螺旋角。

在确定斜齿轮不产生根切的最少齿数时，以当量齿数 z_v 为依据，当量齿轮的最少齿数 $z_{vmin} = 17$，由式（7-26）得出正常齿制、$\alpha_n = 20°$ 时，标准斜齿轮不产生根切的最少齿数为

图 7 - 34 斜齿轮的当量齿数

$$z_{min} = z_{vmin} \cos^3 \beta = 17 \cos^3 \beta$$

由上式可知，斜齿轮的最少齿数值比直齿轮小。

例如，$\alpha_n = 20°$，$\beta = 15°$ 时，斜齿轮的最少齿数是

$$z_{min} = 17 \cos^3 15° = 15$$

7.6.2 圆锥齿轮机构

1. 圆锥齿轮概述

圆锥齿轮用于传递两相交轴之间的运动和动力，两轴交角 Σ 可根据需要确定，一般机械中多采用 90°，其轮齿分布在一个截锥体的锥面上，因此其齿形从大端到小端逐渐变小。圆锥齿轮的轮齿分直齿、斜齿和曲齿三种类型，与圆柱齿轮相仿，有齿顶圆锥、分度圆锥、齿根圆锥和基圆锥之分。

为了便于计算和测量，规定大端的参数为标准值。因直齿圆锥齿轮在设计、制造和安装等方面都较简便，故应用广泛。这里只简单介绍直齿圆锥齿轮机构的有关理论和计算方法。

2. 背锥与当量齿数

直齿圆锥齿轮齿廓形成原理如图 7 - 35 所示，圆平面 S 为发生面，圆心 O 与基圆锥顶相重合，当它绕基圆锥做纯滚动时，任意半径 OK 便在空间形成齿廓曲面。K 点的轨迹即是以 O 为圆心，以 OK 为半径的球面上的渐开线。

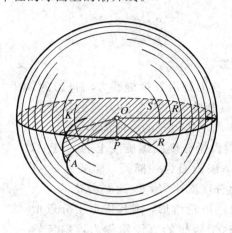

图 7 - 35　球面渐开线及其形成

一对圆锥齿轮传动时，大端上的齿廓曲线理论上应为同一球面上的球面渐开线。但是球面渐开线不能展开成平面图形，使设计、制造和测量都出现很大的困难。因此在实际应用中是以背锥上的渐开线齿形近似代替球面渐开线齿形。

如图 7 - 36 所示，背锥为母线与分度圆锥母线相垂直的截锥体。若将两齿轮有齿形的背锥展开成平面，可得两扇形齿轮，其齿数为两圆锥齿轮的齿数，分别是 z_1、z_2，两扇形齿轮分度圆的半径 r_{v1}、r_{v2} 即为背锥的锥距。若将扇形齿轮补充成完整的圆柱齿轮，则这圆柱齿轮称为圆锥齿轮的当量齿轮，其齿数 z_{v1}、z_{v2} 称为两圆锥齿轮的当量齿数。由图 7 - 36 可知

$$r_{v1} = \frac{r_1}{\cos\delta_1} = \frac{mz_1}{2\cos\delta_1}$$

$$r_{v2} = \frac{mz_{v1}}{2}$$

得

$$\begin{cases} z_{v1} = \dfrac{z_1}{\cos\delta_1} \\ z_{v2} = \dfrac{z_2}{\cos\delta_2} \end{cases}$$

由于 $\cos\delta_1$ 和 $\cos\delta_2$ 总是小于 1，故 $z_{v1} > z_1$，$z_{v2} > z_2$。

用仿形法加工圆锥齿轮时，应根据当量齿数选择铣刀规格。对标准直齿圆锥齿轮，不产生根切的最少齿数，也以当量齿数来确定，即

$$z_{min} = z_{vmin}\cos\delta = 17\cos\delta$$

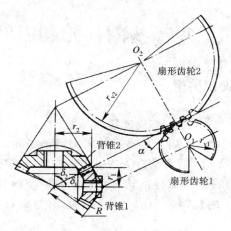

图 7 - 36　背锥和当量齿轮

3. 直齿圆锥齿轮传动正确啮合条件和几何尺寸

1）正确啮合条件

一对直齿圆锥齿轮的啮合，相当于一对当量直齿圆柱齿轮的啮合，故一对圆锥齿轮正确啮合的条件是

$$\begin{cases} m_1 = m_2 = m \\ \alpha_1 = \alpha_2 = \alpha \end{cases}$$

即两轮大端模数和压力角必须分别相等。

2）几何尺寸

因为直齿圆锥齿轮的大端尺寸最大，为了便于计算和测量，其基本参数和几何尺寸以大端为准。取大端模数 m 为标准值，大端压力角 $\alpha = 20°$，齿顶高系数 $h_a^* = 1$，顶隙系数 $c^* = 0.2$。标准直齿圆锥齿轮机构传动各部分的几何尺寸如图 7 - 37 所示。图示为 $\Sigma = \delta_1 + \delta_2 = 90°$ 的标准直齿圆锥齿轮机构传动的几何尺寸。

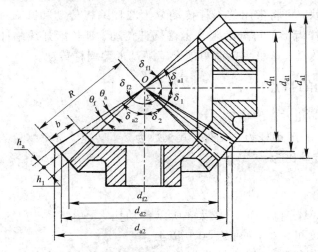

图 7 - 37　标准直齿圆锥齿轮机构各部分的几何尺寸

标准直齿圆锥齿轮机构几何尺寸的计算公式可查阅相关参考书。

7.7 蜗 杆 机 构

7.7.1 蜗杆机构的组成和类型

1. 蜗杆机构的组成

蜗杆机构由蜗杆和蜗轮组成,用于传递空间两交错轴之间的运动和动力,两轴的交错角通常为90°,如图7-38所示。通常蜗杆为主动件,外形与螺杆相似,其螺纹有单头和多头、左旋和右旋之分;蜗轮的形状与斜齿轮相似,但为了使蜗杆和蜗轮齿面更好地接触,轮齿沿齿宽方向为圆弧形。蜗轮螺旋角 β 的大小、方向与蜗杆螺旋升角 γ 的大小、方向相同。

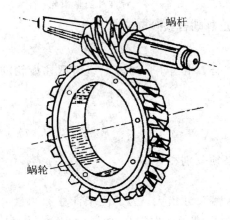

图 7 - 38   蜗杆蜗轮机构

2. 蜗杆机构的类型

根据蜗杆的形状,可将常用的蜗杆传动分为圆柱蜗杆传动和圆弧面蜗杆传动两大类。圆柱蜗杆传动按蜗杆齿形又可分为阿基米德蜗杆传动、延长渐开线蜗杆传动、渐开线蜗杆传动和圆弧齿蜗杆传动。这里主要简单地介绍阿基米德蜗杆传动。

7.7.2 蜗杆传动的特点

蜗杆传动有以下几方面的特点:

(1)传动比大。一般蜗杆为主动件,其头数为 z_1,转速为 n_1;蜗轮为从动件,其齿数为 z_2,转速为 n_2。其传动比为

$$i = \frac{n_1}{n_2} = \frac{z_2}{z_1}$$

因为一般 $z_1 = (1 \sim 4)$,而 z_2 较大,所以传动比大,并且结构紧凑。在动力传动中,$i = (10 \sim 80)$;在分度机构中,i 可达 1000 以上。

(2)传动平稳无噪音。由于蜗杆为螺旋齿形,它与蜗轮的啮合是连续的,因此传动平稳无噪音。

（3）具有自锁性。当蜗杆螺旋升角小于当量摩擦角，即 $\gamma < \rho$ 时可以自锁。

（4）传动效率低。在一般传动中，$\eta = (0.7 \sim 0.8)$，自锁时，$\eta = 0.5$。因此，蜗杆蜗轮机构只适用于中、小功率（50 kW 以下）的传动。

（5）成本较高。蜗轮常需用较贵重的青铜制造，所以成本较高。

7.7.3　主要参数

1. 模数 m 和压力角 α

图 7-39 所示为阿基米德蜗杆与蜗轮在主平面上的啮合图。在主平面上，蜗杆传动与齿轮齿条传动相同，其齿形及大小也用模数和压力角表示。我国规定蜗轮端面上的模数 m_t 和压力角 α_t 为标准值，并取 $\alpha_t = 20°$。蜗杆与蜗轮正确啮合的条件是：

$$\begin{cases} m_{x1} = m_{t2} = m \\ \alpha_{x1} = \alpha_{t2} = \alpha \\ \gamma = \beta \end{cases}$$

式中，γ 为蜗杆分度圆上的导程角（一般为 $3.18° \sim 29.74°$）；β 为蜗轮分度圆上的螺旋角；m_{x1}、α_{x1} 分别为蜗杆的轴向模数和轴向压力角。

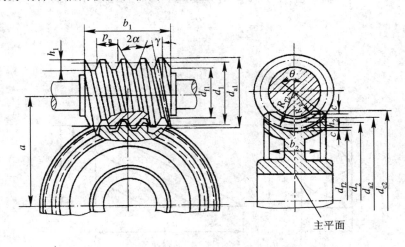

图 7-39　阿基米德蜗杆传动的几何尺寸

2. 蜗杆头数 z_1 和蜗轮齿数 z_2 以及传动比 i

当蜗杆转过一周时，蜗轮被蜗杆推动转过 z_1 个齿，其传动比为

$$i = \frac{n_1}{n_2} = \frac{z_2}{z_1}$$

式中，n_1、n_2 分别为蜗杆和蜗轮的转速（r/min）。

蜗杆头数 z_1 一般为 $1 \sim 4$。当传动比一定时，z_1 减小，z_2 相应也减小，可使结构紧凑，但蜗杆螺旋升角也相应减小，使传动效率降低；但 z_1 越大，加工越困难。所以，一般在分度机构或要求自锁的装置中，$z_1 = 1$；而在动力传动中，为了提高效率，宜用多头蜗杆。

蜗轮齿数由 $z_2 = iz_1$ 确定。为了避免根切，当 $z_1 = 1$ 时，$z_{2\,min} = 18$；当 $z_1 > 1$ 时，$z_{2\,min} = 27$。蜗杆的头数和蜗轮的齿数选取可参见表 7-7。

表 7-7 蜗杆头数和蜗轮齿数的荐用值

$i = z_2/z_1$	z_1	z_2
7～8	4	28～32
9～13	3～4	27～52
14～24	2～3	28～72
25～27	2～3	50～81
28～40	1～2	28～80
≥40	1	≥40

3. 蜗杆分度圆直径 d、蜗杆导程角 γ 和蜗杆直径系数 q

设蜗杆头数为 z_1，轴向齿距为 p_{x1}，则分度圆上的导程角为 γ，由图 7-40 可得

$$\tan\gamma = \frac{z_1 p_{x1}}{\pi d_1} = \frac{z_1 m}{d_1}$$

或

$$d_1 = \frac{z_1 m}{\tan\gamma}$$

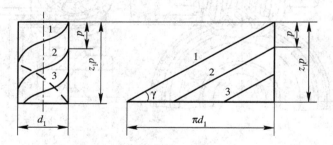

图 7-40 蜗杆分度圆柱展开图

由于加工蜗轮的滚刀尺寸与其相啮合的蜗杆尺寸基本一致，即蜗杆直径 d_1 不仅与 m 有关，而且与 z_1 和 γ 有关。为了减少刀具数量，便于刀具标准化，对蜗杆分度圆直径 d_1 规定了标准值。每个模数规定了 1～4 个蜗杆分度圆直径。

蜗杆分度圆直径 d_1 与 m 的比值称为蜗杆直径系数 q，即

$$q = \frac{d_1}{m}$$

d_1、m 已标准化，q 为导出量，不一定是整数，对于传递动力的蜗杆，q 的值为 8～18。m、d_1、z_1、q 的配置见表 7-8。

表 7-8　普通圆柱蜗杆传动的标准值配置表（摘自 GB 10085—88）

模数 m/mm	分度圆直径 d_1/mm	蜗杆头数 z_1	直径系数 q	$m^2 d_1$/mm³	模数 m/mm	分度圆直径 d_1/mm	蜗杆头数 z_1	直径系数 q	$m^2 d_1$/mm³
1	18	1	18	18	6.3	(80)	1,2,4	12.698	3175
1.25	20	1	16	31.25		**112**	1	17.778	4445
	22.4	1	17.92	35	8	(63)	1,2,4	7.875	4032
1.6	20	1,2,4	12.5	51.2		80	1,2,4,6	10	5376
	28	1	17.5	71.68		(100)	1,2,4	12.5	6400
2	(18)	1,2,4	9	72		**140**	1	17.5	8960
	22.4	1,2,4,6	11.2	89.6	10	(71)	1,2,4	7.1	7100
	(28)	1,2,4	14	112		90	1,2,4,6	9	9000
	35.5	1	17.75	142		(112)	1,2,4	11.2	11 200
2.5	(22.4)	1,2,4	8.96	140		160	1	16	16 000
	28	1,2,4,6	11.2	175	12.5	(90)	1,2,4	7.2	14 062
	(35.5)	1,2,4	14.2	221.9		112	1,2,4	8.96	17 500
	45	1	18	281		(140)	1,2,4	11.2	21 875
3.15	(28)	1,2,4	8.889	278		200	1	16	31 250
	35.5	1,2,4,6	11.27	352	16	(112)	1,2,4	7	28 675
	45	1,2,4	14.286	447.5		140	1,2,4	8.75	35 840
	56	1	17.778	556		(180)	1,2,4	11.25	46 080
4	(31.5)	1,2,4	7.875	504		250	1	15.625	64 000
	40	1,2,4,6	10	640	20	(140)	1,2,4	7	56 000
	50	1,2,4	12.5	800		160	1,2,4	8	64 000
	71	1	17.75	1136		(224)	1,2,4	11.2	89 600
5	(40)	1,2,4	8	1000		315	1	15.75	126 000
	50	1,2,4,6	10	1250	25	(180)	1,2,4	7.2	112 500
	(63)	1,2,4	12.6	1575		200	1,2,4	8	125 000
	90	1	18	2250		(280)	1,2,4	11.2	175 000
6.3	(50)	1,2,4	7.936	1985		400	1	16	250 000
	63	1,2,4,6	10	2500					

注：① 括号内的模数尽可能不用。

② 表中黑体数字为 $\gamma < 3°30'$ 的自锁蜗杆的分度圆直径。

7.7.4　蜗杆传动回转方向的确定和几何尺寸计算

（1）蜗杆蜗轮传动时，其蜗杆与蜗轮的转动方向用"左、右手法则"判定，如图 7-41 所示。当蜗杆为右旋时，用右手，其四指顺蜗杆转向"握住"蜗杆轴线，则大拇指的反方向即为蜗轮的转向，如图 7-41(a)所示；当蜗杆为左旋时，则用左手按相同的方法判定蜗轮转向，如图 7-41(b)所示。

（2）蜗杆传动的几何尺寸计算。

阿基米德蜗杆传动的主要几何尺寸及计算公式见表 7-9。

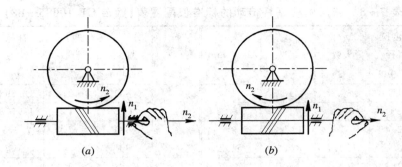

图 7-41 确定蜗轮的旋转方向

表 7-9 阿基米德蜗杆传动的主要几何尺寸及计算

名 称	代 号	公 式
蜗杆轴面模数或蜗轮端面模数	m	由强度条件确定，取标准值（见表 7-8）
中心距	a	$a = \dfrac{m}{2}(q + z_2)$
传动比	i	$i = z_2 / z_1$
蜗杆轴向齿距	p_x	$p_x = \pi m$
蜗杆导程	P_z	$P_z = z_1 p_x$
蜗杆分度圆导程角	γ	$\tan\gamma = z_1 / q$
蜗杆分度圆直径	d_1	$d_1 = mq$
蜗杆轴面压力角	α_x	$\alpha_x = 20°$（阿基米德蜗杆）
蜗杆齿顶高	h_{a1}	$h_{a1} = h_a^* m$
蜗杆齿根高	h_{f1}	$h_{f1} = (h_a^* + c^*)m$
蜗杆全齿高	h_1	$h_1 = h_{a1} + h_n = (2h_a^* + c^*)m$
齿顶高系数	h_a^*	一般 $h_a^* = 1$，短齿 $h_a^* = 0.8$
顶隙系数	c^*	一般 $c^* = 0.2$
蜗杆齿顶圆直径	d_{a1}	$d_{a1} = d_1 + 2h_{a1} = d_1 + 2h_a^* m$
蜗杆齿根圆直径	d_{f1}	$d_{f1} = d_1 - 2h_{f1} = d_1 - 2(h_a^* + c^*)m$
蜗杆螺纹部分长度	b_1	当 $z_1 = 1$，2 时，$b_1 \geqslant (11 + 0.06z_2)m$ $z_1 = 3$，4 时，$b_1 \geqslant (12.5 + 0.09z_2)m$ 磨削蜗杆加长量：当 $m < 10$ 时，$\Delta b_1 = (15 \sim 25)$ mm 当 $m = (10 \sim 14)$ 时，$\Delta b_1 = 35$ mm 当 $m \geqslant 16$ mm 时，$\Delta b_1 = 50$ mm

续表

名　称	代号	公　式
蜗轮分度圆直径	d_2	$d_2 = mz_2$
蜗轮齿顶高	h_{a2}	$h_{a2} = h_a^* m$
蜗轮齿根高	h_{f2}	$h_{f2} = (h_a^* + c^*)m$
蜗轮齿顶圆直径	d_{a2}	$d_{a2} = d_2 + 2h_a^* m$
蜗轮齿根圆直径	d_{f2}	$d_{f2} = d_2 - 2(h_a^* + c^*)m$
蜗轮外圆直径	d_{e2}	当 $z_1 = 1$ 时，$d_{e2} = d_{a2} + 2m$ $z_1 = 2, 3$ 时，$d_{e2} = d_{a2} + 1.5m$ $z_1 = (4\sim6)$ 时，$d_{e2} = d_{a2} + m$，或按结构设计
蜗轮齿宽	b_2	当 $z_1 \leqslant 3$ 时，$b_2 \leqslant 0.75\, d_{a1}$ $z_1 = (4\sim6)$ 时，$b_2 \leqslant 0.67\, d_{a1}$
蜗轮齿宽角	θ	$\sin\dfrac{\theta}{2} = \dfrac{b_2}{d_1}$
蜗轮咽喉母圆半径	r_{g2}	$r_{g2} = a - \dfrac{d_{a2}}{2}$

习　题　7

7-1　凸轮从动件的结构形式有几种？它们如何与凸轮保持接触？请作图说明。

7-2　设计凸轮机构时，对压力角有什么要求？如何检测凸轮机构压力角？

7-3　用作图法求题 7-3 图中各凸轮从图示位置逆时针转过 45°时凸轮机构的压力角，并在图上标明。

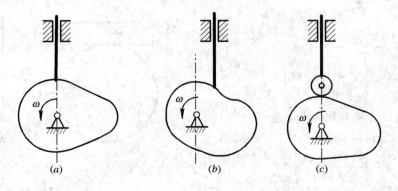

题 7-3 图

7-4　题 7-4 图所示为尖顶对心直动从动件盘形凸轮机构的运动线图（位移线图），图中给出的运动线图尚不完整，试在图上补全运动线图，并指出哪些点产生刚性冲击，哪些点产生柔性冲击。

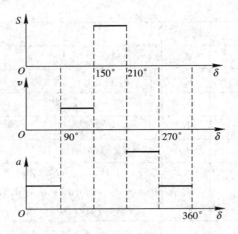

题 7 - 4 图

7 - 5 一对心尖顶移动从动件盘形凸轮，按逆时针方向转动，运动规律为：

δ	0°～90°	90°～150°	150°～300°	300°～360°
S	等速上升 40 mm	停程	等加速等减速下降至原处	停程

求：（1）作位移曲线；

（2）若基圆半径 $r_b = 45$ mm，试绘出凸轮轮廓（$\mu = 1 : 1$，$\mu_\delta = 2$(°)/mm）；

（3）校核压力角。

7 - 6 上题如改成滚子从动件，滚子半径 $r_g = 12$ mm，试绘出凸轮轮廓曲线。如凸轮轮廓不能保持从动件运动规律，试估计误差发生在何处。

7 - 7 已知一标准直齿圆柱齿轮 $m = 5$ mm，$z = 30$，$\alpha = 20°$，$h_a = 1$，$c^* = 0.25$，试求该齿轮的主要尺寸 d，h_a，h_f，h，d_a，d_f，s，e。

7 - 8 一标准斜齿圆柱齿轮传动，已知 $z_1 = 20$，$z_2 = 40$，$m_n = 8$ mm，$\alpha = 20°$，$\beta = 20°$，$b = 30$ mm，$h_{an}^* = 1$。求 d_1，d_2，d_{a1}，d_{a2}，a，z_{v1}，z_{v2}。

7 - 9 有一蜗杆机构，已知 $m = 6$ mm，$q = 9$，$z_1 = 1$，$I = 30$，$h_a^* = 1$，$c^* = 0.2$。试计算其主要几何尺寸。

7 - 10 铣床中一蜗杆机构，已知 $m = 4$ mm，$\alpha = 20°$，$z_1 = 2$，$I = 20.5$，$h_a^* = 1$，$c^* = 0.2$。试求主要参数和中心距。

7 - 11 怎样判断蜗轮、蜗杆的回转方向？试判别题 7 - 11 图中各蜗杆传动中蜗轮、蜗杆的回转方向及螺旋方向。

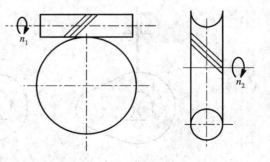

题 7 - 11 图

第 8 章　螺纹连接和键连接

提要 ⟩ 联接的类型很多，分为可拆联接和不可拆联接两类。不损坏联接中任何一零件就可将被联接件拆开的联接称为可拆联接，这类联接可经多次装拆仍无损其零件的使用性能，如螺纹联接、键联接和销联接等。不可拆联接是指至少必须毁坏联接中的某一零件才能拆开的联接，如焊接、粘接和铆钉联接等。本章主要对机械中常用的可拆联接——螺纹联接和键联接的类型、结构、特点及应用作一定的介绍。

8.1　螺纹的分类与主要参数

8.1.1　螺纹的分类

根据螺纹轴向剖面的形状即螺纹的牙型，可将螺纹分为三角形、矩形、梯形和锯齿形螺纹，如图 8-1 所示。其中三角形螺纹主要用于联接，其余多用于传动。除矩形螺纹外，其他螺纹已标准化了。

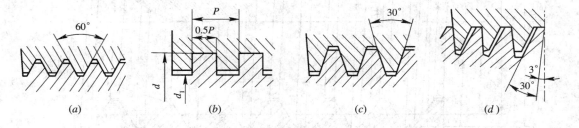

图 8-1　螺纹的牙形

（*a*）三角形螺纹；（*b*）矩形螺纹；（*c*）梯形螺纹；（*d*）锯齿形螺纹

根据螺纹的螺旋线绕行方向的不同，螺纹可分为右旋螺纹和左旋螺纹，如图 8-2 所示。常用的为右旋螺纹，左旋螺纹只用于有特殊要求的场合。

根据螺纹螺旋线的数目，还可将螺纹分为单线（单头）螺纹和多线螺纹，如图 8-3 所示。单线螺纹主要用于联接，多线螺纹主要用于传动。

螺纹还可分为内螺纹和外螺纹。圆柱体的外表面上形成的螺纹为外螺纹，而圆孔的表面上形成的螺纹为内螺纹。

螺纹还可分为普通螺纹、管螺纹、锥螺纹等。普通螺纹又有粗牙和细牙两种。

螺纹有米制和英制两种，我国除管螺纹外，其他都采用米制螺纹。

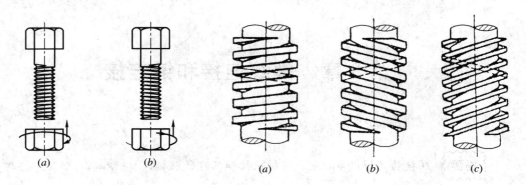

图 8 - 2　螺纹的旋向

(a) 右旋螺纹；(b) 左旋螺纹

图 8 - 3　不同线数的螺纹

(a) 单线螺纹；(b) 双线螺纹；(c) 三线螺纹

8.1.2　螺纹的主要参数

现以圆柱普通螺纹为例，说明螺纹的主要参数。见图 8 - 4。

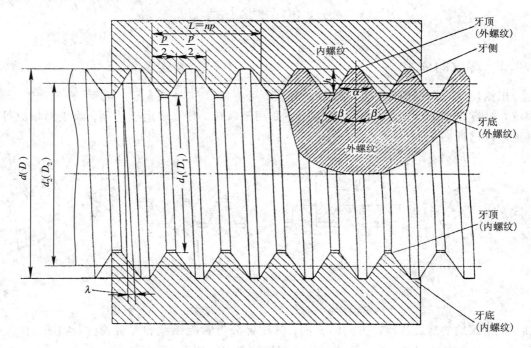

图 8 - 4　圆柱普通螺纹的主要参数

（1）大径 d、D（外螺纹用小写，内螺纹用大写）　螺纹的最大直径，即与外螺纹牙顶或内螺纹牙底相重合的假想圆柱直径，是螺纹的公称直径。

（2）小径 d_1、D_1　螺纹的最小直径，即与外螺纹牙底或内螺纹牙顶相重合的假想圆柱直径。

（3）中径 d_2、D_2　一个假想圆柱的直径，其母线通过牙型上牙厚和牙间宽度相等的地方。

（4）螺纹线数 n　螺纹的螺旋线数目。

（5）螺距 p　螺纹相邻两牙在中径线上对应两点间的轴向距离。

（6）导程 L　同一条螺旋线上相邻两牙在中径线上对应两点间的轴向距离。单线螺纹，$L=p$；多线螺纹，$L=np$。

（7）螺纹升角 λ　在中径圆柱上，螺旋线的切线与垂直于螺纹轴线的平面间的夹角，

$$\tan\lambda = \frac{L}{\pi d_2} = \frac{np}{\pi d_2} \tag{8-1}$$

（8）牙型角 α　轴向剖面内螺纹牙型两侧面的夹角。

（9）牙型斜角 β　轴向剖面内螺纹牙型一侧边与螺纹轴线的垂线间的夹角。

8.2　螺纹联接的预紧与防松

8.2.1　螺纹联接的基本类型

螺纹联接的基本类型、特点和应用见表 8-1。

表 8-1　螺纹联接的基本类型、特点及应用

类型	结　构　图	尺　寸　关　系	特点及其应用
螺栓联接（受拉螺栓 / 受剪螺栓）		螺纹余量长度 l_1： 静载荷 $l_1 \geqslant (0.3 \sim 0.5)d$ 变载荷 $l_1 \geqslant 0.75d$ 铰制孔用螺栓的 l_1 应尽可能小于螺纹伸出长度 a， $a=(0.2 \sim 0.3)d$ 螺纹轴线到边缘的距离 e $e=d+(3\sim6)$ mm 螺栓孔直径 d_0 普通螺栓 $d_0=1.1d$ 铰制孔用螺栓的 d_0 与 d 的对应关系见下表： | d	M6～M27	M30～M48
---	---	---
d_0	$d+1$ mm	$d+2$ mm		结构简单、装拆方便，应用广泛，通常用于被联接件不太厚和便于加工通孔的场合

类型	结 构 图	尺 寸 关 系	特点及其应用
双头螺柱联接		螺纹拧入深度 H： 钢或青铜：$H \approx d$ 铸铁：$H = (1.25 \sim 1.5)d$ 铝合金：$H = (1.5 \sim 2.5)d$ 螺纹孔深度 $H_1 = H + (2 \sim 2.5)p$ 钻孔深度 $H_2 = H_1 + (0.5 \sim 1)d$ l_1，a，e 值同普通螺栓联接的情况	螺柱的一端旋紧在一被联接件的螺纹孔中，另一端则穿过另一被联接件的孔。通常用于被联接件之一太厚、结构要求紧凑或经常拆装的场合
螺钉联接		螺纹拧入深度 H： 钢或青铜：$H \approx d$ 铸铁：$H = (1.25 \sim 1.5)d$ 铝合金：$H = (1.5 \sim 2.5)d$ 螺纹孔深度 $H_1 = H + (2 \sim 2.5)p$ 钻孔深度 $H_2 = H_1 + (0.5 \sim 1)d$ l_1，a，e 值同普通螺栓联接的情况	适用于被联接件之一太厚且不经常拆装的场合
紧定螺钉联接		$d = (0.2 \sim 0.3)d_h$ 当力和转矩大时取较大值	螺钉的末端顶住零件的表面或顶入该零件的凹坑中将零件固定，它可以传递不大的横向力或转矩

8.2.2 螺纹的预紧

大多数螺纹联接在装配时就已经拧紧,称为预紧。预紧的螺栓联接称为紧联接,不预紧的螺栓联接称为松联接。预紧的目的是增强螺栓联接的可靠性,提高紧密性和防止松脱。对于受拉力作用的螺栓联接,还可提高螺栓的疲劳强度;对于受横向载荷的紧螺栓联接,有利于增大联接中的摩擦力。

预紧使螺栓所受到的拉力称为预紧力。如果预紧力过小,则会使联接不可靠;若预紧力过大,则会导致联接件的损坏。对于一般的联接,可凭经验来控制预紧力的大小,但对重要的联接就要严格控制其预紧力,可通过控制拧紧力矩来实现。生产中常用测力矩扳手(见图 8-5(a))和定力矩扳手(见图 8-5(b))来控制拧紧力矩。要求较精确控制时,则可采用测螺栓伸长变形的方法,见图 8-6。

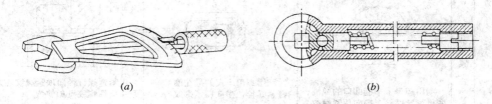

(a)　　　　　　　　　　　　　　(b)

图 8-5 力矩扳手

(a) 测力矩扳手;(b) 定力矩扳手

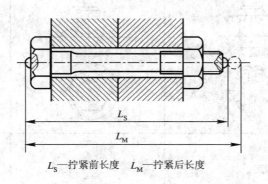

L_S—拧紧前长度　　L_M—拧紧后长度

图 8-6 测量螺栓伸长量的方法

8.2.3 螺纹的防松

联接中常用的单线螺纹和管螺纹都能满足自锁条件,即螺纹升角 λ 小于当量摩擦角 φ,在静载荷或冲击振动不大、温度变化不大时,不会自行松脱。但在冲击、振动载荷或变载荷下,当温度变化大时,联接有可能松动,甚至松脱,这就可能发生事故。所以在设计时,必须考虑防松问题。

螺栓联接防松的实质在于防止工作时螺栓与螺母的相对转动。具体的防松方法和防松装置很多,工作原理可分为摩擦防松、机械防松和永久止动三类,见表 8-2。

表 8 - 2　螺纹联接常用防松方法

防松原理	防　松　方　法			
摩擦防松使螺纹副中产生附加压力，从而始终有摩擦力矩存在，防止螺母相对螺栓转动	轴向压紧	双螺母 两螺母对顶拧紧使螺纹压紧	弹簧垫圈 利用垫圈弹性变形使螺纹压紧	开缝螺母 用小螺钉拧紧螺母上的开缝压紧螺纹
	径向压紧	锁紧螺母 利用螺母末端椭圆口的弹性变形箍紧螺栓，横向压紧螺纹	尼龙圈锁紧螺母 利用螺母末端的尼龙圈箍紧螺栓，横向压紧螺纹	紧定螺钉固定 用紧定螺钉径向顶紧螺纹，为避免损坏螺纹可加软垫
机械防松利用一些简易的金属止动件直接防止螺纹副的相对转动		开口销防松	止动垫圈防松	金属丝防松
永久止动螺母拧紧后破坏螺纹副使螺母不能转动，但除粘合法外拆卸困难		焊或铆住	冲点	粘合 在螺纹副间或支承面涂胶

8.2.4　螺栓组联接的结构设计中应注意的问题

　　螺栓组联接的结构设计主要是确定螺栓联接接合面的几何形状、螺栓的数目及布置形式，力求使各螺栓和联接接合面间受力均匀，使其便于加工和装配。因此，设计时应综合考虑以下几方面的问题。

（1）接合面的几何形状通常设计成轴对称的简单几何形状（见图 8-7），使螺栓组的几何中心与接合面的形心重合，保证接合面受力均匀，且便于制造。

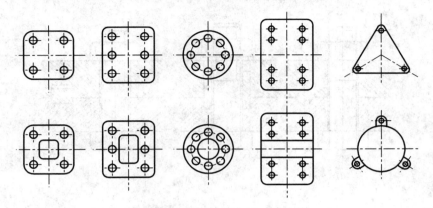

图 8-7　螺栓组联接接合面常用形状

（2）受横向载荷的螺栓组，应避免沿横向载荷方向布置过多的螺栓（一般不超过 8 个），以免受力不均匀。

（3）在同一圆周上螺栓数目取 3、4、6、8、12 等，便于画线和分度。

（4）同一组螺栓在联接中，各螺栓的直径和材料均应相同。

（5）螺栓组排列应有一定的间距，螺栓中心线与机体壁之间、螺栓相互之间的距离应根据扳手空间大小和联接的密封性要求确定。图 8-8 所示的扳手空间尺寸可查手册，压力容器密封性要求较高的重要联接，螺栓排列的间距不得大于表 8-3 的推荐值。

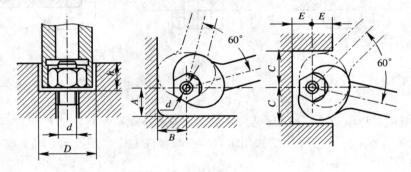

图 8-8　扳手空间尺寸示意图

表 8-3　螺　栓　间　距

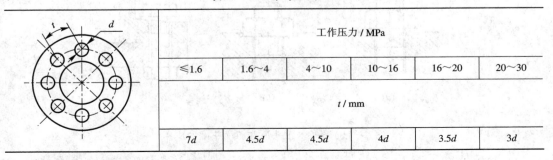

	工作压力 / MPa					
	≤1.6	1.6～4	4～10	10～16	16～20	20～30
	t / mm					
	7d	4.5d	4.5d	4d	3.5d	3d

注：表中 d 为螺纹公称直径。

（6）若螺栓组同时承受较大的横向和轴向载荷，应采用销、套筒、键等零件来承受横向载荷，以减小螺栓的结构尺寸，如图 8-9 所示。

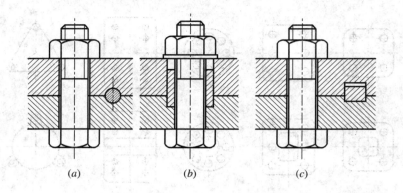

（a）　　　　　　　　　　（b）　　　　　　　　　　（c）

图 8-9　承受横向载荷的减载装置

（a）用减载销；（b）用减载套筒；（c）用减载键

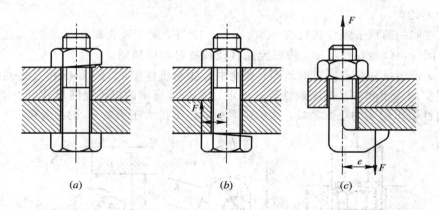

（a）　　　　　　　　　　（b）　　　　　　　　　　（c）

图 8-10　螺栓承受的偏心载荷

（7）应避免螺栓承受偏心载荷（见图 8-10）。为减小载荷相对于螺栓轴心的偏距，以保证螺栓头部支承面平整并与螺栓轴线相垂直，被联接件上应采用凸台、沉头座或斜面垫圈（见图 8-11）结构。

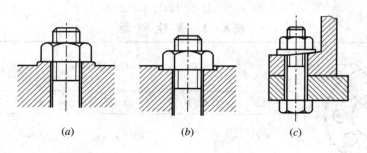

（a）　　　　　　　　　　（b）　　　　　　　　　　（c）

图 8-11　凸台、沉头座和斜面垫圈的应用

（a）凸台；（b）沉头座；（c）斜面垫圈

螺栓联接的设计除了结构设计外，还有强度设计。有关螺栓强度设计的方法可参考有关资料，这里不作介绍。

8.3　键联接的分类及选用

键主要用于轴和轮毂之间的周向固定，以传递运动和转矩。有些类型的键还可以实现轴向固定，传递轴向力，有些则能构成轴向动联接。常用的有键联接和花键联接等。

8.3.1　键联接的类型

键是标准件，按装配方式的不同可分为两大类：松键联接(平键和半圆键)和紧键联接(楔键和切向键)。

1. 松键联接

松键联接分为平键联接和半圆键联接两类。

1) 平键联接

平键的侧面为工作面。平键的上表面和轮毂之间留有间隙。工作时，靠键侧面与键槽的相互挤压来传递转矩。这种键结构简单、装拆方便、对中性好，因而得到广泛的应用。这种键不能用来传递轴向力，因而对轴上零件不能起到轴向固定作用。

根据用途的不同，平键分为普通平键、导向平键和滑键。

(1) 普通平键　普通平键用于静联接，其端部形状分为圆头(A 型)、方头(B 型)和半圆头(C 型)(见图 8 − 12(a))。A 型和 C 型用指状铣刀加工轴上键槽，轴上键槽部应力集中较大，B 型用盘铣刀加工轴上键槽，槽部应力集中较小。普通平键联接见图 8 − 12(b)、(c)。

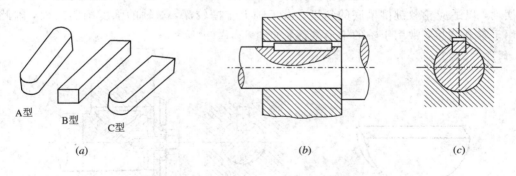

A型　B型　C型
(a)　　　　　　　　　(b)　　　　　(c)

图 8 − 12　普通平键类型及联接

(2) 导向平键和滑键　导向平键是加长的普通平键，其端部形状有 A 型和 B 型两种，如图 8 − 13(a)所示。导向平键联接是将键用螺钉固定在轴上的键槽中，转动零件的轮毂可在轴上沿轴向滑动。为了拆卸方便，在键的中部加工有为起键用的螺钉孔。导向平键联接适用于轴上零件的轴向移动量较小的场合。当轴上零件的轴向移动量要求很大时，导向平键将很长，不易制造，这时可采用滑键。滑键联接是将键固定在轮毂上，与轮毂一起在轴的键槽中滑动。导向平键与滑键的联接分别如图 8 − 13(b)、(c)所示。

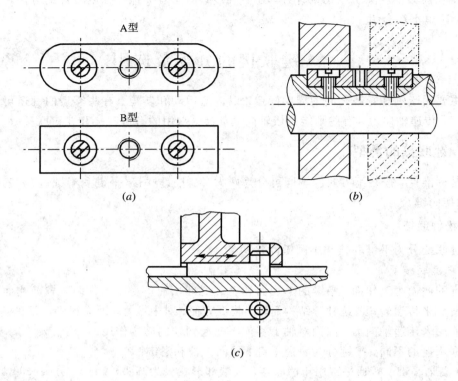

A型

B型

(a)

(b)

(c)

图 8 - 13 导向平键与滑键的类型及联接

2）半圆键联接

半圆键用于静联接，键的侧面是工作面，如图 8 - 14(a) 所示。半圆键在轴的键槽中能够摆动，以适应轮毂键槽槽底的斜度。由于轴上键槽较深，对轴的强度削弱较大，因此一般用于轻载联接，常用于轴的锥形端部，如图 8 - 14(b) 所示。

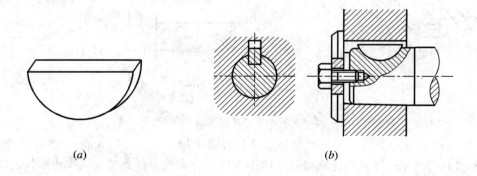

(a)

(b)

图 8 - 14 半圆键联接

2. 紧键联接

紧键联接分为楔键联接和切向键联接两类。

1）楔键联接

楔键分为普通楔键和钩头楔键，用于静联接，键的上下两面为工作面，如图 8 – 15 所示。键的上表面和轮毂槽底面制成 1：100 的斜度，键工作时楔紧在轴毂之间，使键、轴、毂之间产生摩擦力来传递转矩，也能传递单向轴向力。由于楔键在装配时，是被打入轴和轮毂之间的键槽内的，所以使套在轴上的零件向键所在的方向移动了一段微小的距离，造成轴和轴上的零件的中心线不重合，产生偏心，在高速变载作用下易松动。所以楔键联接适用于载荷平稳、低速且回转精度要求不高的场合。

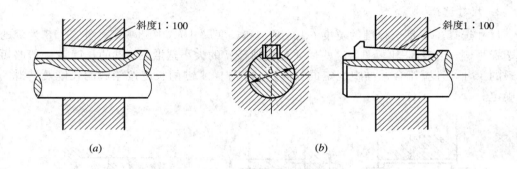

图 8 – 15　楔键联接

(a) 普通楔键联接；(b) 钩头楔键联接

2）切向键联接

切向键用于静联接，是由两个具有 1：100 斜度的楔键组成的。装配后两楔以其斜面相互贴合，共同楔紧在轴毂之间，如图 8 – 16 所示。键的上、下平面是工作面。工作时主要靠工作面上的挤压力来传递扭矩。传递单向扭矩时用一个切向键(见图 8 – 16(a))，传递双向扭矩时，用两个切向键，且两个切向键之间夹角为 120°～135°(见图 8 – 16(b))。由于切向键的键槽对轴的削弱较大，故只用于直径大于 100 mm 的轴上。切向键能传递很大的扭矩，主要用于对中性要求不高的重型机械中。

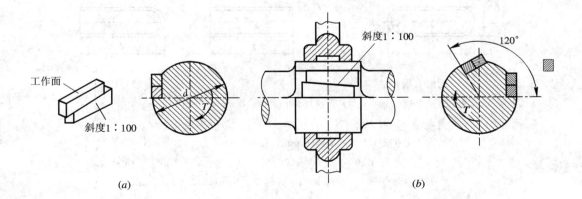

图 8 – 16　切向键联接

(a) 一对切向键；(b) 两对切向键

8.3.2　键的选用

键已标准化，设计时应根据具体情况选择键的类型和尺寸。

1. 类型选择

键的类型应根据键联接的结构、使用要求和工作状况来选择。选择时考虑传递转矩的大小，联接的对中性要求，是否要求轴向固定，联接轴上的零件是否需要沿轴向滑移及滑动距离的长短，以及键在轴上的位置等。

2. 尺寸选择

尺寸选择主要是选择键的宽度 b、高度 h 和长度尺寸 L，图 8-17、图 8-18 为键的尺寸选择举例。由表 8-4 可见，这些尺寸是按轴径 d 的大小选取的。键的长度 L 一般略短于轮毂的尺寸，且应符合标准中规定的长度系列。导向平键的长度按轮毂的长度及其滑动距离确定。

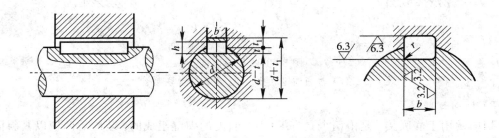

图 8-17　键和键槽的截面尺寸

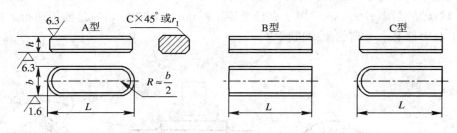

标记示例：

圆头普通平键（A 型），$b=16$ mm，$h=10$ mm，$L=100$ mm；

　　　　键 16×100 GB 1096—79

平头普通平键（B 型），$b=16$ mm，$h=10$ mm，$L=100$ mm；

　　　　键 B16×100 GB 1096—79

单圆头普通平键（C 型），$b=16$ mm，$h=10$ mm，$L=100$ mm；

　　　　键 C16×100 GB 1096—79

图 8-18　普通平键的型式与尺寸

轴和轮毂的键槽尺寸也可由表 8-4 查取。

表 8－4　键的尺寸选择

轴径 d>	键 b (h9)	键 h (h11)	键 L (h14)	较松联接 轴 H9	较松联接 毂 D10	一般联接 轴 N9	一般联接 毂 JS9	较紧联接 轴毂 P9	t 尺寸	t 偏差	t₁ 尺寸	t₁ 偏差	半径 r
12~17	5	5	10~56	+0.030	+0.078	0	±0.015	-0.012	3.0	+0.1	2.3	+0.1	
17~22	6	6	14~70	0	+0.030	-0.030		-0.042	3.5	0	2.8	0	0.16~0.25
22~30	8	7	18~90	+0.036	+0.048		±0.018	-0.015	4.0		3.3		
30~38	10	8	22~110	0	+0.040	-0.036		-0.051	5.0		3.3		
38~44	12	8	28~140	+0.043	+0.120	0		-0.018	5.0		3.3		
44~50	14	9	36~160	0	+0.050	-0.043	±0.0215	-0.061	5.5		3.8		0.25~0.4
50~58	16	10	45~180						6.0		4.3		
58~65	18	11	50~200						7.0	+0.2	4.4	+0.2	
65~75	20	12	56~220	+0.052	+0.149	0		-0.022	7.5	0	4.9	0	
75~85	22	14	63~250	0	+0.065	-0.052	±0.026	-0.074	9.0		5.4		
85~95	25	14	70~280						9.0		5.4		0.4~0.6
95~110	28	16	80~320						10.0		6.4		
110~130	32	18	90~360	+0.062	+0.180	0	±0.031	-0.026	11.0		7.4		
				0	+0.080	-0.062		-0.080					

L 系列　6、8、10、12、14、16、18、20、22、25、28、32、36、40、45、50、56、63、70、80、90、100、110、125、140、160、180、200、220、250、280、320、360、400、450、500

注：① 轴径小于 12 mm 或大于 130 mm 的键尺寸可查有关手册。

② 在工作图中，轴槽深用 t 或 $(d-t)$ 标注，毂槽深用 t_1 或 $(d+t)$ 标注，但 $(d-t)$ 的偏差应取负号。

习　题　8

8－1　常用的螺纹联接有哪些主要类型？其特点和应用如何？

8－2　螺纹联接为什么要采用防松措施？

8－3　设计螺纹联接时，为什么常将被联接件的支承表面加工成平面？

8－4　普通螺栓联接，当横向载荷很大时，为了联接可靠，从结构上可采用哪些措施？

8－5　大多数螺纹联接时，为什么要预紧？是否越紧越好？

8－6　平键联接为什么比其他键联接应用广泛？

8－7　试说明普通平键、导向平键和滑键的不同点。

8－8　若有一钢制的圆柱齿轮采用 A 型平键装在直径 $d=40$ mm 的轴上，轮毂的长度为 80 mm，不考虑强度问题，则此平键的尺寸 (b, h, L) 如何确定？

第 9 章　轴 系 零 件

提要　本章要介绍的轴系零件主要是轴与轴承。轴是机器上不可缺少的重要零件，所有做回转运动的零件(如齿轮、带轮等)都要装在轴上才能实现回转运动，其主要功用是支承回转零件，传递动力和运动。这里将对轴的类型、材料、结构等进行讲述。轴承是支承轴及轴上回转零件的部件，有滑动轴承和滚动轴承之分。这里主要介绍滚动轴承的结构形式、类型选择、代号含义及组合设计等内容，并简单介绍滑动轴承的类型、材料及应用。

9.1　轴的分类和轴的材料

9.1.1　轴的分类

根据轴所承受的载荷不同，轴可分为三类。

1. 心轴

工作时只承受弯曲作用的轴称为心轴。心轴分固定心轴和转动心轴两种。图 9-1(*a*)所示的滑轮轴为固定心轴，即当滑轮转动时，其轴固定不动。图 9-1(*b*)所示的火车轮轴为转动心轴，即其轴与轮用过盈配合固定在一起，轴与轮一起转动。

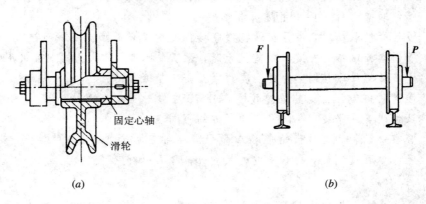

固定心轴

滑轮

(*a*)　　　　　　　　　　　　　　　　　(*b*)

图 9-1　心轴
(*a*) 滑轮轴；(*b*) 火车轮轴

2. 传动轴

工作时只承受扭转作用的轴称为传动轴。如图 9-2 所示的汽车变速箱与后桥间的轴就是传动轴。

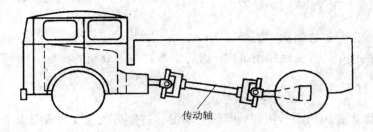

图 9 - 2　传动轴

3. 转轴

工作时同时承受扭转和弯曲作用的轴称为转轴。图 9 - 3 所示的减速器输出轴即为转轴。转轴是机械中最常见的轴。

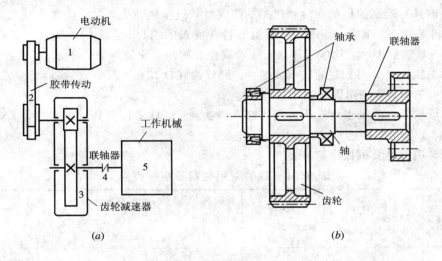

图 9 - 3　减速器的轴

(a) 减速装置传动简图；(b) 减速器的输出轴

根据轴线形状的不同，还可将轴分为直轴(见图 9 - 1 和图 9 - 3)、曲轴(见图 9 - 4)和软轴(见图 9 - 5)三种。

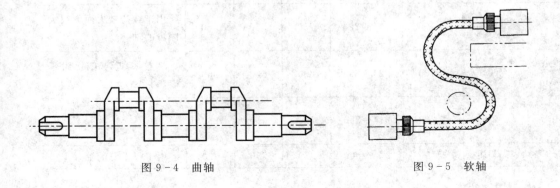

图 9 - 4　曲轴　　　　　　　　图 9 - 5　软轴

根据轴的直径变动与否,可将轴分为光轴(图9-1中的火车轮轴)和阶梯轴(图9-3中的减速器输出轴)两种。

此外,轴还分为实心轴和空心轴。

在一般的机械中,阶梯轴应用最广,因此本章将重点介绍阶梯轴。

9.1.2 轴的材料

轴的失效主要是因为疲劳破坏,因此对轴的材料提出的主要要求是具有足够的疲劳强度,对应力集中的敏感性小,与滑动零件接触的表面应有足够的耐磨性,以及易于加工和热处理。轴的常用材料主要是优质碳素钢和合金钢。

优质碳素钢价格低廉,对应力集中的敏感性小,并能通过热处理获得良好的综合机械性能。一般机械上的轴,常用35或45钢,其中又以45钢用得最多。对受力较小或不重要的轴,可用Q235、Q255等普通碳素钢。

合金钢具有较高的机械强度和优越的淬火性,但价格较贵,对应力集中比较敏感。合金钢常用于有高速、重载、耐磨、耐高温等特殊要求的场合。合金钢和碳素钢具有相近的弹性模量,且热处理对其影响也不大,故采取合金钢并不能提高轴的刚度。

轴的毛坯一般采用轧制的圆钢或锻件。锻件的强度较高,对重要的轴、大尺寸或阶梯尺寸变化大的轴,应采用锻造毛坯。

对于形状复杂的轴也可采用铸钢或球墨铸铁制造。球墨铸铁具有吸振性好、对应力集中不敏感、易铸造复杂的形状、价格低等优点。

轴的常用材料及机械性能见表9-1。

表 9-1 轴的常用材料及机械性能

材料牌号	热处理	毛坯直径 /mm	硬度 (HB)	抗拉强度极限 σ_b/MPa	屈服极限 σ_s/MPa	弯曲疲劳极限 σ_{-1}/MPa	备 注
Q235		≤100		420	230	170	用于不重要或载荷不大的轴
35	正火	≤100	149~187	520	270	220	用于一般的轴
45	正火	≤100	170~217	600	300	260	应用最广
	280 调质	≤200	217~255	650		360	
40Cr	调质	≤100	241~286	750	550	360	用于载荷较大而无很大冲击的轴
35SiMn 42SiMn	调质	≤100	229~286	800	520	360	性能接近40Cr,用于中、小型的轴
40MnB	调质	≤200	241~286	750	500	350	性能接近40Cr,用于重要的轴
40CrNi	调质	≤100	270~300	920	750	430	用于很重要的轴

材料牌号	热处理	毛坯直径 /mm	硬度 (HB)	抗拉强 度极限 σ_b/MPa	屈服 极限 σ_s/MPa	弯曲疲 劳极限 σ_{-1}/MPa	备　　注
35CrMo	调质	≤100	207～269	750	550	360	性能接近 40CrNi，用于 重载荷轴
38SiMnMo	调质	≤100	229～286	750	600	370	性能接近 35CrMo
20Cr 20CrMnTi	渗碳 淬火 回火	≤60 15	表面 HRC56～62	650 1100	400 850	310 490	用于强度和韧性要求均 较高的轴，如某些齿轮轴 和蜗杆等
1Cr18Ni9Ti	淬火	≤100	≤192	540	200	195	用于在高低温及强腐蚀 条件下工作的轴
QT600 - 2 QT800 - 2			229～302 241～321	600 800	420 560	215 285	用于柴油机、汽油机的 曲轴和凸轮轴等

9.2　轴的结构设计

　　轴的结构设计就是确定轴的形状和尺寸。影响轴的结构的因素很多，如轴上受载大小和分布情况，轴上零件的数量、布置及固定方式，轴承的类型及尺寸，轴的加工及装配的工艺性等等。因此轴不可能有像带轮和齿轮那种典型的结构形式，每个轴必需根据其具体的情况定出较合理的结构。

　　下面分别讨论轴的结构设计中的具体情况。

9.2.1　轴头、轴颈和轴身

　　轴是由轴头、轴颈和轴身三个部分组成的。轴与轴承配合处的轴段部分称轴颈，轴与轴上回转零件的轮毂配合处的轴段部分称轴头，连接轴头和轴颈的轴段部分称为轴身。在确定轴上各部分的直径时要注意以下 4 点：

　　(1) 轴颈处的直径应取轴承的标准内径系列；

　　(2) 轴头处的直径应与相配合的零件轮毂内径一致，并符合标准直径系列(见表 9 - 2)；

　　(3) 轴身处的直径可选用自由尺寸；

　　(4) 轴上螺纹或花键处的直径均应符合螺纹或花键的标准。

　　为了易于轴的加工和减少轴的应力集中，应尽量减少轴的直径变化。轴各段的长度，可根据轴上零件的宽度和零件的相互位置确定。

表 9 - 2　标准直径系列(摘自 GB 2822)　　　　单位：mm

10	11.2	12.5	13.2	14	15	16	17	18	19	20	21.2
22.4	23.6	25	26.5	28	30	31.5	33.5	35.5	37.5	40	42.5
45	47.5	50	53	56	60	63	67	71	75	80	85
90	95	100	106	112	118	125	132	140	150	160	170

9.2.2　轴上零件的轴向定位与固定

为了保证零件在轴上有确定的相对位置，防止它轴向移动，并使其能承受轴向力，常采用下列结构形式来实现轴上的零件在轴上的轴向定位和固定：轴肩、轴环、套筒、圆螺母、弹性挡圈、螺钉锁紧挡圈、轴端挡圈以及圆锥面和轴端挡圈等，其形式和特点见表9-3。

表 9-3　零件在轴上的轴向固定形式和特点

轴向固定形式		特　点
轴肩		简单可靠，应用广泛 为了使零件端面与轴肩贴合，轴上圆角半径 r 应较轴上零件孔端的圆角半径 R 或倒角 C 小，即 $r<R$，或 $r<C$。r、R 和 C 可按下列数据选用：

轴径 d/mm	r/mm	R 或 C/mm
10～18	1	1.5
>18～30	1.5	2
>30～50	2	2.5
>50～80	2.5	3
>80～120	3	4
>120～180	4	5
>180～260	5	6

轴肩高度 a 应较 R 或 C 稍大，通常可取
$$a=(0.07d+3)\sim(0.1d+5)$$

轴环		简单可靠，常用于齿轮、轴承等的轴向定位 轴环高度 a 可按上列轴肩高度的数据选取 轴环宽度 b 通常可取：$b\approx1.4a$ 或 $b\approx(0.1\sim0.15)d$
套筒		结构简单，可减少轴的阶梯数和避免螺纹面（用圆螺母时）削弱轴的强度 一般用于零件间距离较短的场合 与被固定零件配合的轴段长度 l 应小于被固定零件的宽度 b
圆螺母		固定可靠，但轴上须切削螺纹和纵向槽。一般用细牙螺纹，以减少对轴的削弱 常用于固定轴端零件。用于固定轴中部的零件时，可避免采用过长的套筒，以减轻重量 可承受较大的轴向力

续表

轴向固定形式	特　　　点
弹性挡圈	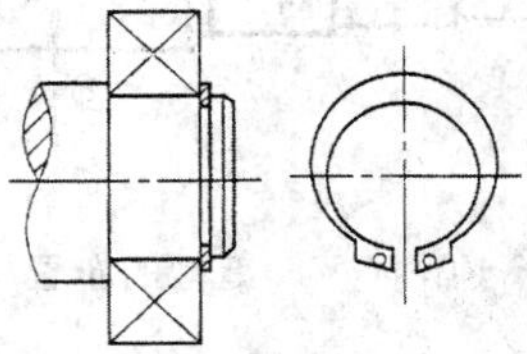 　结构简单紧凑，常用于滚动轴承的轴向固定，可承受的轴向力较小 　车槽尺寸需要一定的精度，否则可能出现与被固定零件间存在间隙，或弹性挡圈不能装入车槽的现象
螺钉锁紧挡圈	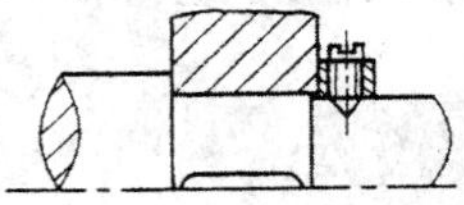 　结构简单，能承受的轴向力较小
轴端挡圈	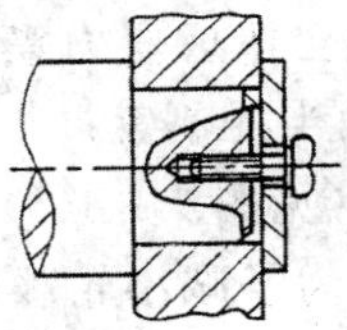 　用于轴端零件的固定
圆锥面和轴端挡圈	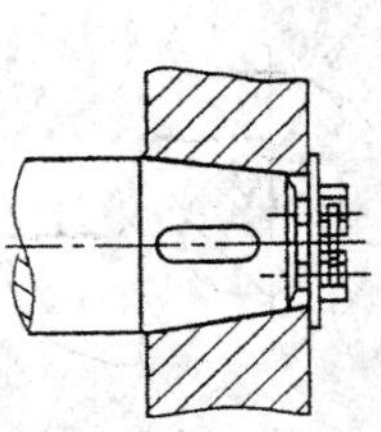 　有消除间隙的作用，能承受冲击载荷，定心精度也较高。但加工锥形表面不如圆柱面简便 　用于有振动和冲击载荷，转速较高，定心要求较高，或要求经常拆卸的场合

9.2.3　轴上零件的周向固定

　　零件在轴上做周向固定是为了传递转矩和防止零件与轴产生相对转动。常用的周向固定方法有下列几种：键、花键、销、过盈配合和成形连接等，其中以键连接应用最为广泛。

9.2.4　轴的结构工艺性

　　轴的结构工艺性是指所设计的轴是否便于加工和装配维修。为此，常采用以下方法。

　　(1) 当某一轴段需要车制螺纹或磨削加工时，应留有退刀槽(见图 9 - 6(a))或砂轮越程槽(见图 9 - 6(b))。

　　(2) 轴上所有的键槽应开在同一母线上(见图 9 - 7)。

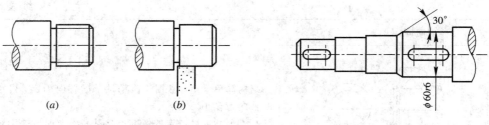

图 9-6 退刀槽和越程槽   图 9-7 键槽的布置

（3）为了便于轴上零件的装配和去除毛刺，轴端和轴肩端部一般均应制出 45°的倒角。过盈配合轴段的装入端应加工出半锥角为 30°的导向锥面（见图 9-7）。

（4）为了便于加工，应使轴上直径相近处的圆角、倒角、键槽、退刀槽和越程槽等尺寸一致。

9.2.5 提高轴的疲劳强度的措施

由于转轴是在变应力状态下工作的，在结构设计时应尽量减少应力集中，以提高轴的疲劳强度。

（1）改进轴的结构，降低应力集中。轴截面尺寸改变处会造成应力集中，因此阶梯轴中相邻轴段的直径不宜相差太大，在轴径变化处的过渡圆角半径不宜过小。尽量避免在轴上开横孔、凹槽和加工螺纹。在重要结构中可采用过渡肩环（见图 9-8(b)）、凹切圆角（见图 9-8(c)），以增加轴肩处过渡圆角半径和减小应力集中。为了减小轮毂的轴压配合引起的应力集中，可开减载槽（见图 9-8(a)）。当轴上零件与轴为过盈配合时，可采用图 9-9 中的结构形式，以减少轴配合边缘处的应力集中。

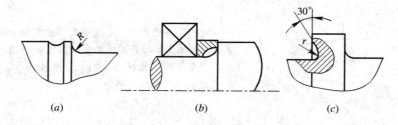

图 9-8 减小圆角处应力集中的结构
（a）减载槽；（b）过渡肩环；（c）凹切圆角

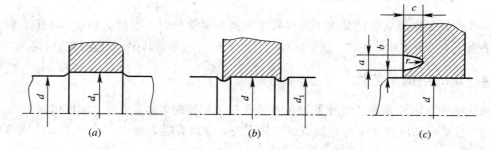

图 9-9 过盈配合时轴的结构形式
（a）增大配合处轴径；（b）轴上开减载槽；（c）毂端开减载槽

（2）工艺上采用表面强化的方法，提高轴的表面质量。经验证明，疲劳裂纹常发生在轴的表面最粗糙的地方。因此除了控制轴的表面粗糙度以外，必要时还可采用表面热处理或表面强化处理，如渗碳、氮化、高频淬火和辗压、喷丸等方法。

9.2.6　轴的强度计算简介

轴的强度计算方法有三种：按扭转强度的初步计算；按弯扭组合的校核计算；按疲劳强度安全系数的精确校核计算。对于用普通碳素钢和优质碳素钢制造的一般用途的轴，当是单件或小批量生产时，安全系数的精确校核计算通常不进行。下面仅介绍按扭转强度初步计算轴径的方法。

开始设计转轴时，只是按轴所传递的扭矩初步估算轴径，对于轴所受的弯矩作用，则因轴上零件的位置和支承轴的两轴承间的位置都还未确定，所以计算中是用降低许用剪应力的方法，补偿弯曲应力对轴的影响。由材料力学可知，圆轴受扭转时的强度条件为

$$\tau = \frac{1000T}{W_T} = \frac{1000 \times 9550 \dfrac{P}{n}}{0.2d^3} = 4.8 \times 10^7 \frac{P}{nd^3} \leqslant [\tau] \qquad (9-1)$$

将上式整理后，可得轴径的设计公式

$$d \geqslant \sqrt[3]{\frac{9550 \times 10^3}{0.2[\tau]}} \sqrt[3]{\frac{P}{n}} = A \sqrt[3]{\frac{P}{n}} \, (\text{mm}) \qquad (9-2)$$

式中：

T——轴传递的扭矩（N·m）；

W_T——轴的抗扭截面模量（mm）；

P——轴传递的功率（kW）；

n——轴的转速（r/min）；

A——因轴的材料不同和考虑弯曲影响而定的系数，其值见表 9-4。

表 9-4　几种常用轴材料的 A

轴的材料	A3, 20	35	45	40Cr, 35SiMn, 38SiMnMo
A	160～135	135～120	120～110	110～100

由式（9-2）求得的直径，当其轴上开有键槽时，应增大轴径以补偿键槽对轴的影响。单键时轴径增大 5%；双键（同一截面上）时轴径增大 10%，再圆整为标准直径。

按扭转强度计算的轴直径 d，为轴的最小直径，阶梯轴的其他轴径是以此为基本直径，再按轴的结构设计来确定。

9.3　滑动轴承简介

9.3.1　滑动轴承的应用、类型及选用

因为滑动轴承具有一些滚动轴承不能替代的特点，所以在许多情况下，如航空发动机附件、内燃机、铁路机车、金属切削机床、轧钢机和射电望远镜等机械中，都广泛采用滑动轴承。

1. 滑动轴承的应用

滑动轴承应用于工作转速特别高、对轴的支承位置要求特别精确的场合(如组合机床的主轴承),承受巨大的冲击与振动负荷的场合(如曲柄压力机上的主轴承),装配工艺要求轴承剖分的场合(如曲轴的轴承),以及其他要求径向尺寸小、不适宜采用滚动轴承的场合。

2. 滑动轴承的类型及选用

根据轴承所承受负荷方向的不同,可将滑动轴承分为三类:① 向心轴承(主要承受径向负荷);② 推力轴承(主要承受轴向负荷);③ 向心推力轴承或推力向心轴承(同时承受径向和轴向负荷)。

根据轴承工作时润滑状态的不同,可将滑动轴承分为液体摩擦轴承和非液体摩擦轴承两大类。摩擦表面完全被润滑油隔开的轴承称为液体摩擦轴承。根据液体油膜形成原理的不同,又可分为液体动压摩擦轴承(简称动压轴承)和液体静压摩擦轴承(简称静压轴承)。

利用油的黏性和轴颈的高速转动,将润滑油带入摩擦表面之间,建立起具有足够压力的油膜,从而将轴颈与轴承孔的相对滑动表面完全隔开的轴承,称为动压轴承。这种轴承适用于高速、重载、回转精度高和较重要的场合。

用油泵将润滑油以一定压力输入轴颈与轴承孔两表面之间,强制用油的压力将轴颈顶起,从而将轴颈与轴承的摩擦表面完全隔开的轴承,称为静压轴承。这种轴承在转速极低的设备(如巨型天文望远镜)和重型机械中应用较多。

摩擦表面不能被润滑油完全隔开的轴承称为非液体摩擦轴承。这种轴承主要用于低速、轻载和要求不高的场合。

9.3.2 滑动轴承的结构形式

1. 向心滑动轴承的结构形式

1) 整体式

整体式向心滑动轴承既可将轴承与机座做成一体,也可由轴承座 1 和轴套 2 组成(见图 9-10)。轴承座常用铸铁制造,底座用螺栓与机架连接,顶部设有装润滑油杯的螺纹孔 5。轴承套用减摩材料制成,压入轴承座孔内,其上开有油孔,内表面上开有油沟,以输送润滑油。这种轴承结构简单,制造方便,造价低,但轴承只能从轴端部装入或取出,拆装不便,而且轴承磨损后,无法调整轴承间隙,只有更换轴套,因而多用于轻载、低速或间歇工作的简单机械上。

2) 剖分式

剖分式滑动轴承主要由轴承座 1、上下轴瓦 2 和轴承盖 3 组成(见图 9-11)。上下两部分由螺栓 4 连接。轴承盖上装有润滑油杯 5。轴承的剖分面常制成阶梯形,以便安装时定位,并防止上、下轴瓦错动。在剖分面间,可装若干薄垫片,当轴瓦磨损后,可用取出适当的垫片或重新刮瓦的方法来调整轴承间隙。轴承座和轴承盖一般用铸铁制造,在重载或有冲击时可用铸钢制造。这种轴承装拆方便,易于调整间隙,应用较广;缺点是结构复杂。设计时应注意使径向负荷的方向与轴承剖分面垂线的夹角不大于 35°,否则应采用倾斜剖分式(见图 9-12)。

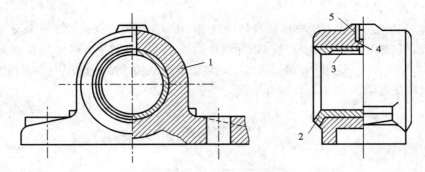

1—轴承座；2—轴套；3—油沟；4—油孔；5—油杯螺纹孔

图 9 - 10　整体式向心滑动轴承

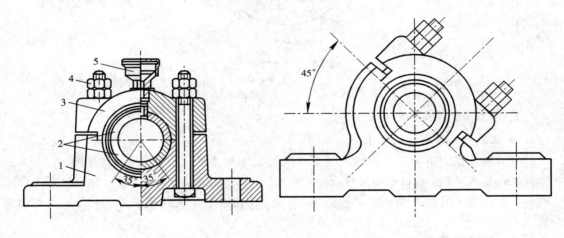

图 9 - 11　剖分式向心滑动轴承　　　　图 9 - 12　斜剖分式滑动轴承

3）间隙可调式

转动间隙可调式滑动轴承轴套上两端的圆螺母可使轴套做轴向移动，即可调节轴承的间隙（见图 9 - 13）。

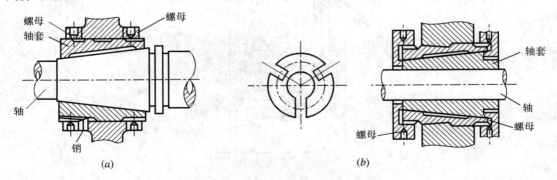

图 9 - 13　带锥形表面轴套的滑动轴承

（a）内锥式；（b）外锥式

4）自动调心式

对于宽径比（轴承宽度 B 与轴颈直径 d 之比）$B/d>1.5$ 的滑动轴承，为避免因轴的挠曲或轴承孔的同轴度较低而造成轴与轴瓦端部边缘产生局部接触，可采用自动调心式滑动轴承（见图 9-14），其轴瓦外表面做成球状，与轴承盖及轴承座的球形内表面相配合。当轴颈倾斜时，轴瓦自动调心。

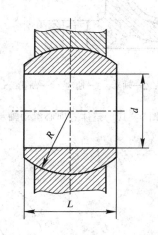

图 9-14　自动调心滑动轴承

2. 推力滑动轴承的结构形式

1）立式轴端推力滑动轴承

立式轴端推力滑动轴承由轴承座 1、衬套 2、轴瓦 3 和止推瓦 4 组成（见图 9-15），止推瓦底部制成球面，可以自动复位，避免偏载。销钉 5 用来防止轴瓦转动。轴瓦 3 用于固定轴的径向位置，同时也可承受一定的径向负荷。润滑油靠压力从底部注入，并从上部油管流出。

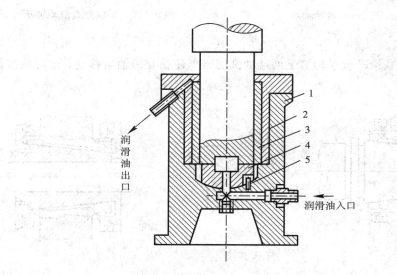

图 9-15　立式轴端推力滑动轴承

2）立式轴环推力滑动轴承

　　轴环推力滑动轴承由带有轴环的轴和轴瓦组成，一般用于低速轻载场合，如图 9-16 所示。其中多环结构不仅能承受较大的轴向负荷，而且还可承受双向的轴向负荷。

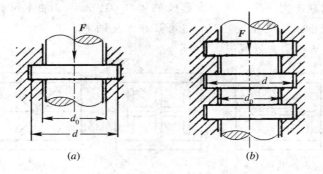

图 9-16　立式轴环推力滑动轴承
（a）单环结构；（b）多环结构

9.3.3　轴瓦的结构和轴承的材料

1. 轴瓦的结构

　　轴瓦是轴承上直接与轴颈接触的零件，是轴承的重要组成部分，其结构是否合理，对滑动轴承的性能有很大影响。轴瓦的结构有整体式和剖分式两种。整体式轴瓦又称轴套，分光滑轴套（见图 9-17(a)）和带油沟轴套（见图 9-17(b)）两种。剖分式轴瓦（见图 9-18）由上、下两半轴瓦组成，它的两端凸缘可以防止轴瓦的轴向窜动，并承受一定的轴向力。

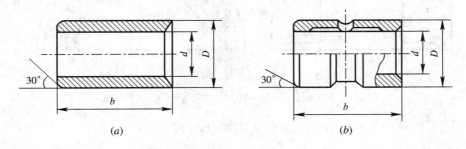

图 9-17　整体式轴瓦

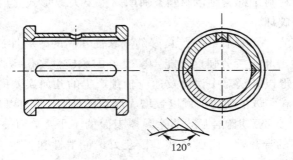

图 9-18　剖分式轴瓦

为了润滑轴承的工作表面,一般都在轴瓦上开设油孔、油沟和油室。油孔用来供应润滑油,油沟用来输送和分布润滑油,而油室则可使润滑油沿轴向均匀分布,并起贮油和稳定供油的作用。油孔一般开在轴瓦的上方,并和油沟一样应开在非承载区,以免破坏油膜的连续性而影响承载能力。常见的油沟形式如图9-19所示。油室可开在整个非承载区,当负荷方向变化或轴颈经常正反转时,也可开在轴瓦两侧。油沟和油室的轴向长度应比轴瓦宽度短,以免油从两端大量流失。

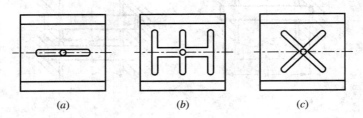

图9-19 油沟的形式

为了改善表面的摩擦性质,常在轴瓦内表面浇注一层(0.5~6 mm)或两层很薄的减摩材料(如轴承合金),称为轴承衬,做成双金属轴瓦(见图9-20)或三金属轴瓦。为使轴承衬能牢固地贴合在轴瓦表面上,常在轴瓦上制出一些沟槽。

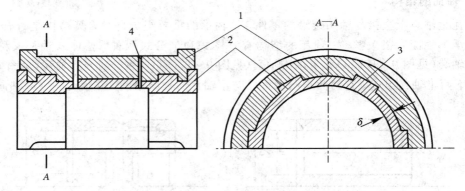

1—基本金属瓦;2—轴承衬;3—轴向沟槽;4—周向沟槽

图9-20 双金属轴瓦

2. 轴承的材料

轴瓦和轴承衬的材料统称为轴承材料。轴承的主要失效形式是磨损、胶合及因材料强度不足而出现的疲劳破坏。

对轴承材料性能的主要要求是:① 良好的减摩性和高的耐磨性。② 良好的抗胶合性。③ 良好的抗压、抗冲击和抗疲劳强度性能。④ 良好的顺应性和嵌藏性。顺应性是指材料产生弹性变形和塑性变形以补偿对中误差及适应轴颈产生的几何误差的能力。嵌藏性是指材料嵌藏污物和外来微粒,防止刮伤轴颈以致增大磨损的能力。⑤ 良好的磨合性。磨合性是指新制造、装配的轴承经短期跑合后,消除摩擦表面的不平度,而使轴瓦和轴颈表面相互吻合的性能。⑥ 良好的导热性、耐腐蚀性。⑦ 良好的润滑性和工艺性等。

常用的轴瓦材料分为三大类:

1）金属材料

金属材料主要有铜合金、轴承合金、铝基合金、减摩铸铁等。

铜合金：铜合金是传统的轴瓦材料，其中铸锡锌青铜和铸锡磷青铜的应用较为普遍。中速、中载的条件下多用铸锡锌青铜；高速、重载的条件下多用铸锡磷青铜；高速、冲击或变载时用铅青铜。

轴承合金（又称巴氏合金）：锡（Sn）、铅（Pb）、锑（Sb）、铜（Cu）的合金统称为轴承合金，分为锡基轴承合金和铅基轴承合金两大类。轴承合金的强度、硬度和熔点低，且价格昂贵，因此，不便单独做成轴瓦，而通常将其浇注在钢、铸铁或铜合金的轴瓦基体上作轴承衬来使用。它主要用于重载、高速的重要轴承，如汽车、内燃机中滑动轴承的轴承衬。

铸铁：铸铁性脆，磨合性差，但价廉，用于低速、不受冲击的轻载轴承或不重要的轴承。

2）粉末冶金材料

粉末冶金材料是将金属粉末加石墨经压制、烧结而成的轴承材料，具有多孔结构，其孔隙占总容积的 $15\% \sim 30\%$，使用前先在热油中浸渍数小时，使孔隙中充满润滑油。用这种方法制成的轴承，称为含油轴承。工作时，由于轴颈旋转产生挤压和抽吸作用，孔隙中的油便渗出而起润滑作用；不工作时，由于孔隙的毛细管作用，油又被吸回孔隙中贮存起来。所以，这种轴承在相当长的时期内具有自润滑作用。这种材料的强度和韧性较低，适用于中、低速，平稳无冲击及不宜随意添加润滑剂的轴承。常用的粉末冶金材料有铁-石墨和青铜-石墨两种。

3）非金属材料

非金属材料主要有塑料、尼龙、橡胶、石墨、硬木等。这些材料的优点是摩擦系数小，抗压强度和疲劳强度较高，耐磨性、跑合性和嵌藏性较好，可以采用水或油来润滑。缺点是导热性差，容易变形，用水润滑时会吸水膨胀。其中尼龙用于低负荷的轴承上，而橡胶主要用于以水作润滑剂且比较脏污之处。

9.4　滚动轴承的结构、类型及代号

9.4.1　滚动轴承的结构和材料

1. 滚动轴承的结构

滚动轴承一般由内圈 1、外圈 2、滚动体 3 和保持架 4 四部分组成（见图 9-21）。内圈、外圈分别与轴颈、轴承座孔装配在一起。通常内圈随轴一起转动，外圈固定不动。内、外圈上一般都有凹槽，称为滚道，它起着限制滚动体沿轴向移动和降低滚动体与内、外圈之间接触应力的作用。

滚动体是形成滚动摩擦不可缺少的零件，它沿滚道滚动。滚动体有多种形式，以适应不同类型滚动轴承的结构要求。常见的滚动体形状如图 9-22 所示。

保持架把滚动体均匀隔开，避免滚动体相互接触，以减少摩擦与磨损，并改善轴承内部的负荷分配。

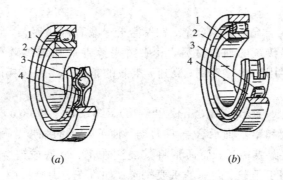

图 9-21　滚动轴承的基本结构

(*a*) 球轴承；(*b*) 滚子轴承

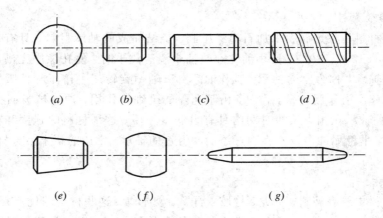

图 9-22　滚动体的形状

(*a*) 球；(*b*) 短圆柱滚子；(*c*) 长圆柱滚子；(*d*) 螺旋滚子；

(*e*) 圆锥滚子；(*f*) 鼓形滚子；(*g*) 滚针

2. 滚动轴承的材料

　　滚动轴承的内、外圈和滚动体均采用强度高、耐磨性好的铬锰高碳钢制造，常用材料有 GCr15、GCr15SiMn 等。热处理后，硬度一般为 HRC60～65，工作表面需经磨削、抛光。保持架多用低碳钢板冲压而成，也可以采用铜合金、塑料及其他材料制造。

9.4.2　滚动轴承的类型和特点

　　滚动轴承按其滚动体形状的不同，可分为球轴承和滚子轴承两大类。除球轴承外，其余均为滚子轴承，如圆柱滚子轴承、圆锥滚子轴承、滚针轴承等。

　　滚动轴承按其所能承受的负荷方向或公称接触角 α 的不同，可分为向心轴承和推力轴承两大类。所谓公称接触角是指滚动体与套圈接触处的法线与轴承的径向平面(垂直于轴承轴心线的平面)之间的夹角(见图 9-23)，它是滚动轴承的一个主要参数。α 的大小，反映了轴承承受轴向负荷的能力。α 愈大，轴承承受轴向负荷的能力也愈大。

　　向心轴承($0° \leqslant \alpha \leqslant 45°$)用以承受径向负荷或主要承受径向负荷，可分为径向接触轴承($\alpha = 0°$)和向心角接触轴承($0° < \alpha \leqslant 45°$)。径向接触轴承只能承受径向负荷；向心角接触轴

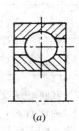
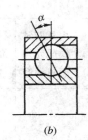
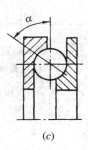
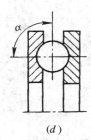

(a)   (b)   (c)   (d)

图 9-23 球轴承的公称接触角
(a) 径向接触轴承 $\alpha=0°$; (b) 向心角接触轴承 $0°<\alpha\leqslant45°$;
(c) 推力角接触轴承 $45°<\alpha<90°$; (d) 轴向接触轴承 $\alpha=90°$

承主要承受径向负荷。随着 α 的增大,承受轴向负荷的能力也增大。

推力轴承($45°<\alpha\leqslant90°$)用以承受轴向负荷或主要承受轴向负荷,可分为轴向接触轴承($\alpha=90°$)和推力角接触轴承($45°<\alpha<90°$)。轴向接触轴承只能承受轴向负荷;推力角接触轴承主要承受轴向负荷。随着 α 的减小,承受径向负荷的能力也增大。

常用滚动轴承的类型、性能及特点见表 9-5。

表 9-5 常用滚动轴承的类型、性能及特点

类型、名称及代号	结构简图	基本额定[①]动负荷比	极限转速[②]	内外圈轴线间允许的角偏斜	价格比[③]	结构性能特点
双列角接触球轴承 00000	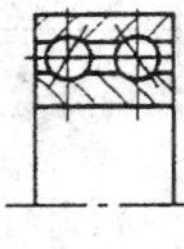					可同时承受径向负荷及轴向负荷
调心球轴承 10000	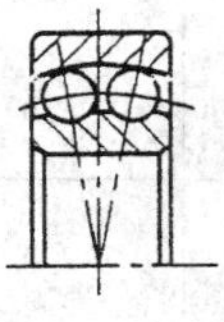	0.6~0.9	中	2°~3°	1.3	主要承受径向负荷,也能承受较小的双向轴向负荷。内外圈之间在 2°~3° 范围内可自动调心正常工作
调心滚子轴承 20000 推力调心滚子轴承 29000	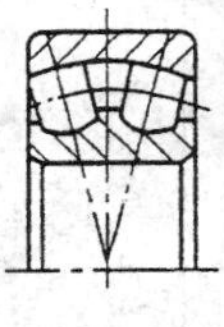 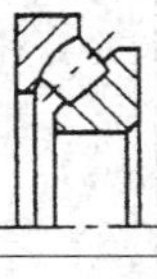	1.8~4 1.7~2.2	低 中	0.5°~2°		与调心球轴承类似,比调心球轴承能承受较大的径向负荷,推力调心滚子轴承能承受较大的轴向负荷,价格高

类型、名称及代号	结构简图	基本额定①动负荷比	极限转速②	内外圈轴线间允许的角偏斜	价格比③	结构性能特点
圆锥滚子轴承 30000		1.5～2.5	中	2′	1.5	可同时承受径向和轴向负荷，接触角 $\alpha=11°\sim16°$，外圈可分离，安装时便于调整轴承间隙。一般成对使用
双列深沟球轴承 40000						与深沟球轴承类似
推力球轴承 单列 51000 双列 52000		1	低	～0°	单列：0.9 双列：1.8	单列可承受单向轴向负荷，双列可承受双向轴向负荷。套圈可分离，极限转速低，不宜用于高速
深沟球轴承 60000		1	高	8′～16′ （30′）	1	主要承受径向负荷，也能承受一定的双向轴向负荷。高速装置中可代替推力轴承，价格低廉，应用最广
角接触球轴承 70000C （$\alpha=15°$） 70000AC （$\alpha=25°$） 70000B （$\alpha=40°$）		1.0～1.4 1.0～1.3 1.0～1.2	高	2′～10′	1.7	可同时承受径向负荷及单向轴向负荷。接触角 α 越大，则轴向承载能力越大。一般成对使用
推力圆柱滚子轴承 80000		1.7～1.9	低	～0°		能承受较大的单向轴向负荷，不宜用于高速

续表二

类型、名称 及代号	结构简图	基本额定[1] 动负荷比	极限 转速[2]	内外圈轴 线间允许 的角偏斜	价格比[3]	结构性能特点
圆柱滚子 轴承单列 N0000		1.5～3	高	2′～4′	2	能承受较大的径向负荷，由于内、外圈允许有一定的相对轴向移动，因此不能承受轴向负荷。可分别安装内、外圈，刚性好
外球面球轴承 U0000						
四点接触球轴承 QJ0000						它是双车内圈单列向的推力球轴承，能承受径向负荷及任一方向的轴向负荷。球和滚道四点接触，与其他球轴承比较，当径向游隙相同时轴向游隙较小
滚针轴承 NA0000			低	～0°		能承受较大的径向负荷，不能限制内、外圈轴向位移，内、外圈可分离，径向尺寸紧凑

注：① 基本额定动负荷比是指同一尺寸系列各种类型轴承的基本额定动负荷与深沟球轴承的基本额定动负荷之比。对于推力轴承，则与单向推力球轴承相比较。

② 极限转速的高低是指同一系列各种类型轴承的极限转速与深沟球轴承的极限转速相比。高——相当于90%～100%；中——相当于60%～90%；低——相当于60%以下。

③ 价格比是指同一尺寸系列的各类轴承价格与深沟球轴承价格之比。

9.4.3　滚动轴承的代号

滚动轴承的类型很多，各类轴承又有不同的结构、尺寸、精度和技术要求，为了便于组织生产和选用，GB/T 272—93 规定了滚动轴承的代号，并打印在轴承端面上。

滚动轴承代号由前置代号、基本代号和后置代号构成，其代表内容和排列顺序参见表 9－6。

表 9－6　滚动轴承代号的构成

前置代号	基 本 代 号					后 置 代 号						
	五	四	三	二	一							
成套轴承分布件代号	类型代号	尺寸系列代号		内径代号		内部结构代号	密封与防尘结构代号	保持架及其材料代号	特殊轴承材料代号	公差等级代号	游隙代号	多轴承配置代号	其他代号
		宽或高度系列代号	直径系列代号									

注：基本代号下面的一至五表示代号自右向左的位置序数。

1. 基本代号

基本代号表示轴承的基本类型、结构和尺寸，是轴承代号的基础。除滚针轴承外，其他类型轴承的基本代号由内径代号、直径系列代号、宽(高)度系列代号及类型代号构成。

1) 内径代号

轴承内径代号的含义见表 9－7。

表 9－7　滚动轴承的内径代号(内径≥10 mm)

内径 d 的尺寸	10～17 mm				20～480 mm (22、28 和 32 mm 除外)	500 mm 以上 (含 22、28 和 32 mm)
	10 mm	12 mm	15 mm	17 mm		
内径代号	00	01	02	03	内径/5 的商	00000/内径
举例	中(3)窄系列 深沟球轴承 303 是指内径为 17 mm				重(4)窄系列 深沟球轴承 407 是指内径为 35 mm	轻(2)窄系列 深沟球轴承 2/32 是指内径为 32 mm 特轻(1)系列 推力圆柱滚子轴承 91/800 是指内径为 800 mm

2) 直径系列代号

对于同一内径的轴承,由于工作所需承受负荷大小不同,寿命长短不同,必须采用大小不同的滚动体,因而使轴承的外径和宽度随之改变,这种内径相同而外径不同的变化称为直径系列,其代号见表 9 - 8。图 9 - 24 所示是不同直径系列深沟球轴承的外径和宽度对比。

表 9 - 8　滚动轴承的直径系列代号

轴承类型	向心轴承						推力轴承				
直径系列	超轻	超特轻	特轻	轻	中	重	超轻	特轻	轻	中	重
代号	8,9	7	0,1	2	3	4	0	1	2	3	4

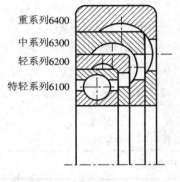

图 9 - 24　直径系列对比

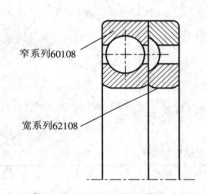

图 9 - 25　宽度系列对比

3) 宽(高)度系列代号

对于同一内、外径的轴承,根据不同的工作条件可做成不同的宽(高)度,如图 9 - 25 所示,称为宽(高)度系列(对于向心轴承表示宽度系列,对于推力轴承则表示高度系列)。其代号见表 9 - 9。宽度系列代号为 0 时,在轴承代号中通常省略,但在调心轴承和圆锥滚子轴承代号中不可省略。

表 9 - 9　轴承的宽(高)度系列代号

向心	宽度系列	特窄	窄	正常	宽	特宽	推力	高度系列	特低	低	正常
轴承	代号	8	0	1	2	3,4,5,6	轴承	代号	7	9	1、2*

　　注:双向推力轴承高度系列。

直径系列代号和宽(高)度系列代号统称为尺寸系列代号。

4) 类型代号

轴承的类型代号见表 9 - 5,其中 0 类可省略不标注。

在基本代号中,当轴承类型代号用字母表示时,编排时应与表示轴承尺寸的系列代号、内径代号或装配特征尺寸的数字之间空半个汉字,例如:QJ 300。

2. 前置代号

前置代号在基本代号的左面，用字母表示成套轴承的分部件。其代号及含义可查阅轴承样本手册。

3. 后置代号

后置代号在基本代号的右面，其所反映的内容和排列见表 9-6。后置代号中的内部结构代号见表 9-10；公差等级代号见表 9-11，其中 6X 级仅用于圆锥滚子轴承，0 级在轴承代号中不标出。限于篇幅，后置代号中的其他代号不在此介绍，详见轴承样本手册。

表 9-10　内部结构代号

代　号	示　例	含　义
AC	7210AC	公称接触角 $\alpha = 25°$ 的角接触球轴承
	7210B	公称接触角 $\alpha = 40°$ 的角接触球轴承
B	32310B	接触角加大的圆锥滚子轴承
	7210C	公称接触角 $\alpha = 15°$ 的角接触球轴承
C	23122C	C 型调心滚子轴承
E	NU207E	加强型内圈无挡边圆柱滚子轴承
D	K50/55×22D	D：剖分式轴承
ZW	K20/25×40ZW	双列滚针保持架组件

表 9-11　公差等级代号

代　号	示　例	含　义
/P0	6203	公差等级为 0 级的深沟球轴承
/P6	6203/P6	公差等级为 6 级的深沟球轴承
/P6X	30210/P6X	公差等级为 6X 级的深沟球轴承
/P5	6203/P5	公差等级为 5 级的深沟球轴承
/P4	6203/P4	公差等级为 4 级的深沟球轴承
/P2	6203/P2	公差等级为 2 级的深沟球轴承

注：公差等级/P2～/P0 六个级别由高级到低级。

【例 10-1】　试说明下列轴承代号的意义。

$$6203, \quad 30310/P6X$$

解　（1）6203。

6 代表深沟球轴承；0 代表宽度系列代号为窄系列，省略；2 代表直径系列为轻系列；03 代表轴承直径 $d = 17$ mm；公差等级为 0 级（代号/P0，省略）。

（2）30310/P6X。

3 代表圆锥滚子轴承；0 代表宽度系列代号为窄系列；3 代表直径系列为中系列；10 代表轴承内径 $d = 50$ mm；/P6X 代表公差等级为 6X 级。

9.5　滚动轴承的选择

轴承类型的正确选择是在了解各类轴承特点的基础上，综合考虑轴承的具体工作条件、使用要求及其经济性而进行的，一般应考虑下列因素。

1. 轴承所受的负荷

轴承所受负荷的方向、大小和性质是选择轴承类型的主要依据。

1）负荷方向

当轴承承受纯径向负荷时，可选用径向接触轴承，如深沟球轴承、圆柱滚子轴承或滚针轴承等。

当轴承承受纯轴向负荷时，可选用轴向接触轴承，如推力轴承等。

当轴承同时承受径向负荷与轴向负荷时，应根据两者的相对值来考虑，分两种情况：① 当承受较大的径向负荷和一定的轴向负荷时，如轴向负荷较小，可选用深沟球轴承或接触角较小的角接触球轴承及圆锥滚子轴承等；如轴向负荷较大，可选用接触角较大的角接触球轴承及圆锥滚子轴承等。② 当轴向负荷比径向负荷大时，可选用推力角接触轴承，也可以采用向心轴承和推力轴承组合在一起的结构，以分别承受径向和轴向负荷。

2）负荷大小

当承受较大负荷时，应选用线接触的滚子轴承。而点接触的球轴承只适用于轻载或中等负荷。当轴承内径 $d \leqslant 20$ mm 时，球轴承和滚子轴承的承载能力差别不大，则应优先选用球轴承。

3）负荷性质

负荷平稳时宜选用球轴承，轻微冲击时宜选用滚子轴承，径向冲击较大时应选用螺旋滚子轴承。

2. 轴承的转速

各类轴承都有其适用的转速范围，一般应使所选用轴承的工作转速不超过其极限转速。各种轴承的极限转速见有关手册。根据轴承的转速选择轴承类型时，可参考以下几点：

（1）球轴承比滚子轴承的极限转速和回转精度高，高速时应优先选用球轴承。

（2）内径相同时，外径愈小，离心力也愈小。故在高速时，宜选用超轻、特轻系列的轴承。重系列及特重系列的轴承只适用于低速场合。

（3）推力轴承的极限转速都很低，当工作转速高时，若轴向负荷不十分大，可采用角接触球轴承或深沟球轴承。

3. 调心性能

对支点跨距大、刚度差的轴和多支点轴或因其他原因而弯曲变形较大的轴，为适应轴的变形，应选用能适应内、外圈轴线有较大相对偏斜的调心轴承（如图 9 - 26 所示），且应成对使用。在使用调心轴承的同一轴上，一般不宜再选用其他类型的轴承，否则会使调心轴承失去调心作用。除调心滚子轴承外，其他各类滚子轴承对内、外圈轴线的偏斜很敏感，在轴的刚度和轴承座孔的支承刚度较低的情况下，应尽量避免采用。各类轴承工作时内、外圈轴线相对偏斜的角度（即偏斜角）应控制在规定的范围内（见表 9 - 5），否则会降低轴承寿命。

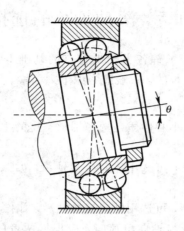

图 9 - 26 调心轴承

4. 对轴承尺寸的限制

当轴承的径向尺寸受到限制时，可选用轻、特轻或超轻系列的轴承，必要时可选用滚针轴承。当其轴向尺寸受限制时，可选用窄或特窄系列的轴承。

5. 装卸

在需要频繁装拆及装拆困难的场合，应优先选用内、外圈可分离的轴承（如 3 类、N 类轴承等）。

6. 公差等级

滚动轴承公差等级分为六级：0 级（普通级）、6 级、6X 级、5 级、4 级及 2 级。0 级精度最低，2 级精度最高。对一般的传动装置，选用 0 级公差的轴承足以满足要求；但对于对旋转精度有严格要求的机床主轴、精密机械、仪表以及高速旋转的轴，应选用高精度的轴承。

7. 经济性

同等规格、同样公差等级的各种轴承，球轴承较滚子轴承价廉，其中深沟球轴承最便宜，调心滚子轴承最贵。各类轴承的价格比可参考表 9 - 5。同型号轴承，公差等级愈高，价格也愈贵。在满足使用要求的前提下，应尽量选用价格低廉的轴承。

9.6 滚动轴承的组合结构设计

为了保证轴承正常工作，不仅要正确地选用轴承类型和尺寸（型号），而且还要进行合理的组合结构设计，以解决轴承的固定、调整、配合、装拆以及润滑与密封等问题。

9.6.1 滚动轴承的轴向固定

为了防止轴承在承受轴向负荷时相对于轴和座孔产生轴向移动，轴承内圈与轴、轴承外圈与座孔必须进行轴向固定。常用轴承内、外圈轴向固定方式及特点分别见表 9 - 12 和表 9 - 13。

表 9 - 12　常用轴承内圈轴向固定方式及其特点

名称	固定方式	简　图	特　点
轴肩固定	用轴肩顶住轴承内圈端面		结构简单、装拆方便，占用空间小，可用于两端固定的支承中
弹性挡圈固定	用轴肩和弹性挡圈实现轴承内圈的轴向双向固定		结构简单、装拆方便，占用空间小，可承受不大的双向轴向负荷，多用于向心轴承结构
圆螺母固定	用圆螺母和止动垫圈实现轴承内圈固定		结构简单、装拆方便，止动垫圈防松，安全可靠，适用于高速、重载的场合
轴端挡圈固定	用轴肩和轴端挡圈实现内圈双向固定，螺钉用弹性垫圈和铁丝防松		不宜调整轴承轴向游隙，适于轴端不宜切制螺纹或空间受限制的场合
紧定套固定	依靠紧定锥形套的径向压缩而夹紧，在轴上实现轴承内圈的轴向固定		可调整轴承的轴向位置和径向游隙。装拆方便，多用于调心球轴承的内圈紧固。适用于不便加工轴肩的多支点的轴承
退卸套固定	原理同紧定套，但有特制螺母		特点同紧定套，特制螺母的作用是便于装拆轴承

表 9 - 13　常用的轴承外圈轴向固定方式及其特点

名称	固定方式	简　图	特　点
端盖固定	利用端盖窄面 A，顶住轴承外圈端面		结构简单，紧固可靠，调整方便
弹性挡圈固定	用弹性挡圈嵌在箱体槽中，以固定轴承外圈		结构简单，装拆方便，占用空间小，多用于向心轴承，能承受较小的轴向负荷
箱体挡肩固定	用箱体上的挡肩 A，固定轴承外圈一端面		结构简单，工作可靠，箱体加工较为复杂
套筒挡肩固定	用套筒上的挡肩 A 和轴承端盖双向轴向定位		结构简单，箱体可为通孔，易加工，用垫片可调整轴系的轴向位置，装配工艺性好。但增加了一个加工精度要求较高的套筒零件
调节杯固定	外圈用调节杯和螺钉轴向固定		便于调节轴承游隙，用于角接触轴承的轴向固定和调节

9.6.2 滚动轴承支承的轴系结构

在机器中，轴和轴上零件的位置是靠轴承的位置固定的。轴系工作时，轴和轴承相对于支座不允许有相对径向位移，也不应该产生轴向窜动。但为了避免轴因受热膨胀而被卡死，应允许轴及轴上零件在适当的范围内有微小的轴向自由伸缩。

用滚动轴承支承的轴系结构有三种基本形式。

1. 两端固定支承

如图 9-27 所示，两轴承均利用轴肩顶住内圈，端盖压住外圈，两端支承的轴承各限制轴一个方向的轴向移动，合在一起就限制了轴的双向移动。由图可见，当存在从左向右的轴向运动时，由右轴承旁的轴肩将运动传给右轴承内圈，通过滚动体传到外圈，这时受到轴承端盖的阻挡，从而限制了整个轴系向右的移动；同理，左轴承和左端盖限制整个轴系向左的移动。

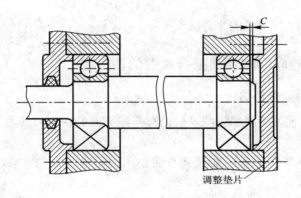

图 9-27 两端固定支承

两端固定支承形式适用于温度变化不大或较短的轴（跨距 $L \leqslant 350$ mm）。在结构组合设计时采用了预留间隙的方法，使轴受热伸长时不至卡住。对径向接触轴承，在轴承外圈与轴承盖之间留出 $C=(0.2 \sim 0.3)$ mm 的轴向间隙；对于内部间隙可以调整的角接触轴承，预留间隙存在于轴承内部，而轴承外圈与端盖之间就不存在间隙了。

2. 一端固定一端游动支承

如图 9-28 所示，一端支承处轴承限制了轴的双向轴向位移，为固定支承；而另一端支承处轴承的内圈双向固定，外圈的两侧自由，故当轴受热膨胀伸长时，该支承处的轴承可以随轴颈沿轴向自由游动，即为游动支承。一般取承载较小的轴承作为游动支承。游动轴承外圈端面与轴承盖端面之间应留有足够大的间隙 C，一般为 $3 \sim 8$ mm。

这种支承形式适用于温度变化较大或较长的轴（跨距 $L > 350$ mm）。

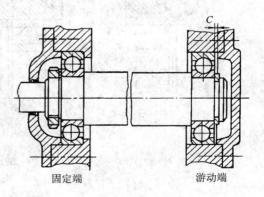

固定端　　　　　　游动端

图 9-28 一端固定一端游动支承

3. 两端游动支承

如图 9-29 所示，两轴承的外圈均完全轴向固定，但由于采用了外圈无挡边的圆柱滚子轴承，因此轴和轴承内圈及滚子可相对外圈做双向轴向移动。

这种支承形式常用在人字齿轮轴系结构中。通常轴系的轴向位置由低速轴限制，高速轴系可沿轴向双向移动，以保证人字齿轮的正确啮合。

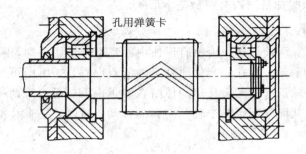

图 9-29　两端游动支承

9.6.3　滚动轴承轴向间隙及其组合位置的调整

1. 滚动轴承轴向间隙的调整

为补偿轴热膨胀预留的膨胀间隙及对内部间隙可调的轴承的轴向间隙，可用下列方法进行调整：

（1）调整垫片（如图 9-27）　调整垫片是由一组钢片组成的，通过增减垫片厚度进行调整。

（2）调整环（见图 9-30(a)）　通过增减调整环的厚度进行调整。

（3）调节螺钉（见图 9-30(b)）　用螺钉调节可调端盖（调节杯）的轴向位置。

（4）调整端盖（见图 9-30(c)）。

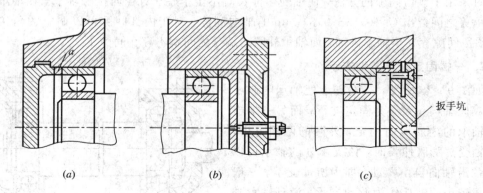

图 9-30　轴向间隙的调整方法
(a) 调整环；(b) 调节螺钉；(c) 调整端盖

2. 滚动轴承组合位置的调整

在一些机器部件中，轴上某些零件要求工作时能通过调整达到正确位置，这可以通过调整轴系的位置来实现。例如，在蜗杆传动中，为了正确啮合，要求蜗轮的中间平面通过蜗杆轴线，故在装配时要求能调整蜗轮轴的轴向位置(见图 9-31(*a*))。又如在圆锥齿轮传动中，两齿轮啮合时要求节锥顶点重合，因此要求两齿轮轴都能进行轴向调整(见图 9-31(*b*))。图 9-32 所示为小圆锥齿轮轴的具体调整结构示例，轴承端盖和套杯之间的垫片 2 来调整轴承的轴向间隙，套杯和箱体端面之间的垫片 1 用来调整小圆锥齿轮(整个轴系)的轴向位置。

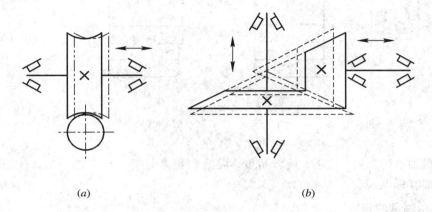

(*a*)   (*b*)

图 9-31 轴承组合位置的调整
(*a*) 蜗轮蜗杆传动；(*b*) 圆锥齿轮传动

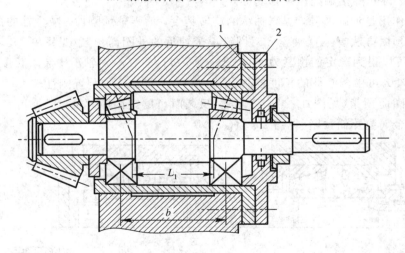

图 9-32 小圆锥齿轮轴的调整

9.6.4 滚动轴承的游隙和预紧

1. 滚动轴承的游隙

滚动轴承的内外圈和滚动体之间存在一定的间隙，因此内外圈之间可以有相对位移。在无外负荷作用时，一个套圈固定不动，另一个套圈沿轴承的径向或轴向，从一个极限位置到另一个极限位置的移动量，分别称为径向游隙和轴向游隙，如图 9-33 所示。

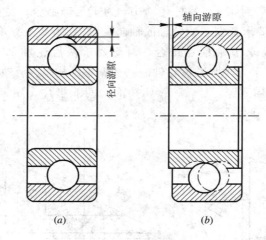

图 9 - 33　滚动轴承的游隙

(a) 径向游隙；(b) 轴向游隙

　　游隙对轴承的寿命、效率、旋转精度、温升和噪声等都有很大的影响。各级精度的轴承的游隙都有标准规定。

　　2. 滚动轴承的预紧

　　滚动轴承的预紧是指在安装轴承时采取某种结构措施，使滚动轴承受力的作用，并在滚动体和内、外套圈接触处产生预变形。

　　预紧的作用是消除游隙，提高轴承的旋转精度，增强轴承刚性，减少轴的振动。

　　常用的预紧方法有：① 夹紧一对圆锥滚子轴承的外圈而预紧（见图 9 - 34(a)）；② 用弹簧预紧，可以得到稳定的预紧力（见图 9 - 34(b)）；③ 在一对轴承中装入长度不等的套筒而预紧，预紧力可由两套筒的长度控制（见图 9 - 34(c)），这种装置刚性较大；④ 夹紧一对磨窄了的外圈而预紧（见图 9 - 34(d)）；⑤ 反装时可磨窄内圈并夹紧，亦可在两个内圈或外圈间加装金属垫片而预紧（见图 9 - 34(e)）。

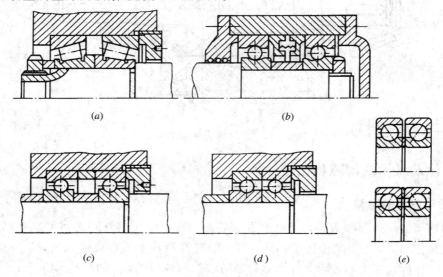

图 9 - 34　轴承的预紧结构

9.6.5　滚动轴承的配合

　　滚动轴承的配合是指内圈与轴颈、外圈与轴承座孔的配合。由于滚动轴承是标准组件，故其内圈与轴颈的配合采用基孔制，外圈与轴承座孔的配合采用基轴制。轴承配合种类的选择，应根据轴承的类型和尺寸，负荷的性质和大小，转速的高低以及套圈是否回转等情况来决定。

　　一般情况下，转动套圈的转速越高、负荷越大、工作温度越高，越应采用紧些的配合；不动套圈、游动套圈或须经常拆卸的轴承套圈，则应采用松些的配合；内圈随轴一起转动，可取紧一些的配合，常用轴颈公差带代号可取 j6、k6、m6 或 n6 等；而外圈与座孔常取较松的配合，座孔的公差带代号可取 G7、H7、J7 或 K7 等。

　　标注轴承配合时，只需注出轴颈和座孔的公差带代号，如图 9 - 35 所示。

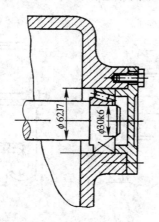

图 9 - 35　滚动轴承配合的标注方法

9.6.6　滚动轴承的装拆和润滑

　　安装或拆卸轴承的压力，应直接加在紧配合的套圈端面上，不能通过滚动体或保持架传递压力，以免影响滚动轴承的正常工作。

　　1. 滚动轴承的安装

　　由于通常是内圈配合较紧，故对中、小型轴承的安装，可用小锤轻轻均匀敲击套圈而装入(见图 9 - 36)。

　　对大型尺寸的轴承可用压力机压套。同时安装轴承的内外圈时，须用图 9 - 37 所示的工具或类似工具。

　　有时为了便于安装，可将轴承在油池中加热至 80~100℃后进行热装。

　　2. 滚动轴承的拆卸

　　对于不可分离型轴承，可根据具体情况用图 9 - 38 所示的方法来拆卸。

　　分离型轴承内圈的拆卸方法与不可分离型轴承相同，外圈的拆卸可用压力机、套筒或螺钉顶出，或用专用工具拉出。为了便于拆卸，座孔的结构应留出拆卸高度 h_0 和宽度 b_0（一般为 8~10 mm），如图 9 - 39(a) 和图 9 - 39(b) 所示，或在壳体上制出供拆卸用的螺孔（见图 9 - 39(c)）。

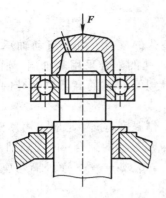

图 9-36 轴承内圈的安装

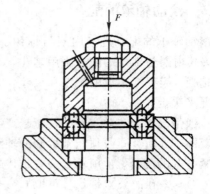

图 9-37 轴承内外圈同时安装

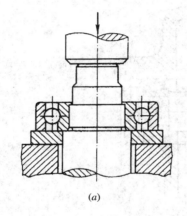

(a)

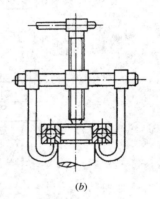

(b)

图 9-38 滚动轴承的拆卸

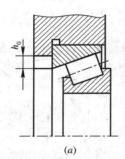

(a)

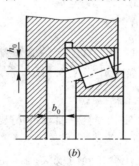

(b)

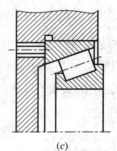

(c)

图 9-39 便于轴承外圈拆卸的座孔结构

3. 滚动轴承的润滑

滚动轴承大多采用脂润滑或油润滑。具体润滑方式见机械设计手册。

习 题 9

9-1 按轴的受载情况，轴可分为哪几类？各有何特点？

9-2 为什么大多数转轴都做成阶梯轴？阶梯轴各段的直径和长度如何确定？

9-3　轴常用的材料和热处理方法有哪些？

9-4　轴在结构设计中应考虑哪些问题？如何提高转轴的疲劳强度？

9-5　已知题 9-5 图中轴的外伸端直径 $d = 30$ mm，试根据轴结构设计的要求，确定轴其他各段的直径（d_1、d_2、d_3、d_4、d_5 和圆角半径 r），并标注在图上。

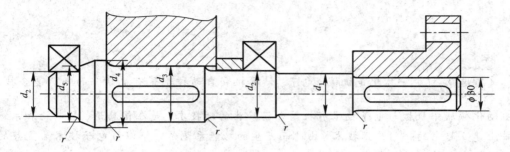

题 9-5 图

9-6　题 9-6 图中轴的结构 1、2、3、4 处是否合理？为什么？应如何改进？

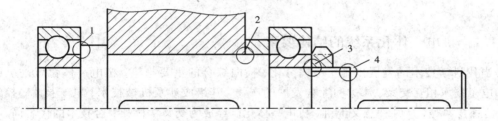

题 9-6 图

9-7　试说明下列轴承代号的含义：

N208、30208/P6X、51205、6207/P2、7210AC

9-8　题 9-8 图所示为一圆柱直齿轮减速器的传动简图。已知传递功率 $P = 44$ kW，从动齿轮的转速 $n_2 = 600$ r/min，轮毂长度为 80 mm，采用轻系列球轴承。试用扭转强度设计从动齿轮轴的结构及尺寸。

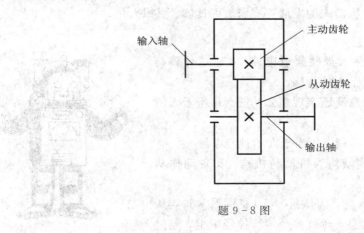

题 9-8 图

第 10 章 机 电 一 体 化

提要 机电一体化是机械、电子、计算机和自动控制等有机结合的一门复合技术，是自动化领域中机械与电子技术有机结合而产生的新技术，是在信息论、控制论和系统论基础上建立起来的一门应用技术。由此而产生的功能系统是一个以微电子技术为主导的现代高新技术支持下的机电一体化系统。

10.1 机电一体化概述

10.1.1 机电一体化系统的结构要素

当代科学技术的发展出现了纵向分化、横向综合的重要趋势。机电一体化就是机械技术和电子技术相互交叉、渗透和综合发展的产物，其组成涉及机械技术、电子技术、控制技术、信息技术等。从某种意义上讲，机电一体化已经成为交叉学科和综合技术的代名词。

机电一体化系统的产生并不是孤立的，而是各种技术互相渗透的结果。它代表了正在形成中的新一代生产技术。在世界范围内，各国的机电一体化热潮正在蓬勃兴起，并已渗透到国民经济、社会生活的各个领域。可以说，从军事到经济、从生产到生活、从简单的消费品生产到复杂的社会生产和管理系统，机电一体化几乎"无孔不入"。它促使产业结构、产品结构、生产方式和管理体系发生了深刻的变化，促进了新兴产业的发展，同时也引起了各国为发展机电一体化技术的激烈竞争，从而更进一步推动机电一体化技术向前迅速发展。机电一体化使得工业机器人的发展更完善、更具体、更拟人化。

1. 基本组成要素

（1）微型计算机（包括大规模集成电路） 通过计算与控制实现智能功能，相当于人的头脑。

（2）传感器 通过信息流通实现感知功能，相当于人的感觉器官。

（3）软件 实现信息功能，相当于人的神经系统。

（4）机械本体 主体结构为机器与机构，实现动作功能，相当于人的躯体和四肢。

机电一体化产品或系统，例如机器人（见图10-1），从各种感觉器官得到各种信息，通过神经传给神经中枢，经过思维处理，再经过大脑指挥各部分动作的执行。

图 10-1 机器人

2. 相关技术要素

1）检测传感技术

检测各种物理量，将测得的各种参量转换为电信号，并输送到信息处理部分的功能器件统称为检测传感元器件或装置。

传感器是检测部分的核心，它相当于人的感觉器官。例如数控机床在加工过程中，利用力传感器或声发射传感器等，将刀具磨损情况检测出来，与给定值进行比较，当刀具磨损到引起负荷转矩增大并超过规定的最大允许值时，机械手就自动地进行更换，这是安全运行与提高加工质量的有力保障。

2）信息处理技术

信息处理技术包括信息的输入、交换、运算、存储和输出等技术。它可以通过微机、单片机、单板机、可编程控制器或其他 I/O 电子装置来实现。信息处理部分相当于人的大脑，指挥整个系统的运行。

3）自动控制技术

自动控制技术包括高精度定位控制、速度控制、自适应控制、自诊断、校正、补偿、示教再现、检索等技术。在机电一体化技术中，自动控制主要是解决如何提高产品的精度、提高加工效率、提高设备的有效利用率等几个主要方面的问题。其主要技术在于现代控制理论在机电一体化技术中的工程化与实用化，优化控制模型的建立及边界条件的确定等。

4）伺服传动技术

伺服传动技术是指执行系统和机构中的一些技术问题。伺服传动包括电动、气动、液压等各种类型的传动装置，这部分相当于人的手足，它直接执行各种有关的操作，对产品质量产生直接影响。伺服传动技术中的 AC（交流）伺服技术日趋完善，并进入实用阶段；DC（直流）技术在机器人诸领域得到成功的应用；步进电机技术有了新的进展；超声波电机等一系列新型伺服电动机、伺服驭动技术是机电一体化的一个重要组成部分。伺服传动的作用是接受控制系统的指令，经过一定的转换和放大后，提供给伺服驱动装置（直流伺服电机、功率步进电机、交流伺服电机、电液伺服阀等）和机械传动机构，实现机电一体化装置或系统的运动。伺服传动技术在很大程度上决定了机电一体化系统的加工性能。

5）精密机械技术

机电一体化系统中的机械部分较一般的同类型机械，精度要求更高，要有更好的可靠性及维护性，同时要有更新颖的结构，零部件要求模块化、标准化、规格化等。也就是说，在机电一体化产品中，对机械本体和机械技术本身都提出了新的要求，这种要求的核心就是精密机械技术。

为使精密机械技术与机电一体化技术相适应，必须研究许多新的课题。例如，对结构进行优化设计，采用新型复合材料，以使机械本体减轻重量、缩小体积，而又不降低机械的静、动刚度；研究高精度导轨、精密滚珠丝杠、高精度主轴轴承和高精度齿轮等，以提高关键零部件的精度和可靠性；开发新型复合材料，以提高刀具、磨具的质量；通过零部件的模块化和标准化设计，提高其互换性和维护性等。

6）系统总体技术

机电一体化技术不是几种技术的简单叠加，而是通过系统总体设计使它们形成一个有机整体。

系统总体技术是一种从整体目标出发，用系统的观点和方法，将总体分解成若干功能单元，找出能完成各个功能的技术方案，再将各个功能与技术方案组合成方案组进行分析、评价、优选的综合应用技术。它通过所用技术的协调一致，来保证在给定环境条件下经济、可靠、高效益地实现目标，并使操作、维修更为方便。

总体技术的内容涉及许多方面，如插件、接口转换、软件开发、微机应用技术、控制系统的成套性和成套设备自动化技术等。显然，即使各个部分技术都已掌握，性能、可靠性都很好，但如果整个系统不能很好地协调，则系统仍然不可能正常、可靠地运行。

随着社会生产和科学技术的发展与进步，机电一体化技术正在不断地深入到各个领域并迅猛地向前发展。特别是近几年来，在机械工业部门发生了许多深刻的变革。因此，了解其发展前景与发展趋势，对于掌握新技术产生与经济发展的关系与规律，对于跟踪世界科学技术发展的步伐都是十分重要的。

10.1.2 机电一体化系统的组成

机电一体化系统（或产品）是由若干具有特定功能的机械和电子要素组成的有机整体，具有满足人们使用要求和目的的功能。

机电一体化系统由动力系统、驱动系统、机械系统、传感系统和控制系统五个要素组成。它们的功能相应为：提供动力、进行检测、主体结构、实现工艺动作和进行控制。

机电一体化产品作为一个系统，核心问题是控制。在机电一体化的产品中，由于把电子器件的信息处理和控制功能，以及检测、传感器等有机地应用到机械中去，因而使机械产品实现了前所未有的高性能（高精度、高效率、智能化）和多功能。

1. 机械主体

机械主体部分包括机械传动装置和机械结构部件。为了充分发挥机电一体化的优点，必须使机械主体部分达到高精度、轻量化和高可靠性。机械主体部分的高精度有利于机电一体化系统功能实现高准确度；运动部件的轻量化，不但可使驱动系统小型化，减小所需动力，同时也可以改善控制系统的响应特性，提高灵敏度。

2. 传感器

传感器的作用是将系统中控制对象的有关状态参数，如力、位移、速度、温度、气味、颜色、流量等，转换成可测信号或变换成相应的控制信号，为有效地控制机电一体化系统的动作提供信息。传感器的种类繁多，在机械中常用的有位移传感器、加速度传感器、压力传感器、温度传感器、流量传感器、频率传感器等等。对于传感器，它的主要评价指标有可靠性、灵敏度、分辨率和微型化等。

3. 信息处理

信息处理部分的作用是实现各种形式的信息变换、过程连接和数据采集等。信息处理部分包括微型计算机、输入设备、输出设备、外存储器、可编程控制器和接口等。对于信息处理部分，主要要求是提高处理速度，提高可靠性和推行标准化等。信息处理部分由机电一体化系统中的控制系统组成。

4. 驱动装置

驱动装置包括动力源和执行元件，其作用是为执行机构提供必要的运动和动力，并能接受电子控制装置的指令，进行自身的开、停、换向和变速等运动变换。现在驱动装置主要采用各种电动机，也有采用气压、液压马达的。目前研制成的具有编码器和减速器的一体电机，适应了数字控制的要求。对于驱动装置的主要要求是惯性小、动力大、体积小、重量轻、精度和可靠性高、便于维修与安装以及能用计算机控制等。

5. 执行机构

执行机构的驱动装置接受控制器的指令，通过传动机构驱动执行机构实现某种特定的工艺动作。执行机构一般是各种连杆机构、凸轮机构、间歇运动机构和组合机构等，也有采用步进电机等进行直接步进运动的。对执行机构的基本要求是能实现所需的运动，并具有一定的精度和灵敏度，传递必要的动力，保证系统具有良好的动态品质，减小惯性，提高传动刚度，减小摩擦和传动间隙等。

6. 接口

接口是联系机械主体、传感器、微型计算机和执行元件等进行协调信息的装置。它有数字接口、数字/模拟转换（D/A）接口、模拟/数字转换（A/D）接口、模拟/模拟接口等。它同样要求小型化、标准化和具有高可靠性。

10.2　机电一体化系统分析

机电一体化系统由动力系统、驱动系统、机械系统、传感系统和控制系统等组成，由控制系统完成信息处理功能。机电一体化系统的优劣在很大程度上取决于控制系统的好坏。随着高新技术引入机械行业，机械技术面临着挑战和变革。在机电一体化产品中，它不再是单一地完成系统间的连接，而是在系统结构、重量、体积、刚性与耐用性等方面对机电一体化系统有着重要的影响。机械技术的着眼点在于如何与机电一体化技术相适应，并利用其他高新技术更新概念，实现结构上、材料上、性能上的变更，满足减少重量、缩小体积、提高精度、提高刚度、改善性能的要求。机电一体化的典型产品是数控机床，如图 10 - 2 所示。

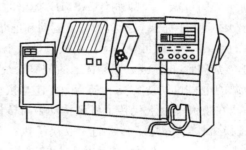

图 10 - 2　数控机床

10.2.1　机电一体化对机械传动的要求

机械的主体能完成机械运动。一部机器必须完成相互协调的若干机械运动。每个机械运动可由电机、传动件和执行机构等部分来完成，若干个机械运动可以由计算机来协调与控制。这就使设计机械时的总体布局、机构选型和结构造型更加合理和多样化。随着机电一体化技术的应用与发展，机械传动中的执行、控制等机构日益减少，其机器的结构日益简化。由于受当前技术发展水平的限制，一些元器件目前还不能完全满足需要，机械传动链不能完全取消。

　　机电一体化机械系统中的机械传动装置，不仅仅是转速和转矩的变换器，也成为伺服系统的组成部分。因此，要根据伺服系统的要求来进行选择设计。近年来，控制电机不通过机械传动装置直接驱动负载——即"直接驱动"（DD）技术得到发展，但一般都需要低转速、大转矩的伺服电机，并要考虑负载的非线性和耦合等因素对伺服电机的影响，从而增加了控制系统的复杂性。所以，在一般情况下，可以考虑尽可能缩短机械传动链，但还不能取消传动链。传动链的性能主要取决于传动类型及其传动方式、传动精度、动态特性和可靠性等。在伺服控制中，还要考虑到伺服系统中的传动链的传动精度，它不仅取决于组成系统的每个传动件的精度，还取决于传动链的系统精度。闭环伺服系统中的传动链，虽然对各单个传动件的精度要求可以稍低，但对系统精度仍有相当高的要求，以免在控制时因误差随机性太大而不能补偿。此外，机电一体化系统中的机械传动链还需满足小型、轻量、高速、低冲击振动、低噪声和高可靠性等要求。

　　影响机械传动链的动力学性能的因素，一般有以下几个方面：

　　（1）负载的变化。负载包括工作负载、摩擦负载等。

　　（2）传动链的惯性。惯性不但影响传动链的启停特性，也影响控制的快速性、位移和速度偏差的大小等。

　　（3）传动链的固有频率。固有频率影响系统谐振和传动精度。

　　（4）间隙、摩擦、润滑和温升。间隙、摩擦、润滑和温升影响传动精度和运动平稳性。

　　总之，机电一体化对机械传动要求高精度、高效率、智能化、微型化和多功能。

10.2.2　机电一体化机械系统分析

　　一般认为传统机械由动力系统、传动系统、执行系统、操纵和控制系统几部分组成。1984 年美国机械工程师协会（ASME）提出的现代机械的定义为："由计算机信息网络协调与控制的，用于完成包括机械力、运动和能量流等动力学任务的机械和（或）机电部件相互联系的系统。"由此可见，现代机械应是一个机电一体化的机械系统，其核心是由计算机控制的，包括机、电、液、光等技术的伺服系统。由于计算机的强大功能，使传统意义上作为动力源的电机也转变为具有动力、变速与执行等多重功能的伺服电机。伺服电机的伺服变速功能在很大程度上代替了机械传动中对传动比有严格要求的"内联系"传动链中调整速比的"置换机构"，缩短了传动链；取代了执行件之间的传动联系，大大减少了传动件数量；简化了结构，使动力件、传动件与执行件向着一体化、小型化方向发展。机械系统的组成如图 10-3 所示。

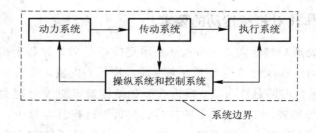

图 10-3　机械系统的组成

常用机械传动构件有齿轮、蜗杆、同步带、链等。

1. 齿轮

机电一体化机械系统中目前使用最多的是齿轮传动，其主要原因是齿轮传动的瞬时传动比是常数，传动精度可做到零侧隙无回差、强度大、能承受重载、结构紧凑、摩擦力小、效率高。

2. 蜗杆

蜗杆传动与齿轮传动比较，主要缺点是摩擦系数较大，效率较低。新型蜗杆效率较高，但技术要求较高，成本高。

3. 同步带

同步带传动可做到传动比准确，效率高；工作平稳，能吸收振动；噪声小，维护保养方便，不需润滑。缺点是安装带轮中心距要求严格，在传递同样的功率、转速的条件下，结构不如齿轮传动紧凑，常用于轻载工作条件。

4. 链

链传动由于其瞬时传动比不为常数，金属链易产生冲击噪声，惯性较大，因此使用较少。

10.2.3　机电一体化机械系统设计

近年来，由于机电一体化技术日益发展并广泛应用，机器中的传动、控制和执行机构的数目有减少趋势，机构的结构有简化的可能。如绣花机、圆头锁眼机采用机电一体化技术之后，使得机械结构大为简化，工作性能得以完善，机器的档次和水平有较大提高。对于用户来说，他们追求的是性能完美的机器功能。因此，在机械系统设计过程中应该充分考虑机电一体化技术。另一方面，还需清醒地认识到，机电一体化技术虽在不断发展，但不会取消机构的应用，即使是机电一体化水平比较高的产品，仍然离不开机构。在机电一体化设备中，对于复杂的工艺动作过程不可能不采用机构。例如，电脑绣花机中的挑线、刺布、勾线等动作，还是采用相应的连杆机构来完成的。

电子计算机和微电子技术的迅速发展，促进了电子技术与机械技术的有机结合，不仅使各种机械设备以崭新的面貌出现，而且产生了一些用单纯机械或电子技术都难以达到其效果的功能优良的新产品。具体来说，机电一体化的产品有两种形式：机械的电子化和机械-电子的有机结合一体化。因此，在确定机械工作原理、工艺路线方案，选择传动、控制和执行机构，进行机械系统设计时，均应考虑电子技术与机械技术的结合，使新设计的机器达到性能优良、适应性强、操作控制方便、结构简单紧凑、生产效率高、自动化程度高的先进水平。

1. 机械传动系统方案的选择

机电一体化机械系统要求精度高、运行平稳、工作可靠。这不仅是机械传动和结构本身的问题，而且要通过控制装置，使机械传动部分与伺服电机的动态性能相匹配，要在设计过程中综合考虑这三部分的相互影响。

对于伺服机械传动系统，一般来说，应达到高的机械固有频率、高刚度、合适的阻尼、线性的传递性能和小惯量等。这都是保证伺服系统具有良好的伺服特性(精度、快速响应和稳定性)所必需的。应考虑采用多种设计方案,对其进行评价、优选,反复比较,选出最佳方案。

以数控机床进给系统为例,可以有三种选择:丝杆传动、齿条传动和蜗杆传动(蜗杆-旋转工作台),如图 10-4 所示。若丝杆行程大于 4 mm,由于刚度原因,则可选择齿条传动。

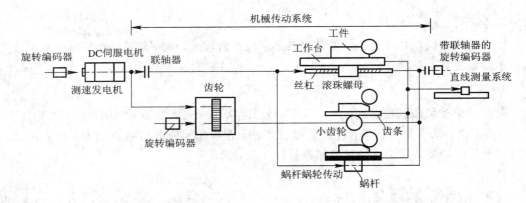

图 10-4　数控机床进给系统方案示例

当选择丝杆传动后,丝杆与伺服电机的连接关系有两种:直接传动、中间用齿轮或同步带传动。

2. 总传动比的确定

用于伺服系统的齿轮传动是减速系统,其输入是高速、小转矩,输出是低速、大转矩,用以使负载加速。要求齿轮系统不但有足够的强度,还要有尽可能小的转动惯量。在同样的驱动功率下,其加速度响应为最大。此外,齿轮副的啮合间隙造成不明显的传动死区。在闭环系统中,传动死区能使系统产生频率振荡。为此,要使齿侧间隙最小,可采用消隙装置。在上述条件下,要使伺服电机驱动负载产生的速度最大,可按下述方法选择总传动比。

(1) 对于以提高传动精度和减小回程误差为主的降速齿轮传动链,可按输出轴转角误差最小原则设计。对于升速传动链,则应在开始几级就增速。

(2) 对于启动频繁,要求运转平稳、动态性能好的伺服降速传动链,可按最小等效传动惯量原则和输出轴转角误差最小原则设计。对于负载变化齿轮装置,各级传动比最好采用互质的比数,避免同时啮合。

(3) 对于要求减轻重量的降速传动链,可按重量最轻原则进行设计。

(4) 对于传动比很大的齿轮传动链,应将定轴轮系、行星轮系结合使用。若同时要求传动精确度高、功率高、传动平稳、体积小、重量轻等,就综合运用上述原则进行设计。

10.3　机电一体化典型传动装置及机器

10.3.1　精密传动零件

在工业机器人的机械系统中,为免除一般直线运动机构中因使用螺旋传动、齿轮传动等传动副而出现的机械误差,一些移动关节可采用直线电机导轨结构。这种导轨在导轨盒内装有电机，它是由滚动导轨与直线电机组成的复合体。机电一体化中精密传动零件有滚动导轨、滚珠丝杠等。

1. 滚动导轨

直线滚动导轨副的结构如图 10-5 所示，其主要特性见表 10-1。

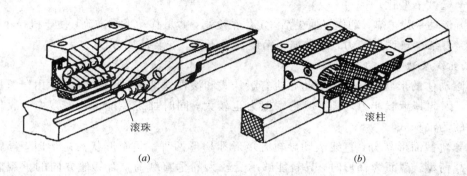

图 10-5 直线滚动导轨
(a) 滚珠式；(b) 滚柱式

表 10-1 直线滚动导轨的类型和特点

类型	简　图	特　点
滚珠导轨副		滚动体与圆弧沟槽相接触，与点接触相比承载能力大，刚性好 摩擦系数小，一般小于 0.005，仅为滑动导轨副的 1/40~1/20 节省动力，可以承受上下左右四个方向的载荷 磨损小，寿命长，安装、维修、润滑简便。运动灵活、无冲击，在低速微量进给时，能很好地控制位置尺寸
滚柱导轨副		滚动体为圆柱滚子，承载能力大约为球轴承的 10 倍以上 摩擦系数小，且动静摩擦系数之差较小，对反复启动、停车、反向且频率较高的机构可减少整体重量及动力消耗 灵敏度高，低速微调时控制准确，无爬行。滚动时导向性好，可提高机械随动性、定位精度。润滑系统简单，装拆、调整方便

1) 直线滚动导轨的特性

直线滚动导轨的特性如下：

(1) 承载能力大，钢球与圆弧滚道的接触比平面接触的载荷能力高 13 倍；

（2）刚性好，在制造时，预加载荷可获得较高的系统刚度，能承受较大的切削力、冲击与振动；

（3）四方面承受载荷，全方位上的刚度值一致，具有良好的减振特性；

（4）寿命长，由于是纯滚动，摩擦系数为滑动导轨的 1/50 左右，主机消耗低，省电节能，便于机械小型化；

（5）传动平稳可靠，动作轻便灵活，定位精度高，微量移动灵敏准确，便于机械小型化；

（6）有结构自调整能力，配件加工精度要求不高，安装使用方便。

2）直线滚动导轨的分类

按滚动体的形状分，直线滚动导轨有滚珠式和滚柱式两种，见图 10-5。由于滚柱式为线接触，因此其承载能力较强，但是摩擦力也较大，同时加工装配也比较复杂，故目前使用较多的为滚珠式。

按导轨截面形状分，直线滚动导轨有矩形和梯形两种。截面形状为矩形时，导轨为四方向等载荷型。截面为梯形时，导轨能够承受较大的垂直载荷，而其他方向的承载能力较低，但对安装误差的调节能力较大。

3）寿命计算方法

滚动导轨的寿命计算方法和负荷承载能力的决定方法与滚动轴承基本相同。

2. 滚珠丝杠

滚珠丝杠有如下特性：

（1）运动可逆性。滚珠丝杠逆传动效率几乎与正传动效率相同，既可将回转运动变成直线运动，又可将直线运动变成回转运动，以满足一些特殊传动的平稳性与灵敏性要求。

（2）系统刚度高。通过给螺母组件施加预压来获得较高的系统刚度，以满足各种机械传动的要求，无爬行现象，始终保持运动的平稳性与灵敏性。

（3）传动精度高。滚珠丝杠副经过淬硬并精磨螺纹滚道，具有很高的进给精度。由于摩擦小，丝杠副工作时的温升变形小，因此容易获得较高的定位精度。

（4）传动效率高。滚珠丝杠的效率达 90%～95% 左右，耗费的动力仅为滑动丝杆的 1/3，可使驱动电机乃至机械整体小型化。

（5）使用寿命长。钢球是在淬硬的滚道上做滚动运动，磨损极小，长期使用后仍能保证精度，工作寿命长，具有很高的可靠性，寿命一般要比滑动丝杠高 5～6 倍。

（6）应用范围广。滚珠丝杠由于其独特的性能而被广泛采用，已成为数控机床、精密机械、各种机械设备及各种机电一体化产品中不可缺少的重要元件。

3. 滚珠花键

滚珠花键刚度高，比传统花键动作轻便灵活，定位准确，精度高，移动灵敏度高。滚珠花键结构如图 10-6 所示。花键轴的外圈均布 3 条凸起轨道，配有 6 条负荷滚珠列，相对应有 6 条退出滚珠列。轨道槽截面为近似滚珠的凹圆形，以减少接触应力。承受转矩时，3 条负荷滚珠列自动定心。反转时还可用一个花键螺母向旋转方向施加预紧力后锁紧；外筒上开键槽以备连接其他传动件。保持架使滚珠互不摩擦，且拆卸时不会脱落。用橡皮密封垫防尘，以提高使用寿命，通过油孔润滑以减少磨损。这种花键用于机器人、机床、自动搬运车等各种机械。

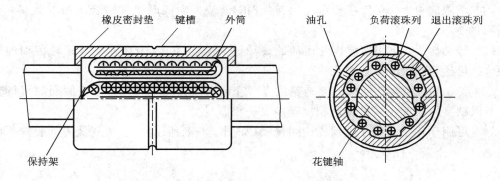

橡皮密封垫　键槽　外筒　　　油孔　负荷滚珠列　退出滚珠列

保持架　　　　　　　　　　　花键轴

图 10-6　滚珠花键

10.3.2　谐波齿轮减速器

1. 谐波齿轮减速器的工作原理与特点

1）工作原理

谐波齿轮减速器结构如图 10-7 所示。它主要由柔性齿轮 g（柔轮）、刚性齿轮 b（钢轮）和波发生器 H（装在柔性齿轮 g 内）组成。柔轮可产生较大的弹性变形，转臂 H（波发生器）的外缘尺寸大于柔轮内孔直径，转臂装入柔轮内孔后，柔轮即变成椭圆形。谐波齿轮传动的工作原理如图 10-7(a) 所示。若将刚轮固定，当高速轴带动波发生器 H 转动时，外装柔性轴承的波发生器 H 迫使柔轮 g 由圆环形变成椭圆形，椭圆长轴处的轮齿与刚轮相啮合，而柔轮短轴两端的齿与刚轮的齿脱开，其他各点则处于啮合和脱离的过渡阶段。当高速轴带动波发生器和柔性轴承逆时针转动时，柔轮上原来与刚轮啮合的齿开始脱开，再转向重新啮合，这样柔轮就相对于刚轮沿着与波发生器相反的方向旋转，通过低速轴输出运动，完成减速功能。若将柔轮固定，由刚轮输出运动，其工作原理完全相同，只是刚轮的转向将与波发生器的转向相同。

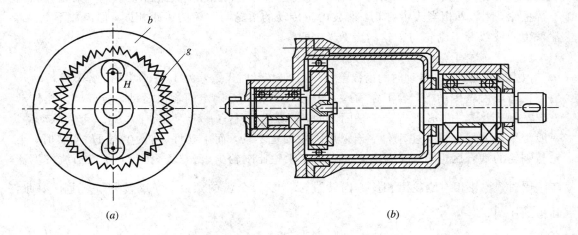

(a)　　　　　　　　　　　　　　　　　　(b)

图 10-7　谐波齿轮减速器

2）工作特点

谐波齿轮传动与一般齿轮传动、蜗杆传动相比，有下列特性。

（1）承载能力大。在传递额定输出转矩时，谐波齿轮同时参加啮合的齿对数多，可占总齿数的 30％～40％。

（2）传动比大。单级谐波齿轮传动的传动比为 60～300。多级和复波齿轮传动的传动比更大，可达 150～4000 或更高。

（3）传动精度高。在同样的制造精度条件下，谐波齿轮的传动中，齿侧间隙可调整到零，所以精度比一般齿轮的传动精度至少高一级。

（4）可用于化工系统中无泄露密封传动（如图 10－8 所示），这是其他传动装置不能实现的。

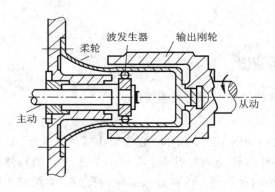

图 10－8　无泄露密封谐波齿轮传动

（5）传动平稳，基本上无冲击振动。

（6）传动效率高，传动装置的总效率为 80％～90％。

（7）结构简单、体积小、重量轻，在传动比和承载能力相同的条件下，谐波齿轮减速器比一般齿轮减速器的体积和重量减少 1/3～1/2。

2. 谐波齿轮传动的传动比计算

谐波齿轮传动是行星传动的一种，其波发生器 H 相当于行星轮系的转臂，柔轮 g 相当于行星轮，刚轮 b 相当于中心轮。谐波齿轮传动的柔轮与刚轮的齿距相同，但齿数不等。通常采用的波数等于刚轮与柔轮的齿数差，即

$$波数 = Z_b - Z_g$$

由上式可见，双波传动时的齿数差为 2，三波传动时齿数差为 3。一般常用的是双波传动。

在谐波齿轮传动中，为了在输入一个运动时能获得确定的输出运动，与行星齿轮传动一样，在三个构件中必须有一个是固定的，而其余两个有一个为主动件，另一个为从动件。一般常采用波发生器为主动件。当采用刚轮固定不动，而主动件（波发生器 H）回转时，柔轮与刚轮的啮合区也就跟着发生转动。由于柔轮比刚轮少（$Z_b - Z_g$）个齿，所以当波发生器转一周时，柔轮相对刚轮沿相反方向转过（$Z_b - Z_g$）个齿的角度，即反转 $\dfrac{Z_b - Z_g}{Z_g}$ 周。因此，其传动比为

$$i_{Hg} = \frac{n_H}{n_g} = -\frac{1}{(Z_b - Z_g)/Z_g} = -\frac{Z_g}{Z_b - Z_g} \tag{10-1}$$

上式与渐开线少齿差行星传动的传动比公式相同。

谐波齿轮传动借助于波发生器使柔轮产生可控的弹性变形来实现运动的传递，故就其

传动机理而言，既不同于刚性构件的啮合传动，同时也与一般常见的具有柔性构件的传动（如带传动）有本质区别。

3. 单级谐波齿轮减速器的型号与品种规格

1）型号与品种规格

根据 SJ 2604—85《单级谐波齿轮减速器》标准，谐波齿轮减速器有 10 个机型，43 个品种。柔轮内径表示机型号。25～50 为小机型，柔轮和输出轴为整体式。单级谐波齿轮减速的型号由产品代号、规格代号和精度等级三部分组成。

型号示例：XBD100 - 125 - 250 - Ⅱ。

XBD：产品代号，表示卧式双轴伸型谐波器；100 表示柔轮内径；125 表示传动比；250 表示输出转矩；Ⅱ表示精度等级为普通级。

2）技术要求

单级谐波齿轮减速器的技术要求如下：

（1）精密级和普通级的传动误差和空程分别小于 $2'$ 和 $6'$；

（2）额定载荷下输出轴的扭转变形角不超过 $15'$；

（3）传动比为 63～125 时，效率为 80%～90%，传动比大于 125 时，效率为 70%～80%；

（4）工作环境温度为 -40～+55℃，相对湿度为 95%±3%（20℃），振动频率为 10～500 Hz，加速度为 2g，扫频循环次数为 10 次；

（5）额定转速和额定载荷下使用寿命为 10 000 h；

（6）噪声不大于 60 dB。

4. 谐波齿轮的齿形

谐波齿轮的齿形有三角形和渐开线形两种。由于制造工艺方面的原因，渐开线齿形应用较广。基准齿形角有 20°、25°、28°36′ 和 30° 等。由于 20° 可沿用各种标准刀具，因此应用较广。谐波齿轮的齿轮传动与渐开线少齿差行星齿轮传动的工作条件相似，为防止啮合干涉，除采用短齿外，还应用径向变位。

5. 谐波齿轮传动的应用

由于谐波齿轮传动的侧隙小、空程小、传动精度高、刚度曲线连续、体积小、噪声低等一系列特点，因此广泛用于各种机电一体化机械中，如机器人、机床、专用设备、仪器仪表、雷达、通讯设备、食品、石油化工、冶金机械、医疗设备、食品机械和纺织机械等。可用于标准系列谐波齿轮减速器，也可在设计机械时只选用基本构件。

10.3.3　机电一体化的典型机器

1. 电子式照相机

电子式照相机是一个典型的机电一体化产品。全自动照相机用微型电动机驱动快门、变焦及卷片倒片，内部装有测光测距传感器，用微处理机进行信息处理及控制，对测光、测距、调光、调焦、曝光、卷片倒片、闪光及其他附件的控制都实现了自动化。

2. 数控机床与加工中心机床

数控机床和加工中心机床也是典型的机电一体化产品，同时又是用于产品制造的机电一体化生产设备。以美国辛辛那提(Cincinnati)1210 – U 车削加工中心为例,机床拥有刀塔的 Z、X 纵横直线运动和主轴转角位置 C 3 个坐标及相应伺服驱动单元,两坐标联动;转塔式刀库有 12 个刀位,可安装自转和非自转刀具,因此除一般车削加工外,还可以进行端面和柱面分布孔、槽及螺旋表面的钻削和铣削加工;机床配备有刀具测头和工件测头,可对刀具坐标和工件尺寸进行测量。机床使用高档的 Acramatic 950 数控系统。该系统采用多总线、多 CPU 结构,各 CPU 分别进行数据传送通道管理、操作键盘和显示管理、磁盘驱动器读写操作、可编程序控制器输入输出、插补运算和伺服驱动控制等。由总线仲裁器按中断优先原则管理总线分配和通信,协调各子模块的运算和控制功能。数控系统通过可编程控制器管理机床的 M 辅助功能和系统各环节状态监测信息。系统开发了很强的自诊断功能,对系统运行故障和操作错误实时显示报警。同时系统设置有标准数字传送通道,可以通过 RS511 接口与上位计算机连接,进行程序传送和管理,控制信息通信,因此可直接接入计算机集成制造系统网络。这种机电一体化生产装备,不仅自身具有很强的功能,而且以此为基础,能够形成更高级的机电一体化系统。数控机床和加工中心机床配备自动上下料装置,包括机床工作台自动交换设备或工业机器人。在上位计算机程序控制下,实现多品种加工对象的连续自动化生产,构成柔性制造单元(FMC);根据加工对象的类别范围,合理组织不同种类的 FMC,并配置工件、工具等的自动物流传送设备;采用控制级、决策级等层次结构式的多级计算机管理与控制,实现优化自动生产过程,构成能够适应多品种、中小批量自动化生产的柔性制造系统(FMC);而计算机集成化制造系统(CIMS)则是计算机经营决策管理系统、计算机辅助设计和辅助制造(CAD/CAM)与 FMS 的有机集成。

3. 点阵针式打印机

早期的打印机采用机械式字模印字方式,其印字机构为凸轮连杆式等,速度很低。尤其是汉字打印机,印字时要使用较重的活字运动,到 1975 年,活字仅 2000 个左右,印字速度为 2 字/秒。之后开发的汉字点阵针式打印机,每个字用直径 0.2 mm、节距 0.159 mm 的 24×24 点阵表示。印字头内电磁线圈通电后吸引衔铁,击打打印机针使其飞行,撞击印字媒体完成印字,称为吸合式。其印字速度较早期的凸轮连杆式提高了 10 多倍。而后又出现了释放式(贮能式)印字头,采用永久磁铁吸引衔铁(弹簧系统),使弹簧变形贮存势能,当打印脉冲送入线圈,产生与永久磁铁磁场相反的磁场,释放衔铁(弹簧),打印针击打印字媒体,使汉字印字速度达 120 字/秒以上,字母、数字、汉字等文字个数达 6000 个以上。现在,利用电致伸缩元件驱动打印针的新型打印机,打印字母速度可达 200～300 字/秒。图 10 – 9 为点阵针式打印机的结构简图。

打印头装在字车上,由横移机构驱动(字行方向),做往复的直线间歇运动,实现打印一个点阵字符和一行字符。横移机构的传动方式可归纳为两类:挠性运动(同步齿形带或钢绳)与刚性运动。由步进电机或伺服电机驱动。

图 10 – 10 为菊花瓣型打印机印字头的选字定位机构。印字头是一个形似菊花的选择指印字轮。120 个活字字符排列在选择指外端。印字轮直接与 120 步/转的步进电机连接。步进电机按照选字指令,以 1～60 的任意步数,正、反向回转选择 120 个字符中的任一个,并把所要的字符转到字锤位置,以 ±0.1 mm 的精确度定位;同时利用附加摩擦机构,抑制印字头的残余振动。

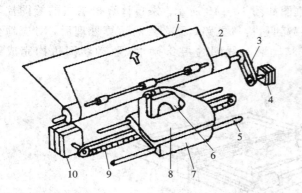

1—打印纸；2—纸辊；3—同步齿形带；
4—输纸机构步进电机；5—导轨；
6—印字机构(打印头)；7—小(字)车；
8—色带盒；9—同步齿形带；
10—横移机构步进电机

图 10-9　点阵针式打印机

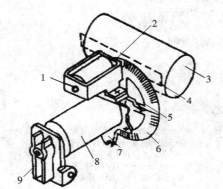

1—字锤磁铁；2—字锤；3—压纸卷筒；
4—色带；5—打印头止挡；6—打印头；
7—字锤框架；8—选字用步进电机；
9—附加摩擦机构

图 10-10　菊花瓣型打印机的选字定位机构

驱动回路采用定位电流开关方式，驱动曲线为正弦曲线，励磁方式为 2 相励磁，电压为 20～30 V，以 0.2 A/相的小电流驱动。为消除附加摩擦机构摩擦力引起的定位误差，在转子接近停止点时，叠加一强电流脉冲(0.8 A/相、通电 13.6 ms)，提高步进电机的转矩常数，进行定位修正。

4. 绘图机

打印机作为电子计算机的输出设备，输出数据、字符和汉字，其输出结果是离散的。绘图机则具有文字、图形、图表等多种信息处理的智能化功能，在 CAD/CAM 系统以及 EWS(Engineering Work Station)系统中作为输出装置使用。绘图机可以绘制机械工程图、立体图、电路边图、集成电路掩膜图、测绘图、建筑图、商业图表等，应用领域非常广泛。既可绘制 A4 幅面到 A0 幅面的图，也可以绘制 2～5 m 的大幅面图。

绘图机大致分为两类，一是利用纸与笔的相对运动进行作图的笔式绘图机；另一类是绘图纸沿纵向送进，绘图头按横向一列数据同时作图的光栅式绘图机。笔式绘图机从 20 世纪 60 年代开始与 CAD 技术同步发展与提高。现在光栅式及彩色喷墨绘图机正在迅速发展。

笔式绘图机按基本结构分，有平台型、纸动型(滚筒型)等数种。使用率较高的 A3 以下幅面的小型机多为平台型，大型机多为纸动型。这两种绘图机的基本构造如图 10-11 和

图 10-12 所示。它们的机电一体化框图如图 10-13 所示。来自计算机主机的绘图控制指令、图形坐标、文字等信息码传输线路到达接口电路，经必要的运算处理后，对应地变换为 X 轴和 Y 轴驱动电机以及笔上下移动驱动线圈的指令脉冲，驱动绘图机构完成绘图动作。

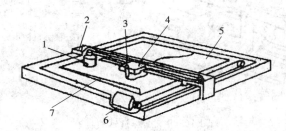

1—Y向电机；2—横梁；3—笔；4—笔执行元件；
5—绘图纸；6—X向电机；7—绘图平台

图 10-11 平台型绘图机

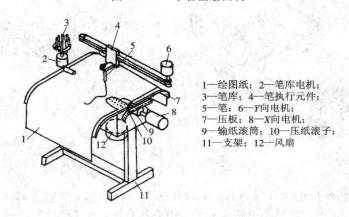

1—绘图纸；2—笔库电机；
3—笔库；4—笔执行元件；
5—笔；6—Y向电机；
7—压板；8—X向电机；
9—输纸滚筒；10—压纸滚子；
11—支架；12—风扇

图 10-12 纸动型绘图机

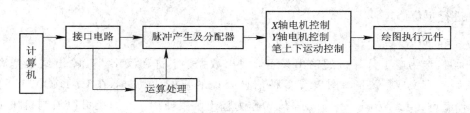

图 10-13 笔式绘图机的机电一体化框图

10.4 工 业 机 器 人

10.4.1 工业机器人概述

机器人发明于 20 世纪中期，随着计算机、自动化技术和原子能技术的发展，现代机器人得到进一步研究和发展。工业机器人是工业生产中使用的机器人。在工业机器人出现之前，一种具有与人手相似的动作功能，可在空间抓放物体或进行其他操作的机械装置——操作机已广泛应用于工业生产中。

工业机器人是一种能自动控制、可重复编程、多功能、多自由度的操作机，能搬运材料工件或操持工具用以完成各种作业。工业机器人与其他专用自动机的主要区别在于：专用自动机是适用于大量生产的专用自动化设备，而工业机器人是一种能适应生产品种变更，具有多自由度动作功能的柔性自动化设备。

工业机器人与一般机器的不同之处主要在于机器是没有"大脑"的，而机器人有"大脑"（电脑）、躯体和四肢，还有眼、耳、鼻、舌及各种感觉器官。

1. 机器人的大脑

机器人的大脑即计算机（包括微型计算机、大规模集成电路等），通过计算与控制实现智能功能。所以电脑相当于机器人的"大脑"，计算机的发展水平直接影响机器人的"成长"水平。近几十年计算机的发展实现了质的飞跃。安上诺依曼计算机的机器人便是具有逻辑思维能力的机器人。但人类除了有逻辑思维能力外，还有形象思维能力。现在科学家们正在研制具有形象思维能力的计算机，称做神经计算机，而且已有所突破。当机器人用上了具有逻辑思维能力的诺依曼计算机和具有形象思维能力的神经计算机相结合的"大脑"，机器人就会产生灵感、直觉和感情，这时的机器人便是更高级的智能机器人了。

2. 机器人的躯体和四肢

（1）机器是机器人的躯体和四肢，是机械的主体部分，包括机械传动装置和机械结构部件，能实现动作功能。

机器人的躯体包括机身与机构。如常见的机床、齿轮机构、带传动机构等。

（2）机器人的四肢：手部、手腕、手臂，是新型的现代概念。

手部：机器人的手部包括手掌和手指，如图 10 - 14 所示，其功能是抓、握、释放工件，也可用做专用工具，如焊具、喷枪等。

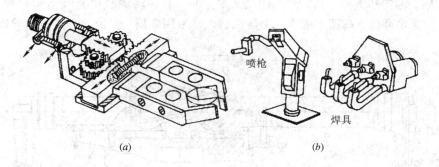

(a)　　　　　　　　　　　　　　　　(b)

图 10 - 14　机器人手部的结构形式

手腕：如图 10 - 15 所示，机器人的手腕是连接手部和手臂的部件，一般手腕由多个同轴或销轴回转副的关节组成。手腕按自由度分，可分为单回转、双回转、三回转等 3 种，以实现所希望的动作。工业机器人的自由度数取决于作业目标所要求的动作，主要体现在手腕的设计上。对于只进行二维平面作业的机器人，有 3 个自由度就够了。若要操作物体具有随意的空间位置，机器人最少要有 6 个自由度。如用于回避障碍作业的机器人就需要有 6 个自由度。

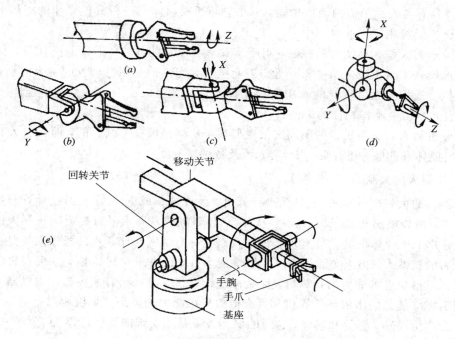

图 10-15 机器人手腕的自由度

手臂：机器人的手臂有伸缩、回转、俯仰等动作，其结构如图 10-16 所示。活塞油缸 1 的两腔通压力油时，通过连杆 2 带动曲柄 3（即手臂）绕轴心作 90°的上下摆动。手臂是用来调整末端执行器在空间的位置的，一般具有 3 个自由度。这些自由度可以是移动副、绕轴向回转的回转副和绕销轴摆转的回转副。手臂有回转关节和移动关节（见图 10-15(e)）。回转关节用来连接手臂与机座、手臂相邻杆件与手腕，并实现两构件间的相对回转（或摆动）。它由驱动器、回转轴和轴承组成，回转关节中常采用薄壁密封式滚动轴承。有时为适应承受径向、轴向和力矩负荷，可采用交叉滚子轴承。移动关节由直线运动机构和直线导轨组成。为满足高速、高精度要求，工业机器人常采用紧凑、低价的直线滚动导轨。

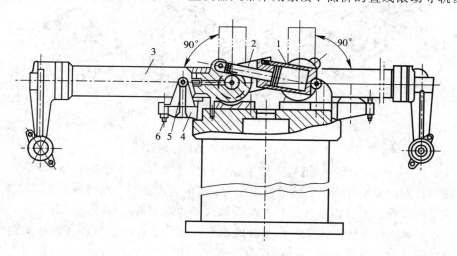

图 10-16 机器人手臂的结构

3. 机器人的眼睛

机器人的眼睛即机器视觉，一直是机器人研究领域中研究的热点。目前最常用的机器人眼睛，是简单地用摄像机输入图像，然后用计算机软件进行图像识别和分析的。有些科学研究人员正在研究建立模拟生物眼的系统，这是与神经计算机相配合的视觉系统。硅视网膜是新型机器眼。硅视网膜由一系列光学传感器组成，每个传感器覆盖一小部分图像区。硅视网膜的功能与人眼的功能非常接近。法国最近研制成功的"苍蝇眼机器人"，是第一个具有像苍蝇复眼那种功能的视觉系统的机器人。因此，"苍蝇眼机器人"的眼睛具有广阔的视野。

4. 机器人的鼻子

在机器人的各种感觉中，对嗅觉的研究起步最晚，这是因为嗅觉的判别难度极大。嗅觉不仅与探测对象的化学组成有关，而且也随环境（温度、浓度等）发生变化，因此很难将这种由简单化学方法测量的结果同一定的气味联系起来。但在近年来，科学家突破了这道难关，以致可给机器人安上鼻子。目前开发的机器人的鼻子是依靠以电子芯片为基础的大量聚合物来鉴别各种气味，并给出数字显示的结果，它对每种气味都会产生独特的"鉴别图谱"，以此作为判别各种气味的依据，而不必分析其化学构成。它可广泛用于质量管理、健康检查、缉毒、空气净化以及环境检测等方面。

由此可见，机器人是由机器"进化"来的。机器是机器人的躯体和四肢，计算机就是机器人的"大脑"。因此，机器人的"成长"与电脑的进步是分不开的。研制机器人的目的是让它模仿人的功能，以代替人从事各种体力和脑力劳动。但光有躯体、四肢和大脑是不够用的，还得有眼、耳、鼻、舌、身等各种感觉器官，才能灵活地从事各种工作。为此也必须给机器人配上各种相应的感觉器官——传感器。机器人的"成长"过程，就是电脑、传感器和各种机构等系统的创造、改进与综合配置的过程。

10.4.2　机器人的组成

目前，一个较完整的机器人，大致可划分为下面几个组成部分：操作机、控制装置和传感系统等，如图 10 - 17 所示。

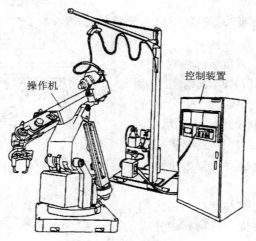

图 10 - 17　机器人的组成

控制装置：包括人—机接口装置（键盘示教盒、操作杆等），具存储记忆功能的电子控制装置（计算机 PLC 或其他可编程逻辑控制装置），各种传感器的信息放大、传输及信息处理装置，速度位置伺服驱动系统（交直流 PWM 电—液伺服系统或其他继电驱动系统等），与外部设备、传感器、离线编程设备等通信的输入/输出接口以及各种电源装置等。

传感器：用于测量机器人自身的运动速度、位置及加速度的传感器，称为内部传感器；用于感受和测量外部环境信息和作业对象工况的传感器，称为外部传感器。

操作机：通常是由安装在机体上的若干个回转（移动）关节杆件相互连接构成的多自由度主动机构组成的。人们力图把它设计成能模拟人的手臂或肢体动作功能的一种固定式或移动式的机器。它可由操作者——电子式可编程控制装置进行控制。

操作机是机器人的机械本体，由于应用目的和条件各异，其结构形式也是多种多样的。操作机一般可分为固定式和移动式两类。固定式操作机由机体、手臂、手腕和末端执行器组成。末端执行器是直接执行作业的装置（如夹持器、作业工具等）。末端执行器通过机械接口与手腕连接。手腕用于支承和调整末端执行器的姿态。手臂与手腕的末端执行器连接，手臂由主动关节（由驱动器驱动的关节称主动关节）和连杆组成，用来支承手腕和末端执行器并调整其位置。手臂安装在机体上，作为固定式操作机的机体和机座成为一个整体。图 10-15(e) 为固定式操作机的示意图。图中表明，前三个主动关节分布在手臂上，后三个主动关节分布在手腕上。图中所示各关节的运动是通过电机驱动实现的。一般电机驱动力小，转速快，应采用减速装置。这种驱动方式称为间接驱动方式。采用大力矩电机直接驱动各关节运动的驱动方式称为直接驱动方式。移动式操作机必须具有移动机构（或称为行走机构）。制造业用于工业机器人的移动式机构，多为在固定导轨上移动的轮式机构。电磁式或光电式导引自动导引车（AGV）也多为轮式移动机构。具有特殊用途的移动机器人，其移动机构有轮式、履带式和步行式等几类。

10.4.3 工业机器人的类型

工业机器人可按技术发展进程、坐标形式、驱动方式、控制方式和用途等进行分类。

1. 按坐标形式分类

工业机器人按坐标形式可分为以下几类：

（1）直角坐标形式：直角坐标形式的机器人结构简单，易达到高精度，坐标计算及系统控制简单，但其价格高，结构尺寸庞大，使工作区间受到限制，能量消耗大，难以实现高速运动。其自由度的多少视用途而定。图 10-18 所示为起重机台架直角坐标机器人。

（2）圆柱坐标形式：圆柱坐标机器人的主体结构具有三个自由度——旋转、升降和手臂伸缩（如图 10-19(a) 所示）。其结构

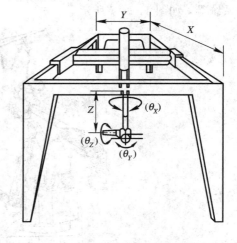

图 10-18 起重机台架直角坐标机器人

紧凑，坐标计算较简单，可以做简单的抓、放作业。如手腕采用图 10 - 19(*b*)所示的形式，可使机器人获得六个自由度，从而增大机器人的应用范围。

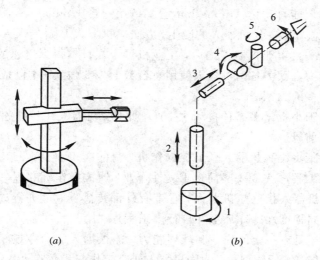

图 10 - 19 圆柱坐标机器人

（3）球面坐标形式：球面坐标机器人的主体结构具有三个自由度（如图 10 - 20 所示）。由于有绕立轴做回转的回转副，因此可获得较大的工作区间，但其设计和控制系统比较复杂。初期的工业机器人常采用此种结构形式。

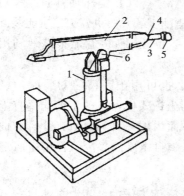

图 10 - 20 球面坐标机器人

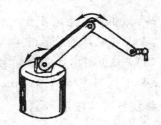

图 10 - 21 关节坐标机器人

（4）关节坐标形式：图 10 - 21 所示为关节坐标式机器人，其主体结构也具有三个自由度。关节式结构主要由回转关节组成。关节坐标式机器人在三维空间内能最有效地决定任意位置，可使用于各类作业中，但其坐标计算和控制较复杂、精度较低。它是目前工业中应用最广的一种机器人。

2. 按驱动方式分类

工业机器人按驱动方式可分为液压式工业机器人、气动式工业机器人和电动工业机器人等。

3. 按工业用途分类

工业机器人按用途可分为喷涂机器人、焊接机器人和装配机器人等。

10.4.4　工业机器人的应用

1962 年，美国万能自动化(Unimation)公司的第一台 Unimate 机器人在美国通用汽车公司投入使用，标志着第一代机器人的诞生。从此，机器人开始走入人类的生活。1967 年日本从美国引进第一台工业机器人之后，工业机器人在日本得到迅速的发展。目前在日本使用的工业机器人约占欧美各国机器人使用总台数的 1/6 强，日本已成为世界上工业机器人产量和拥有量最多的国家。

工业机器人用于小批量多品种自动化生产，此外，机器人在各种危险、恶劣的作业中，也有着广阔的应用前景。

第一代机器人指可编程机器人及遥控操作机，目前在工业上大量应用。可编程机器人可根据操作人员所编程序完成一些简单重复性作业。遥控操作机的每一步动作都要靠操作人员发出。第二代机器人指感知机器人，它带有外部传感器，可进行离线编程，能在传感系统的支持下，不同程度地感知环境并自行修正程序。第三代机器人指智能机器人，它不仅具有感知功能，还具有一定的决策和规划能力，能根据人的命令或根据所处环境，自行作出决策，规划动作，按任务编程。我国机器人研究工作起步较晚，但从"七五"开始，国家在重大科技攻关和高技术发展计划中均列有机器人的研制及科技攻关项目。现在我国机器人技术正在兴起，工业机器人产业正在逐步形成。

1. 直角坐标式机器人的应用

如图 10‐18 所示的起重机台架直角坐标机器人，沿 X 和 Y 坐标轴方向的移动距离分别可达 100 m 和 40 m，沿 Z 坐标轴方向可达 5 m，是目前最大的机器人。它能装配像飞机那样大的机器，并且，因为只有台架的立柱占据了安装位置，所以它能很好地利用车间的空间。

直角坐标式机器人主要用于生产设备的上下料，也可用于高精度的装配和检测作业中。它大约占工业机器人总数的 14% 左右。一般直角坐标式机器人的手臂能垂直上下移动(Z 方向运动)，并可沿滑架和横梁上的导轨进行水平面内的二维移动(X 和 Y 方向运动)。直角坐标式机器人的主体结构具有三个自由度，而手腕自由度的多少可视用途而定。

2. 末端执行器的应用

末端执行器在操作机手腕的前端，是操作机直接执行工作的装置。末端执行器因用途不同，而结构各异，一般可分为机械夹持器、特种末端执行器和万能手(又称灵巧手)三大类。

1) 机械夹持器

机械夹持器是工业机器人中最常用的一种末端执行器，其应具备的基本功能如下：具有夹紧和松开的功能，即抓、放的动作功能；夹持器夹持工件时，应有一定的力约束和形状约束，以保持被夹工件在移动、停留和装入过程中，不改变姿态；当需要松开工件时，应完全松开，保证工件夹持姿态能再现于几何偏差规定的公差范围内。

机械夹持器常用压缩空气作驱动源，经传动机构实现手指运动。根据手指夹持工件的运动轨迹，机械夹持器分为以下三种类型。

圆弧开合式：手指在传动机构的带动下，指端绕支点作圆弧运动。图 10‐22 所示是采用凸轮机构和连杆机构实现圆弧开合式的夹持器。夹持器工作时，两手指同时对工件进行夹持和定心。这类夹持器对工件被夹持部位的尺寸有严格要求，否则易使工件姿态失常。

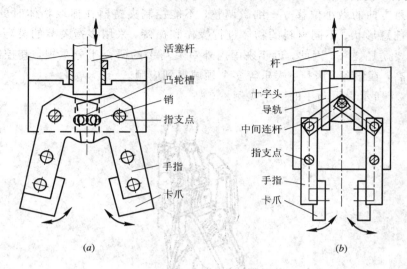

图 10－22　夹持器

（a）凸轮式圆弧开合型夹持器；（b）连杆式圆弧开合型夹持器

圆弧平行开合式：如图 10－23 所示，它们采用平行四边形传动机构。这类夹持器两手指的滑动块上开有斜形凸轮槽。当活塞杆上下运动时，为减少平行运动的摩擦，本装置采用了导向滚子。

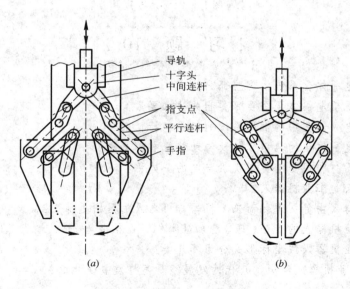

图 10－23　圆弧平行夹持器

因作业的需要，夹持器形式繁多。有时为了抓取复杂形体的工件，还设计有特种手指机构的夹持器，如具有钢丝绳滑轮机构的多关节柔性手指夹持器，膨胀式橡胶袋手指夹持器等。

2) 灵巧手

灵巧手又称万能手，简单的两指单自由度的夹持器不能适应物体外形的变化，不能对物体施加任意方向的微小位移——细微调整，不能控制夹持器在抓取物体时的夹持内力，因而无法对任意形状、不同材料的物体进行操作和抓持。采用多指关节的灵巧手是解决上述要求的重要途径之一，因此，近年来国内外对灵巧手的研究十分重视，其控制及操作系统技术含量高，在服务、医疗、娱乐等多个领域得到应用。

图 10-24 所示为灵巧手的一个实例。

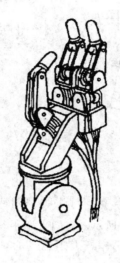

图 10-24　灵巧手

习　题　10

10-1　机电一体化系统由哪些部分组成？

10-2　实现机电一体化需要哪些相关技术要素？

10-3　机电一体化中的机械系统的组成包括什么？

10-4　机电一体化的典型零件及传动装置有哪些？

10-5　绘图打印机是怎样实现机与电的一体化？

10-6　什么是工业机器人？

10-7　机器人由什么进化而来？机器与机器人的区别是什么？

10-8　工业机器人的大脑、眼、鼻、躯体和四肢各指什么？

10-9　工业机器人按坐标形式分为哪几类？

10-10　工业机器人经历了几代的发展？是怎样发展变化的？

参 考 文 献

[1] 许德珠. 机械工程材料. 北京：高等教育出版社，1999.

[2] 陈勇. 工程材料与热加工. 武汉：华中科技大学出版社，2001.

[3] 云建军. 工程材料及材料成形技术基础. 北京：电子工业出版社，2002.

[4] 全沅生. 工程力学. 武汉：华中科技大学出版社，2002.

[5] 杨家军. 机械系统创新设计. 武汉：华中理工大学出版社，2000.

[6] 濮良贵，纪名刚. 机械设计. 6 版. 北京：高等教育出版社，1996.

[7] 范顺成，马治平，马洛刚. 机械设计基础. 3 版. 北京：机械工业出版社，1998.

[8] 周家泽. 机械设计基础. 北京：人民邮电出版社，2003.

[9] 徐锦康，周国民，刘极峰. 机械设计. 北京：机械工业出版社，2000.

[10] 何小柏. 机械设计. 重庆：重庆大学出版社，1995.

[11] 李继庆，陈作模. 机械设计基础. 北京：高等教育出版社，1999.

[12] 孙宝钧. 机械设计基础. 北京：机械工业出版社，1999.

[13] 王定国，周全光. 机械原理与机械零件. 北京：高等教育出版社，1988.

[14] 黄诚驹，王振华. 机械设计基础. 西安：西安电子科技大学出版社，1999.

[15] 傅祥志. 机械原理. 武汉：华中科技大学出版社，1998.

[16] 钟毅芳. 机械设计. 武汉：华中科技大学出版社，1999.

[17] 陈立德. 机械设计基础. 北京：高等教育出版社，2000.

[18] 邓昭铭. 机械设计基础. 北京：高等教育出版社，1993.